第2輯

《民國園藝史料匯編》編委會 編

民國園藝史料匯編

1

江蘇人民出版社

圖書在版編目（CIP）數據

民國園藝史料匯編．第2輯/《民國園藝史料匯編》編委會編．-- 南京：江蘇人民出版社，2017.10
ISBN 978-7-214-21373-0

Ⅰ．①民… Ⅱ．①民… Ⅲ．①園藝—文集 Ⅳ．①S6-53

中國版本圖書館 CIP 數據核字（2017）第 258469 號

ISBN 978-7-214-21373-0

9 787214 213730 >

書　　名　**民國園藝史料匯編（第2輯）**
編　　者　《民國園藝史料匯編》編委會
責任編輯　石　路
出版發行　鳳凰出版傳媒股份有限公司
　　　　　　江蘇人民出版社
出版社地址　南京市湖南路1號A樓，郵編：210009
出版社網址　http://www.jspph.com
經　　銷　鳳凰出版傳媒股份有限公司
印　　刷　三河友邦彩色印裝有限公司
開　　本　260毫米×185毫米　1/16
印　　張　374.75
字　　數　2951千字
版　　次　2017年10月第1版　2017年10月第1次印刷
標準書號　ISBN　978-7-214-21373-0
定　　價　9200.00圓（全11册）

《民國園藝史料匯編》（第二輯）編委會

主　編：周愛民　顧　劍

編　委：周愛民　顧　劍　張　昃　徐桂霞

周愛民（一九六三—），男，現任南京森林警察學院圖書館館長，三級研究館員，教育部人文社會科學專家，科技部科技專家，江蘇省林業專案評審專家，學校學術委員會秘書長、科協秘書長，兼任江蘇省高校科協常務理事，曾任江蘇省圖書館學會理事、江蘇省圖書館學會學術委員會委員。支持國家、省部級等科研專案三項，發表論文二十餘篇，編著圖書兩部，研究成果獲江蘇省圖情類評選二、三等獎三項，榮立個人三等功三次。

顧劍（一九七五—），男，副研究館員，現任南京森林警察學院圖書館副館長，江蘇省圖書館學會會員。一九七五年五月出生於黑龍江省伊春市，一九九五年畢業於哈爾濱工業大學工業與民用建築專業，一九九七年至二〇〇一年於清華大學建築結構工程專業在職學習，本科畢業。長期從事高校圖書館文獻資源建設、參考諮詢和讀者服務工作，參加國家級、省部級林業科技和推廣項目兩項，市廳級項目一項，主持并完成校級科研項目三項，參編圖書一部，發表學術論文十餘篇。

出版説明

中國農業起源甚早，現代考古發掘已經發現新石器時代原始農業活動的歷史遺存。有文獻記載的農業史，可以追溯到殷商時代，甲骨文中有『求禾』『省黍』『受年』『命雨』的卜問，粟、麥、米、桑、栗、杏等字也見於甲骨文。到兩周時期，《詩經》等文獻對周人的農業生活作了生動記錄。古史傳説，周人的祖先后稷是農官，或者説是農神，據此可以推測在商、周之際，農業在周人的生活中獲得了較大的發展。值得特別注意的是，在《詩經》中除了菽、粟、桃、李等作物以外，詩人比類取象，還涉及芍藥、蘭、竹等觀賞植物。

早期的園藝意識與農業的發展同步。二十世紀七十年代，河姆渡遺址發現了距今七千年前的裝飾有植物花紋圖案的陶片。甲骨文中的『囿』字，字形像苑囿中植草木之形。成書於春秋、戰國時期的《周禮》，其中『地官』有『載師』：『掌任土之法，以場圃任園地』（城外郭內的空地用作種植瓜果的場圃）。又有『場人』：『掌國之場圃，而樹之果蓏珍異之物，以時斂而藏之。凡祭祀、賓客，共其果蓏，享亦如之。』（木實曰『果』，草實曰『蓏』。）同一時期，先民開始對某些特定的植物賦予一定的含義，這將成爲中國古代園藝文化的一個重要特徵。如古人以『三槐』爲公相的象徵。《周禮·秋官·朝士》：『面三槐，三公位焉。州長衆庶在其後。』舊註説『槐之言懷也，懷來遠人於此，欲與之謀』。古代緯書也有『樹槐聽訟』的記載，舊説『槐之言歸，情見歸實也』。這種賦予植物一定道德意味的做法後來經過《詩經》《楚辭》的强化，成爲中國文學植物想像的一個特點。後世以菊花寄託隱逸，以牡丹比擬富貴。蓮是花之君子，蘭是空谷佳人，海棠是花中神仙。這些文學想像對古代的園藝活動産生了巨大的影響。

豐富的植物資源、精耕細作的農業傳統與優美的文學想像，共同促進了中國古代園藝事業的發展。就有關文獻而言，在魏晉南北朝時期，出現了專門的植物志書。公元四世紀初嵇含編纂《南方草木狀》，記録了我國南方兩廣地區的植物。稍後賈思勰編訂《齊民要術》，總結了古代關於農藝、園藝、畜牧等方面的知識。《齊民要術》成書於動盪之世，且受制於傳統的實用主義精神，其書於花卉種植并不重視。他批評說：花草之流，可以悅目，徒有春花，而無秋實。這種態度顯然是特定經濟條件下的産物，人民尚有凍餒之患，自然無暇顧及精神的需求。唐、宋以後，随着經濟的發展與平民社會的興起，這種態度漸漸得到改觀。尤其是到了宋代，出現多種如《牡丹譜》《芍藥譜》《菊譜》《荔枝譜》等記錄單種植物的文獻，同時也出現了《全芳備祖》這樣百科全書式的巨著。明、清以下，農書與記載花木性狀的文獻不斷湧現，王毓瑚《中國農學書錄》著錄明、清農書二百八十多部，其中花卉類文獻七十餘部，包括《群芳譜》《植物名實圖考》等大型文獻。在花卉園藝學領域，康熙年間陳淏子作《花鏡》，提出『課花十八法』，系統總結了觀賞植物的種植原理與栽培技術。《花鏡》的成就，通常被學者認爲是古代花卉園藝學成熟的標志。

中國古代園藝依託自然資源的優勢與古代人民的勤勞與智慧，有可觀的成就。以現代農業的標準來衡量，傳統園藝於蔬、果栽培多是勞動人民自發的實踐，缺乏深入而嚴格的科學研究。傳統文學在花卉、植物以及園林方面的想像也往往缺乏足夠的實踐基礎。晚清鄭觀應《盛世危言》說傳統農書如《農桑輯要》《農政全書》等雖精要，然『大抵文人學士博覽所資，而犂雲鋤雨之儔，何能家喻而戶曉？』他參仿西法，提出了系列的改良農業的建議。在近代接觸西方現代文化的先覺者中，都不同程度地注意到農業問題。一八九七年，羅振玉創辦了中國近代史上第一份農業期刊《農學報》，前後發行三百餘期，發表農學譯文一千餘篇，其中包含十六篇園藝論文。二十世紀初期，清廷開始外派留學生，在留日、留美的學生中產生了近代中國最早的農業人才。直隸、山東、奉天等地先後出現農試場。

辛亥以後，教育制度日漸完善，園藝教育逐漸興起。一九一二年，江蘇省立蘇州農校最先設立園藝科，成爲近代中國歷史上第一個專門的園藝教育機構。一九二一年，國立中央大學的前身國立東南大學成立園藝系，執教者有吴耕民、王太一等。一九二三年，北京農專改建爲國立北京農業大學，園藝系有陸費執、夏樹人等。一九二七年，金陵大學設立園藝系，任教者有胡昌熾、葉培忠等。農試場在辛亥以後也獲得了較大發展，到一九一六年，全國有省立綜合農試場十八處，其中規模最大的爲北京中央農試場，其園藝科一年開展二十餘項有關試驗。在推動近代園藝事業的發展因素中，全國各地的園藝協會也是不可忽視的力量。先是設園藝專業的大學多有相關協會，組織學術交流、發行書刊。一九二九年春，吴耕民、胡昌熾等人倡議，在南京中央大學園藝系成立了中國園藝協會，由園藝協會編輯的《中國園藝協會會報》一九三四年創刊發行。

近代園藝活動的史料主要包括園藝學校翻譯、編纂的教科書、講義，各園藝協會發行的期刊、叢刊，農試場的試驗總結報告等。爲了有效地推動近代園藝史的研究，我們徵集有關文獻編纂爲《民國園藝史料滙編》。在本輯中，以書刊史料爲主，包括園藝教科書、工具書、農試場報告、有關園藝文化的專門著述等。本輯不收錄園藝期刊，是因爲現存的各種近代期刊讀者大多可以方便地利用。需要特别説明的是，近代東亞地區政治狀況複雜，地區政權的性質與歸屬在不同時期有不同的説法，反映到園藝文獻中，在説明物種産地、統計産量時，往往將某些地區，如我國台灣以及東北地區作爲獨立國家來表述，這是非常錯誤的。在本輯中，我們爲學術研究的目的影印文獻，將保存文獻的原始面貌，對於其中的錯誤表述，希望讀者能批判地加以認識。最後，希望本輯的出版，能方便學者并促進當代的研究工作。

二〇一五年十一月二日編者識

凡例

一、本編爲民國時期園藝史料匯編第二輯，主要包括園藝教科書、工具書、農試場報告、有關園藝文化的專門著述等。

二、對園藝活動的範圍，不同時期的認識略有出入。本編根據史料的規模，取當時通行的認識。史料編排按花卉園藝、果樹園藝、蔬菜園藝、庭園造景以類相從。

三、本編所有資料皆爲影印，在編輯過程中，對原始掃描文獻進行了修復，但受制於底本條件，本編中部分頁面仍有模糊之處。

四、本編原始文獻的出版時間、地點不一，原書開張、排版方式也多有歧異，匯編之後，統一爲十六開右翻本。

《民國園藝史料匯編》第二輯總目錄

第一册

第二册

第三册

第四册

第五册

第六册

第七册

第八册

第九册

第十册

第十一册

第一册

上海園藝事業改進協會叢刊　藝竹叢談

楊銜晉　著　上海園藝事業改進協會出版委員會　民國三十六年……

園藝教科書

日本農業教育協會 著 黃毅 譯述

上海新學會社

民國三年

農學校用

園藝教科書

上海新學會社藏版

初等園藝教科書

例言

一本書從日本農業教育協會所編初等園藝教科書譯出加以本國農情故對於原本多所損益以期適用

一本書主供初等農學校及農業補習學校教科書之用

一本書共分二篇第一篇爲果樹園藝第二篇爲蔬菜園藝

一本書所載植物均插入各種圖畫以便指示形狀

一量地之度計物之量均改用中名

一本書所用之曆均主陽曆

中華民國元年十月 譯者識

初等園藝教科書目錄

初等園藝教科書目錄終

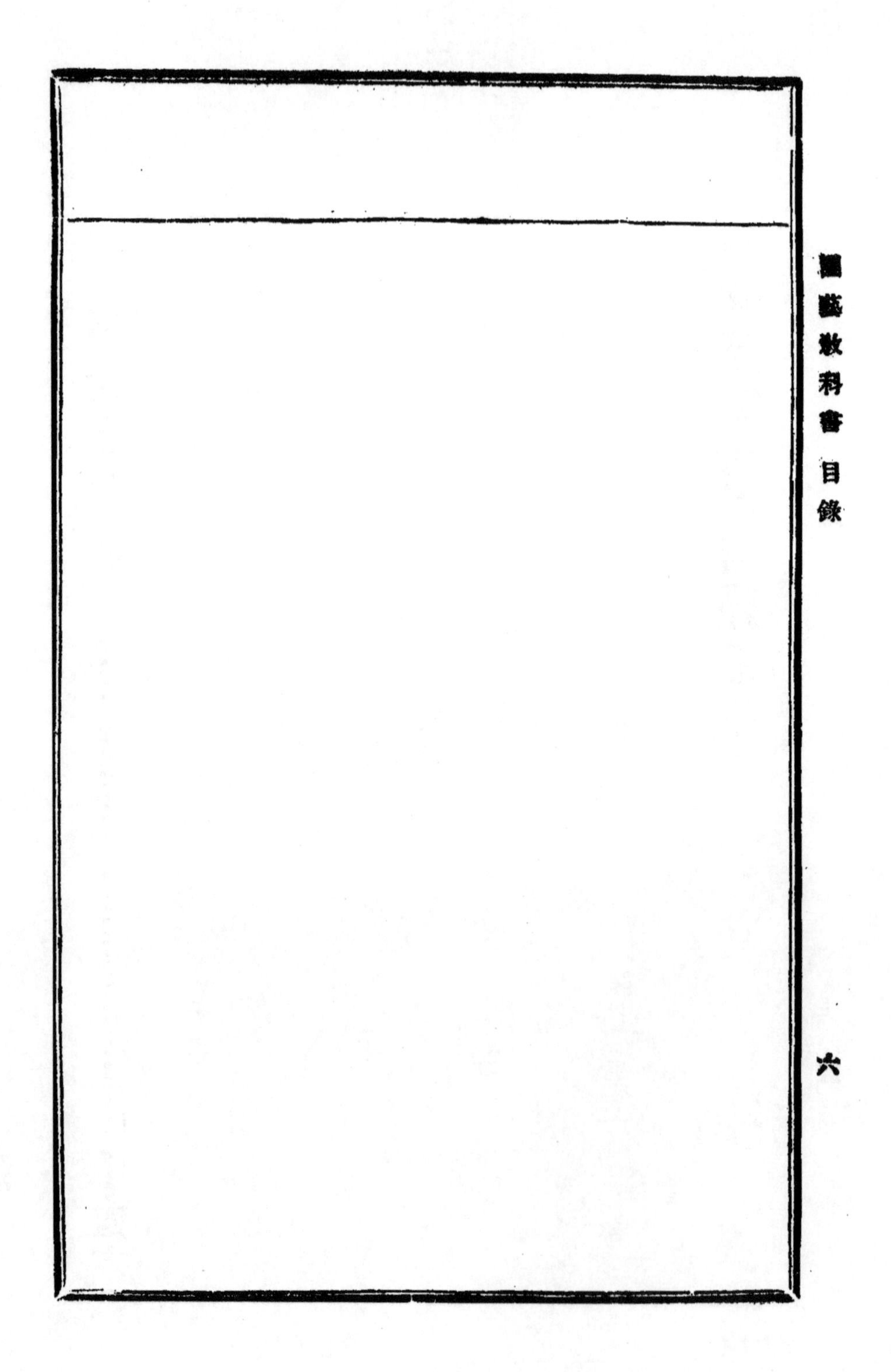

初等 園藝教科書

日本農業教育協會原著　善化黃　毅編譯

緒論

園藝之解釋

園藝、乃於最良美之土地中。以精詳栽培之方法。而得極高價之收穫物者是也。此種土地。概多圍以籬垣。故謂之園。此種方法。卽謂之藝。園藝云者。園中施用之技藝也。

園藝種類

園藝總分三類。卽果樹蔬菜花卉是也。而三者尤以果樹蔬菜。最爲應用。花卉不過玩娛之品耳。此書限于篇幅。故未載述。

園藝學

園藝學乃研究果園菜園各種栽培藝術之學也。農業程度。日臻高尙。當事者遂欲以狹小之土地。施以精巧之藝術。以得極多數之良果美菜。此園藝學、所不可不講求者也。

果樹繁殖
種生法
壓條法

第一編　果樹栽培

第一章　繁殖

果樹繁殖方法。分有五種。

一、種生法　尋常作物。多由種子繁殖。惟果樹不宜用種子。因其欠缺母性遺傳故也。且有有果實無種子者。故種生之法。行之者少。雖或行之。亦不過用其苗木爲接本而已。

果樹種子。必選熟透之果實。除肉洗淨。或乾貯、或入半乾土中貯之。至下種之期。播於苗床。或點播、撒播、條播、均可。須按種子之大小而分。播後灌水。覆以草筵。發芽之後。除草施肥。勤加照料。至半年以後。即可爲芽接之用。

二、壓條法　果樹中如葡萄、苹果、榅桲等樹。枝條柔軟。易於發根。故可

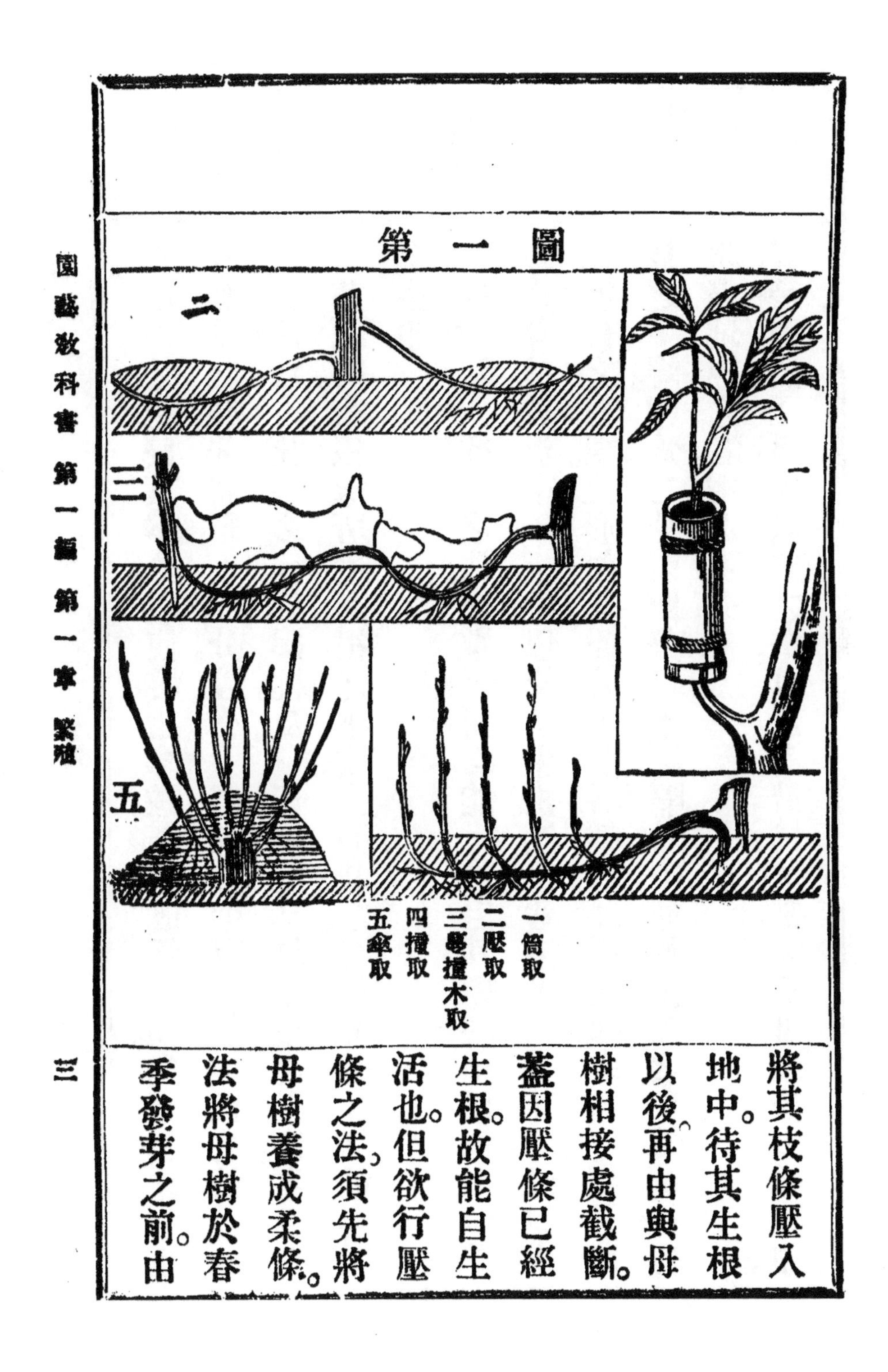

一筒取 二壓取 三彎撞木取 四撞取 五傘取

將其枝條壓入地中。待其生根以後、再由與母樹相接處截斷。蓋因壓條已經生根。故能自生活也。但欲行壓條之法、須先將母樹養成柔條。法將母樹於春季發芽之前。由

分株法

插樹法

芽插 球插

割插 陰插

接樹法

距地數寸處。截其本幹。以使發生多數新蘖。成爲枝條。爲壓枝之用也。凡應壓之枝。先將壓土部分。以小刀傷其皮。則有促其生根之效。

三、分株法　此法多行於櫻桃。及一切根際易於分枝之果樹。當春季發芽之時。將根際所生有根之小枝。分而栽之。有根能營生活。故易於發生也。

四、插樹法　插樹之法。多數果樹均能行之。但其插法種類極多。西洋以嫩芽插於溫室砂土中。以使其生根。然後移植者。稱爲芽插。以泥土掩包枝之下端。使形如球。插於土中者。稱爲球插。凡遇多脂之樹枝。將枝之下端。劏爲二分或四分。以土塊隔其中。插於土內者。稱爲割插。擇陰濕地插之者。稱爲陰插。

五、接樹法　果樹繁殖之法。以接樹最爲緊要。因其可以改良種類也。

根接

芽接

枝接

第二圖

切接之穗及砧木

第三圖

割接之穗及砧木

惟其接法甚多。大別有根接芽接枝接三種。以欲接之樹枝。而接以相宜之根者。爲根接。取新生之芽。周圍連附樹皮。而接於適宜之枝。爲芽接。以欲接之枝。接於相當之接本者。爲枝接。又因接樹手術不同。分有切接。割接。搭接。鞍接。舌接。合接。腹接。數種方法。接樹時期。分春接秋接二種。

第二章　栽植

下種或分株及接後之苗樹。卽爲成樹之本。必須注意栽植之方法。始能收良美之樹。今將栽植上之方法述之。

移植法

無論何種繁殖之苗樹。生長二年以後。即可移植果園、及適宜地點。移植時期、以冬末春初爲最宜、因落葉以後、樹液已下收於根、移種不受傷損故也。發芽之後、即難移矣。

栽植法

果園栽植方法。視果樹之種類而定。樹園大者。其距離概遠。樹園小者。其距離概近。通常距離約在一丈內外。栽植方式、或爲方形。或爲菱形。亦由人分別。栽後須將根際土塊。擊碎築平。然後灌水。勿搖其本。勿失水分。即易生活也。

第三章　剪枝

樹木生長。枝蘗最多。若任其天然。不以人力脩正之。則種類易於劣化。而變爲不良之種。必須剪除不正之枝。養成適宜之幹。故園藝家尤宜注意者也。剪枝之法。分爲二種。一爲剪定。一爲整枝。今分述之。

剪定法

一、剪定法 剪定者。剪成一定之樹形也。其要點在規正樹形。除其無用之枝芽。而令樹液循環得所。且使光通氣透。生育均勻。剪定之法。不獨剪其枝也。又分爲斷根摘芽摘果折枝數端。斷其根。則上部枝形可收整齊之效。摘芽與摘果。所以除其過度者。若全樹有一方之枝特長。又須折向稀少之方。皆所以均樹勢也。

整枝法

二、整枝法 整枝與剪定。極有關係。因其目的同一故也。剪定之後。其枝尙生長。必須時加整理。務使佔地少而結果多也。然整枝方法。又分三種如下。

圓形整枝

圓形整枝法。謂幹上生枝。四圍發生。常使全樹成爲傘蓋之圓形者是也。通常果樹。概用此法。

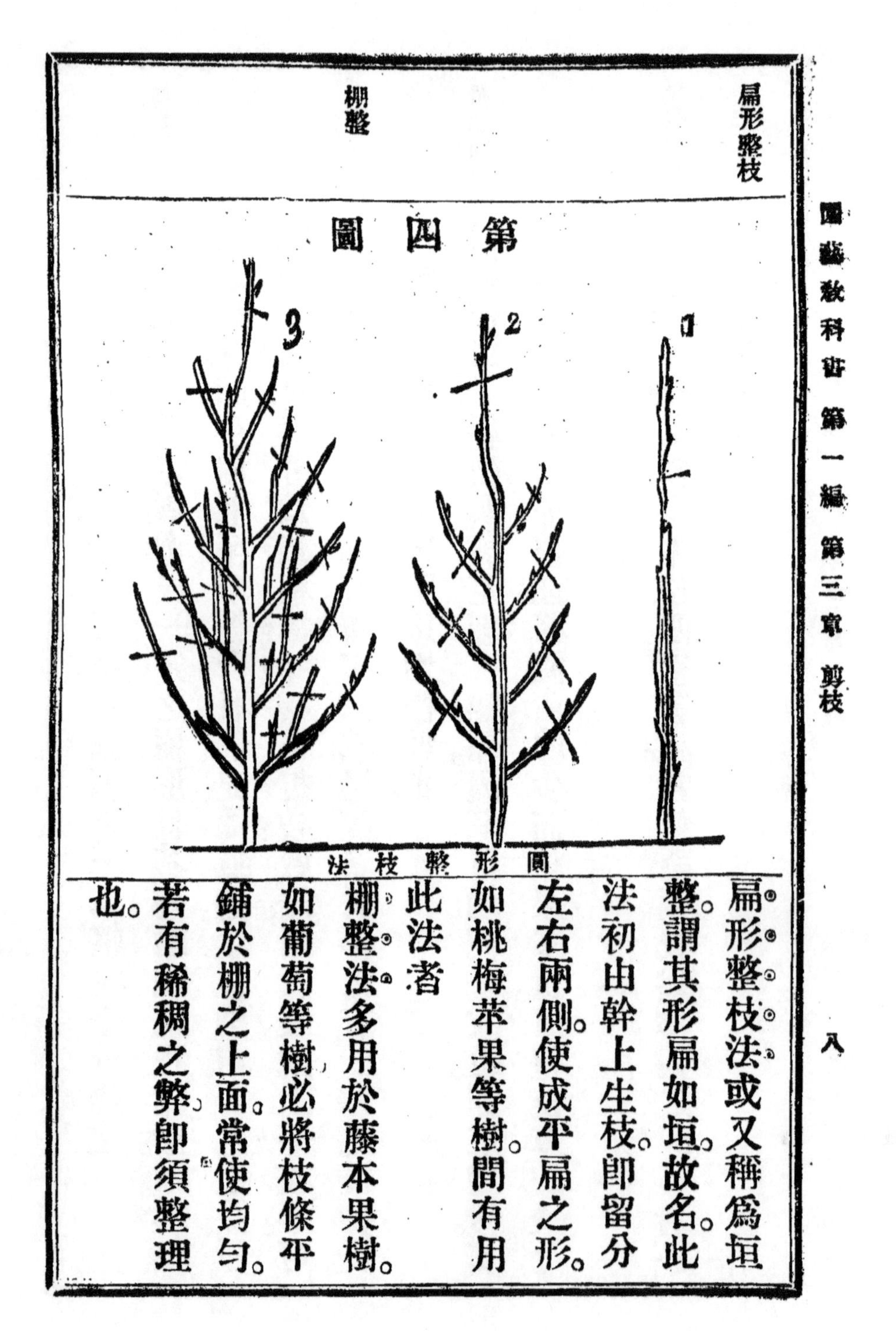

圓形整枝法

扁形整枝

扁形整枝法。或又稱爲垣整。謂其形扁如垣。故名。此法初由幹上生枝。即留分左右兩側。使成平扁之形。如桃梅苹果等樹。間有用此法者

棚整

棚整法多用於藤本果樹。如葡萄等樹。必將枝條平鋪於棚之上面。常使均匀。若有稀稠之弊。即須整理也。

樹形之高矮

又樹形之高矮。由於幹形之分別。最高成喬木者。稱爲高幹。其分幹處、距地約在六尺。其或約三四尺者。爲中幹。不及三四尺者。爲低幹

第四章 肥料

果樹以結果之多量爲主。必須施以適當之肥料。今將種類方法及時期分述之。

肥料種類

肥料種類。分速效遲效二種。又因所含成分不同。區爲淡質肥料、燐酸肥料、鉀素肥料三種。果樹所需養分。以淡燐二質爲主。且宜用遲效肥料也。例如廐肥、堆肥、骨肥、草肥等。皆甚相宜。且價廉而易得也。

施肥方法

施肥方法。與他種植物不同。須於樹根外圍。掘一圓溝。將糞肥埋入。仍以土蓋平。或於列樹中間。縱橫掘溝埋肥。亦可。總須施於根鬚之外圍。不可接觸主根也。

施肥時期

施肥時期。因果樹種類而異。通常每年約施三次。夏初一次。稱爲果肥。所以助果實充分碩大者也。摘果後一次。稱爲補肥。所以補助果樹之後力者也。春初一次。稱爲寒肥。所以强壯次年之枝葉者也。

第五章 病害

病毒 害蟲

果樹之妨害有二。即病毒與害蟲是也。各種果樹。專起各種之病毒。引各種之害蟲。其種類名稱頗爲複雜。茲僅述其普通防除之法。

起病之原因

果樹起病之原因。一、由於氣候不適。一、由於菌類寄生。如水分不足。則起萎縮病、多毛病、結實減少病、果實不熟病、脫落苦病、硬化病、等症。溫度不足。則起枝端萎死病、不實病、破裂病、等症。其餘養分不足。光線不足。水分及養分過度。又能惹起種種之病毒。總在調理適宜。預防得法。始能免之耳。若生菌毒病症。又須用殺菌之藥劑。以消除之。

蟲害之防除

果樹害蟲甚多。或害其果。或傷其芽。或食其葉。或蝕樹身。防除之法。宜檢其巢。用煙草煤油煎汁塗之。或用除蟲菊粉撒布之。樹幹被蝕者。用銅絲通刺。並以煤油食鹽水注入孔中。用蠟塞其孔口。此外或用誘蛾燈誘殺之。或於早晨振搖其樹。落蟲而捕殺之。又硫黃石灰粉末。能驅各種害蟲。且有殺菌之效。最宜於朝露中撒布葉上。既能驅蟲。又能除病也。

第六章 種類

果樹之種類

仁果 核果 漿果 殼果

果樹種類。可分四種。即仁果類、核果類、漿果類、殼果類是也。梨、椺、林檎、枇杷、榲桲、柑橙、石榴等。皆屬仁果類。梅、桃、杏、李、櫻桃、棗、等。皆屬核果類。葡萄、無花果、須具利等。皆屬漿果類。栗、榧、胡桃、銀杏等。皆屬殼果類。今擇其尤要者。於後各章述之。

梨
性質
種類

第七章 梨

梨樹性能耐寒。若在溫帶。宜取北向斜地。寒帶則取南向斜地。土質宜於砂質壤土。既喜濕潤。又須易於排水也。

梨之種類極多。西洋種有米尼拉、赫德白、拖利異數種。形圓味美。質酥無渣。東洋所產。遠不及之。然我國天津黃梨。徽州白梨。山東青梨。河南紫梨。皆佳種也。

第五圖

一 梨

二 洋梨

栽培法

梨之栽培法。多由接樹法繁殖。用種生之苗。或棠梨爲接本。整形法、則有圓錐、水平、及棚整諸種。栽植距離。約二丈以外。每年注意施肥整地、剪枝除蟲。生長頗易也。

第八章 柹

第六圖

一 圓柹　二 扁柹

性質

果樹之中。以柹爲最良。不擇氣候。不擇土質。既少害蟲。又無病毒。園藝中極良之果樹也。

種類

柹之種類。我國有圓柹扁柹二種。圓柹形小而甘美。宜於透熟時食之。

扁柹形大而扁。最宜於半青而食。味甘且脆也。

栽培法

栽培柹樹。概由接樹法繁殖。若用種生者。雖良種亦將變澁味。必須接過。始能得甘美之果。整枝之法。用圓錐形。亦須一半任其自然。蓋柹樹枝條。頗能生長齊一也。惟柹樹有隔年豐歉之性。須注意摘果、剪枝、施肥、整地。始能免此病也。

第九章　苹果

苹果

性質

苹果、可爲菓食。又可製酒。宜栽於寒地。然在夏季溫低雨少之處。無不適宜。土壤宜擇深層之石灰壤土。尤以易於排水者爲佳。

種類

苹果種類。分早成熟種與晚成熟種之二種。早成熟種、宜於暖地栽之。晚成熟種、宜於寒地栽之。

苹果栽培法。多由接樹法而繁殖。通常多用海棠、木瓜、棠梨、山梨等爲

栽培法

接本。接後於沃土園中假植之。次年移植本圃。將上端剪去。只留三尺。距離須在二丈以外。整枝多用圓形整法。間亦有扁整及棚整者。施肥摘果而外。又當注重預防病患。驅除害蟲。因苹果之蟲害最多也。

第七圖

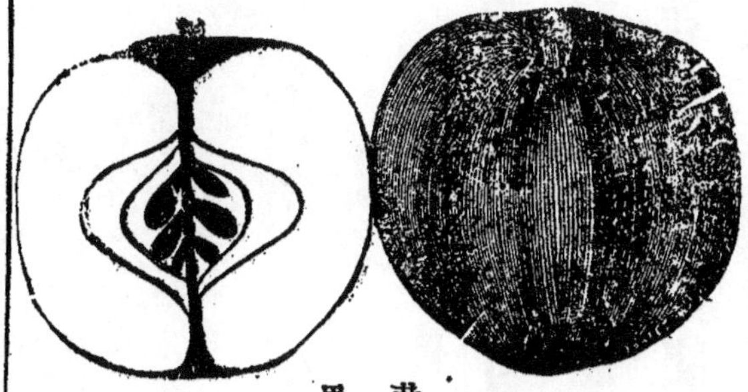

苹果

第十章 柑橘

柑橘性質

柑橘可以生食。可製糖果。汁可製酒。皮可爲藥。乃暖地之果樹也。若有寒風之地。極不相宜。土質以易排水之壤土爲宜。

種類

柑橘種類甚繁。大別之爲柑、橘、橙、柚四類。如蜜柑、金柑、佛手柑、紅柑等。皆柑類中之主要者也。廣橘、南豐橘、金橘等。皆橘類之主要者也。甜

栽培法

第八圖

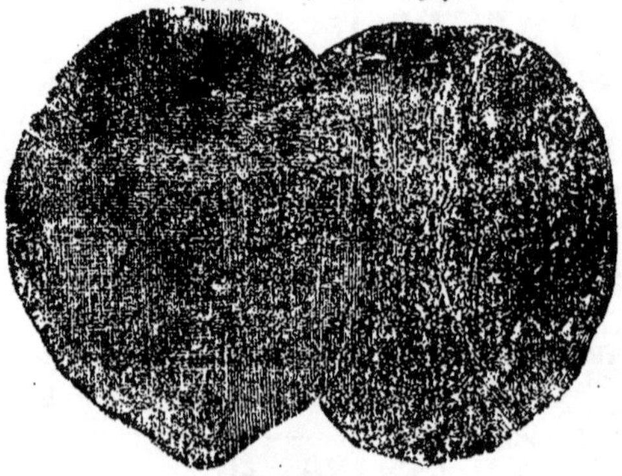

一 橙

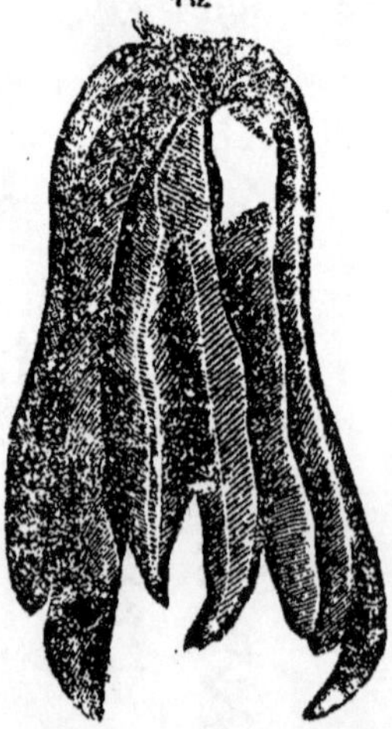

二 佛手柑

橙、香橙、溫州蜜橙。皆橙類之主要者也。

柑橘栽培之法。不因種多而有別。通常繁殖法。多用接樹。種生者易於變其本性。祇可爲接本之用也。接後稍長大。次年移植本圃。距離約在八尺至一丈。遠者或至一丈二尺。剪枝之法。宜剪除繁密枝頭。並摘除過度之果。以使結果碩大也。

枇杷

枇杷

石榴

性質

第十一章　枇杷

果之最早者。首推枇杷。不僅可生食。又能製膏蜜。宜於暖地栽植之。土質宜於濕潤粘質之壤土。

枇杷種類。約分爲二。曰白沙枇杷。產於洞庭山。皮白漿多。其味甘美。曰赤沙枇杷。南部各地皆產之。皮紅黃色。

枇杷栽培法。用接木法繁殖者最佳。種生者次之。栽植距離。約一丈五尺。剪枝時期。宜在九月間。行之因枇杷冬季着花。春季結實也。

第九圖

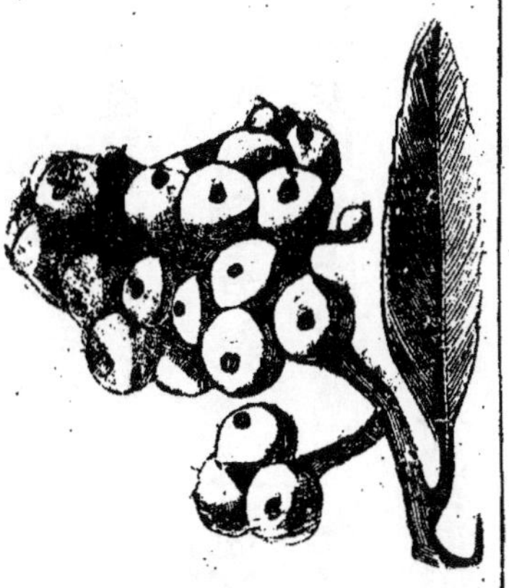

枇杷

第十二章　石榴

石榴、果可以久藏。其皮可以爲藥品。可以爲染料。且有驅除害蟲之效。性

種類

栽培法

梅

復强健。不擇氣候。惟極寒之地、則不相宜。土質以擇濕潤砂礫質之壤土、最爲適宜。

石榴種類。普通分紅白二種。紅石榴最多。其中亦有大小多種。白石榴種者稍少。其味甘而色亦優美。

石榴栽培法。宜由插木壓條兩法。以爲繁殖。亦間有用種生者。整枝法宜用中幹。去其下部萌櫱。剪定强大枝梢。以後常剪不齊之枝條。以保其圓形。栽植距離。宜在八尺乃至一丈。

第十圖

梅

第十三章 梅

梅、果可鮮食。可糖漬。可爲凍膏。花早而品雅。又可爲賞玩珍品。栽培不擇氣候。惟嚴霜酷冷之地。不甚相宜。土壤以乾燥肥沃之粘土爲宜。

梅之種類。分法不同。以花色而分者。有紅梅綠萼之別。梅樹栽培。概由接樹法繁殖。接本多用實生之樹。桃杏亦可。接後經年。即可移入本圃。整枝法宜剪成中幹。常保圓形。新條勢力過强。或枝梢繁茂過度者。均須剪之。

第十四章 桃

桃、生食甚美。製糖製乾均佳。在我國果中。稱爲第一應用之品。而且不論何種風土。皆能生長。惟溫暖少烈風嚴霜之地。輕鬆肥沃之壤土。更爲適宜耳。

桃之種類極多。其最要者。有水蜜桃、蟠桃、紅桃、白桃、數種。惟水蜜桃爲桃中最美之品。有上海水蜜桃、與天津水蜜桃之分。此外尚可因成熟時期。而別爲早熟、中熟、晚熟三種。

桃

性質

種類

栽培法

栽培桃樹。皆以接樹法繁殖。其接本因整枝法而異。高幹者宜用種生苗樹。低幹者宜用李及壽星桃。接枝者多用切接法。然芽接者頗多。接後移植。與梨樹略同。尤應注意

第十一圖

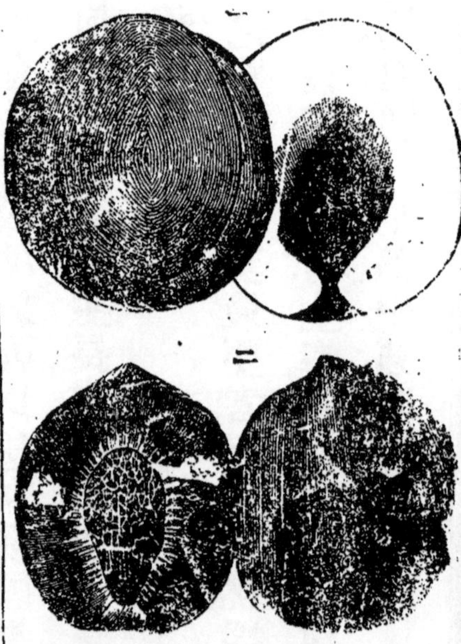

一上海水蜜桃　二天津水蜜桃

於剪枝與摘果。因其發育極盛。枝葉繁茂。若不剪修。則枝多果聚。種類必劣化矣。

李

第十五章　李

李之致用。與桃略同。惟應用之廣。未能及之。氣候與桃同。惟花時忌霜耳。土質以高燥粘質壤土爲最佳。砂質壤土次之。

種類
栽培法

第十二圖

李

李樹種類。因果之顏色。分爲紅白二種。

栽培李樹。亦概用接樹法繁殖。先培種生苗樹。然後嫁接。然以桃樹爲接本亦可。次年早春。移入本圃。整枝宜用中幹。亦宜早春行之。

櫻桃
性質
種類
栽培法

第十六章 櫻桃

櫻桃、成熟期早。生食以外。又可釀酒。宜栽於溫暖地方。土質宜選砂質壤土。

櫻桃種類。分爲二種。一種果形成心臟形。味甘且無酸味。一種、果實圓小。稍具酸味。

櫻桃栽培最易。分孽種生。皆能繁殖。若欲改良種類。亦須行接樹之法。

移植以後。剪定一尺五寸之中幹樹形。以後根際分孽發生。務須除去。以促其生長。其他剪枝及肥料。與栽植之距離。均與桃樹略同。

第十七章 葡萄

葡萄、原產西域。今吾國西北部生產猶多。用途極廣。或鮮食。或製乾果。或為糖果。又能釀酒。尤為最要之品。

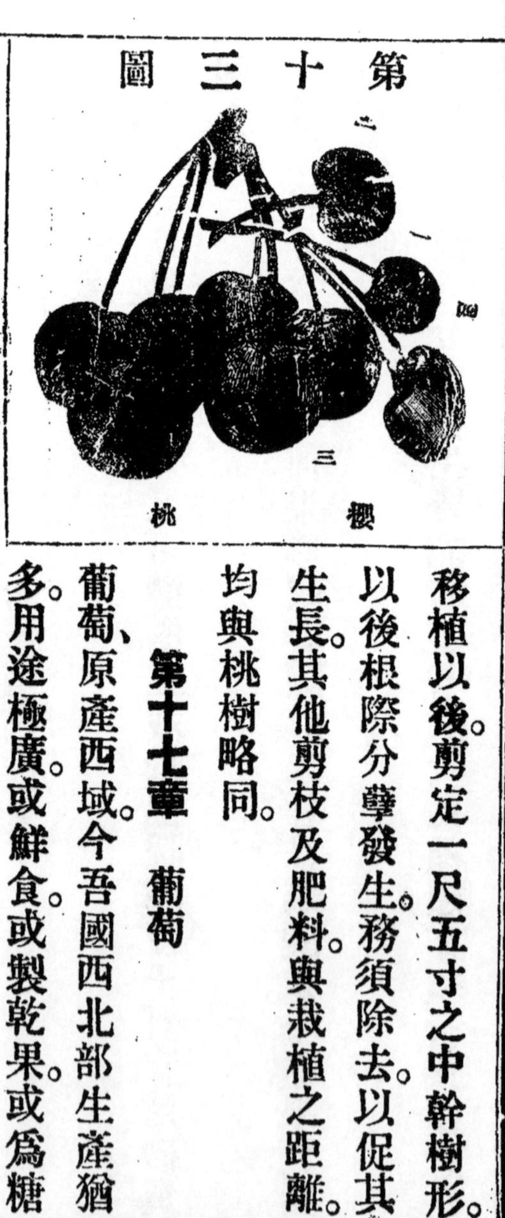

第十三圖 櫻桃

葡萄性質

性喜溫暖氣候濕潤且肥沃之壤土。我國南北兩部均宜。

種類

葡萄種類。全世界約有千種之多。大概美國葡萄。樹強健而病害少。歐洲種。樹弱品優。易招病害。我國有水晶葡萄綠葡萄紫葡萄之別。水晶

第十四圖

紫葡萄

葡萄。又稱馬乳葡萄。紫葡萄又稱玫瑰葡萄。

栽培法

栽培葡萄之法。通常皆用插樹、壓條、兩法。以爲繁殖。插樹於春季行之。插後宜日加灌溉。自能生長。壓條法、春夏皆可行之。栽植本圃。須爲支架地步。兩兩對扦上架。相距約在一丈八尺乃至二丈。直行相距。約在一丈乃至一丈二尺。上架以後。注意平鋪。剪除過度枝條可也。肥料以淡質肥料爲最宜。

阿拉伯種

無花果　性質　種類

第十八章　無花果

無花果、品高味美。養分極多。食之又易消化。且能製乾久貯。或煮熟成膏。亦果樹中之美品也。宜溫暖氣候。砂質壤土。我國栽種。極爲相宜。

第十五圖

一二無花果之種類
三無花果之內部

無花果分白長實與黑長實二種。白長實無花果。原產於意大利。我國所種。多爲此種。肉細味美。果長皮薄。形如倒卵。黑長實無花果。爲美國種。

無花果概用壓條、挿樹、分株三法。以爲繁殖。移植之期。宜在春初季。栽植距離。約在一丈六尺乃至一丈八尺。根際新芽、及上部冗枝。均宜修剪。

第十九章 栗

栗 栗之爲用至廣。實可爲果。生熟皆可食。用備凶荒。更爲要品。枝可爲薪

性質 爲炭。幹可爲堅緻之木材。氣候在溫帶最宜。土質除卑濕之地。其餘各種土壤皆宜。

種類 栗樹種類。分大實小實二種。大實栗又稱板栗。實大味美。

第十六圖

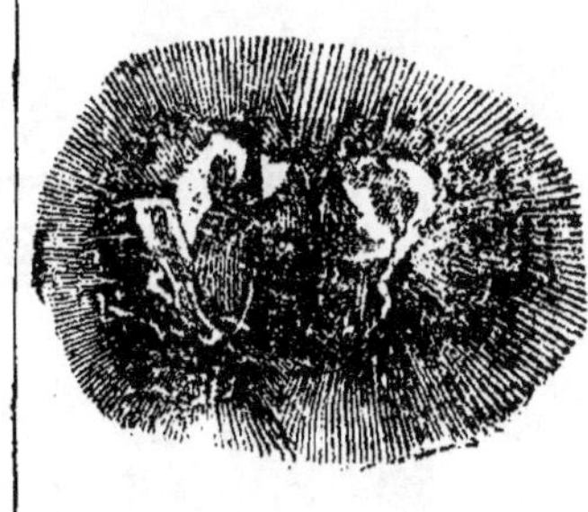

栗

通常之栗是也。小實栗又稱毛栗。實小、味稍次。

栽培法 栽植栗樹。極爲簡易。繁殖之法。多用實生苗樹。然欲改良種類。仍須用接樹之法。則實大而味甘美也。接樹多用芽接法。於秋季時行之。栽植

之時。距離宜遠。約在二丈以外。若混他樹間植之。更爲合宜。剪枝可以省却。只每年一次、略整樹形而已。

第二編 蔬菜栽培

第一章 繁殖

蔬菜栽培。期短而利多。故其繁殖之法雖簡。而循環則速也。考蔬菜繁殖之法。分爲三種。卽種生分株及揷苗是也。三種之中。尤以種生爲最普通。今將其要點分述之。

選種

一選種　凡根菜選種。與他種作物不同。只須選取大小適中之種。不必定須豐美肥大。反恐有礙也。葉菜及果菜亦相同、惟其種最易變。必須擇純粹同種之地。留以爲種。不可使他種雜入。選擇旣定。收貯於乾燥透氣之所。勿使受悶受霉。俟播種之期、卽可取出播下也。

苗床

溫床有高裝低裝二種

二苗床　苗床俗稱秧地。即種植菜苗之地也。園藝家欲施其精細之手續。而收簡易捷速之效。故於菜中擇其相宜之種類。先將種子播入苗地。俟其成長至適度。再移植本圃。苗床種類、有二。一稱溫床。一稱冷床。溫床又有高裝低裝之別。皆利用腐物發生溫熱。以補地溫與氣溫之不足也。高裝溫床擇南向之地。立成東西橫長之木壁。或草壁。南低北高。作長方南斜之形。上面用玻璃窗可以隨意開閉。以承太陽光熱。而禦霜雪風寒。底面塡以塵芥、木葉、廄肥、堆肥、糠粉、家畜及家禽之糞尿等物。上覆土。厚約四五寸。如此裝置。將種子播下。厚覆草筵。則熱不發散。雨不侵入。發芽之後。將草筵除去。日中開

第十七圖

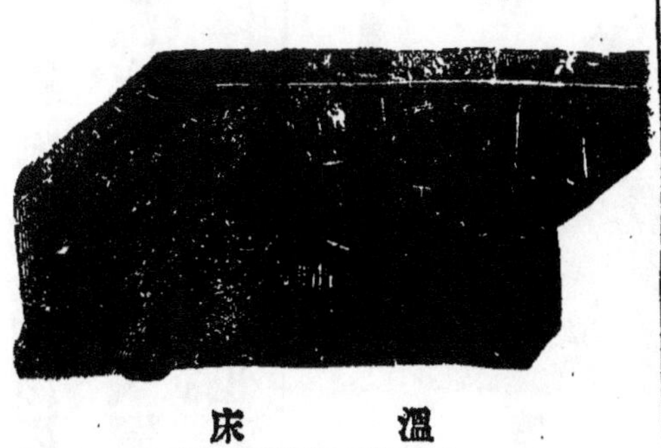

溫床

培苗

窗以納溫。夜來閉窗以保溫。可於特早之時期。養成特大之秧苗也。低裝溫床掘土較高。裝置較深。出土比高裝則矮。不僅有保溫之效。且易調停溫熱之度數也。其框架之制。與醱酵之物。皆與前同。冷床卽尋常之苗床也。只擇向陽無風之地。將土質擊碎。預施糞肥。作平、下種。上覆過篩細土。薄鋪草筵。以保濕氣。出芽後卽可除去。

第十八圖

冷床

三培苗　蔬菜出苗以後。卽宜特別培養。務施以適度之水分。及稀薄之糞液。初出之時。每日只用噴霧器施水。十日以後。卽可間日一施。極稀之糞水。又秧苗叢生之時。須行間拔之法。除去弱小之苗。留其肥大者而養成之。

第二章　移栽

苗長三四寸時。即須移植本圃。然菜性極嫩。易於凋萎。必擇陰雨之時。將苗帶土取出根際附土宜多。則無垂萎之患。本圃未栽以前。須預爲耡平耙碎。先下基肥。栽植距離及方法。亦宜規定。或爲條種。或爲點種。相距或八寸或一尺。均須預先作穴。然後栽下。早晚灌水。直至全活爲度。

第三章　促成栽培（即催育法）

促成栽培者。以人工增溫而變其自然天溫。使冬爲春。使春爲夏。以生成特早之饌品。而爲園藝家奇巧之術也。其法與前章所述溫床略同。惟溫床只取溫於醱酵物。此則又用蒸氣、火力、電力等以助其溫。且不似溫床之僅養成秧苗。此則加溫不絕。直至其成果也。

地點、先宜於西北兩方圍墻高一丈以外、以禦寒風。再於場中分成東西横塊。下掘深坑、塡以醱酵物。周圍護以草菰。上用玻璃窗。高可由植物之種類而定。其用火力電力者。大略相同。總以向陽避冷。保持溫度爲主。

第四章　軟化

軟化法、亦園藝家奇巧之術也。將植物之莖葉。以人力避光線、而使變成白色柔軟之嫩菜。品奇而味且美。如野蜀葵葱、青芋、土當歸石刁栢、蘘荷、筆頭菜、薑等。皆可行此法。

其法、先選溫暖之地。作二尺寬溝。長可隨意。內塡厩肥堆肥糠及垃圾等。深約八寸。上踏細土。將菜根浸水、排入溝中。上覆肥土、再壓零葉及藁筵等。令熱不外逸、光不內透。若欲加溫。於地旁作穴道。燻糠以補之。

若乾燥過甚。又須噴灌水分以潤之。如此三十日便成芽菜。又有專作地窖爲軟化室者。栽菜於內。自然軟化。只須補助溫度而已。

第五章　肥料

蔬菜時期欲短。出產欲多。故須施肥、以爲補助。今將肥料種類及施用方法時期等分述之。

肥料分速效遲效二種。已於前篇言之。蔬菜所宜。尤在速效。若用遲效肥料。須在未栽植以前施之則可。又淡質、燐質、鉀質三種肥料。菜類中各有所宜。

施用肥料。宜取腐熟者用之。若用基肥。以油粕堆肥廐肥爲主。預施於本圃穴中。補肥用液肥者多。時時施之。宜施於根邊。更忌汚及枝葉也。

施用肥料之時期。因菜之種類而分。次數最少者。基肥而外、用補肥三四次。多者隔日施肥。亦不厭其多也。

第六章 病害

蔬菜之妨害物。與果樹同。亦有二種。卽病毒及害蟲是也。其種類既多。而驅除不易。故爲園藝家特宜考究者也。

病害

蔬菜病毒。多由於光熱不足。養分欠缺。或病菌寄生所致。只須注意施肥。調停氣候。則易消除。若病症已經發生。又須施用藥劑以除之。以免蔓延傳染也。

蔬菜之病害

蔬菜害蟲。爲普通之患。如地蚤爲菘芥萊菔之害。瓜蠅爲瓜類之害。尤其最烈者也。防除之法。首宜疏通積水。耘除雜草。設燈誘殺其蟲。燒土焚絕其子。當其爲害正熾之時。亦可用殺蟲藥劑。如石油石鹻之混合汁。石灰及木灰硫酸銅等施之。均得有效。

第七章 種類

蔬菜之種類

根菜

葉菜

果菜

蔬菜種類。可分三種。即根菜葉菜果菜是也。萊菔、蕪菁、胡蘿蔔、甘藷、馬鈴薯、芋、薯蕷、百合、藕、甘藍、葱頭、薤、草石蠶、等皆屬根菜類。菘、芥、菠薐、蕳蓬、蒿苣、葱、韮、芹、蘿等。皆屬葉菜類。菜豆、豌豆、蠶豆、刀豆、豇豆、扁豆、胡瓜、甜瓜、越瓜、西瓜、南瓜、冬瓜、絲瓜、茄、蕃椒等。皆屬果菜類。今擇其要者於後各章記之。

第八章 萊菔

萊菔

性質

萊菔俗稱蘿蔔。秋季短期之蔬也。品美而產多。又爲救荒重品。性好溫暖濕潤氣候。輕沃土壤。

種類

萊菔種類極多。以形狀分。則有長、圓、錐形、平圓、之別。以色澤分。則有紅、白、青、紫之別。以時期分。則有夏萊菔、冬萊菔、之別。在吾國北部所產。形大而質密。每頭重十數斤。可爲特別大種。中部以南所產者、形小而味甘。爲尋常種。

栽培法

栽培萊菔。首宜選子。因萊菔有極易變種之性也。土宜深耕使碎。預施基肥。及期播種。用點播法。每穴相距一尺。下種五六粒。發芽以後。施腐熟清水糞一次。再間拔小株。每穴留大株二株爲度。此後中耕除草。注意除蟲。無他要術也。

第九章 甘藷

甘藷爲濟荒重品。可以製粉。可爲釀料、性好高熱氣候。輕鬆肥沃壤土。

甘藷

甘藷分紅白二種、紅皮者爲紅甘藷。白皮者爲白甘藷。然其塊根形狀。亦頗不一。甚難分別。

甘藷繁殖之法。雖用種生。然欲種多數田畝、則用扦插。尋常栽法、將苗

翻蔓

床培好。於春季下根於床。上被麥稃、出芽以後。勤加施肥。注意除草。長數尺時。可截取長五寸許之條。插於本圃。就陰日插之。更易生根。發育以後。所宜注意者爲翻蔓。蓋每隔數日。宜將蔓翻轉。以免接地生根也。

第十九圖

甘藷

馬鈴薯

性質

第十章 馬鈴薯

馬鈴薯、（即爪哇薯）致用與甘藷略同。而製造之用尤廣。食品之用、則不及也。

種類

栽培法

性能耐寒。最喜新闢肥沃砂質之壤土。

馬鈴薯種類。以色澤分者。有淡黃、淡紅、淡紫三種。以時期分者。有早熟、中熟、晚熟、三種。

栽培之法。與甘藷不同。概由根生。取大形根塊。可以截半面、栽於本圃。直橫相距二尺。截斷之面。宜用木灰塗之。乾燥經日。然後栽下。發芽以後。注意中耕施肥。惟忌新鮮糞肥。而宜用腐熟者。枝葉凋萎之後。即可掘收。穫量與甘藷相等。

第二十圖

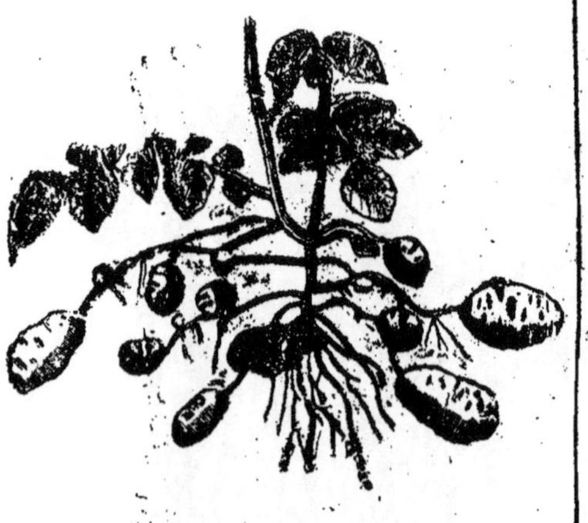

馬鈴薯

第十一章 薯蕷

薯蕷

性質

薯蕷（淮山藥） 舊爲藥品。近人始知爲食

品中營養價値極高之物。淮水南北多產之。性宜溫暖氣候。濕潤輕鬆壤土。

薯蕷分家生野生二種。家生俗稱家山藥。即通常所種者也。野生者俗稱自然山藥。乃山野自生者也。

栽培薯蕷之地。切宜深耕。通常取其根塊截斷。長三四寸爲種。上下截亦須以灰塗之。亦有用葉腋所生之零餘子爲種者。但生育緩而結根亦纖細。未及前法。臨種以前。將土畦掘深尺餘。用堆糞、垃圾、木灰等和土塡入。將及地面。再將種根栽下。用土蓋覆。其作畦相距三尺。畦中每株。相距約一尺餘。既種以後。須妨乾燥。宜常用水灌之。發芽以後。用小竹竿打架。以繞藤蔓。除草施肥。別無要項。即能產長大之根。

第十二章　百合

性質　百合爲藥中要品。而在滋養物中。亦佔上等位置。故通常食用。及宴席中多喜用之。性宜溫暖氣候。砂質壤土。

種類　百合種類極多。能爲食用者、不過二種。一稱卷丹。根大、有小鱗球生於葉腋者也。一稱山丹。根小、葉腋不生小鱗球者也。

栽培法　栽培百合。概由分根法蕃殖。取根部分出之小鱗球。冬時播於苗床。以腐熟堆肥。及草屑壅之。以禦寒冷。迨其發芽。再施肥除草。勤加耕耘。至冬時苗已成熟。卽可移入本圃。直行相距約二尺。橫隔七八寸。和拌堆肥油粕。同時栽下。隔年卽可著花。至秋季葉已枯萎。卽可掘其鱗莖。以供販賣。

第十三章　藕(蓮根)

性質　藕鮮可爲蔬。乾可製粉。且其花、葉、子、實。各盡其用。凡低溼之地。均宜種之性宜溫暖氣候。肥沃腐植泥土。

類種 藕之種類甚多。然因致用而別。食用藕、分家藕野藕二種。家藕花複色美。根粗而質嫩。野藕花小而單。根黃而細。質粗味澁。玩用則因花色之異。花瓣之形。種類更多也。

栽培法 種藕之法。頗爲便利。擇池塘肥溷之所。先將水放淺。取老根之將發芽者。於春時埋下。並下肥泥、堆肥、及豬毛等爲肥料。數月後卽可著花。秋卽可掘藕也。

第十四章 甘藍

甘藍 甘藍爲西洋原產。味美品高。實爲蔬菜中重要之一種。

性質 寒冷氣候最爲適宜。又宜輕鬆肥沃之壤土。

種類 甘藍種類。約分四種。葉在中心包合最緊者。爲尋常甘藍。莖出地面呈球形者。爲球莖甘藍。葉腋間生有小葉球者。爲帶子甘藍。葉呈皺縮形者。爲縮葉甘藍。

栽培法

栽種甘藍。一年可分三期。故甘藍者四季常有之蔬菜也。第一期於冬初下種。次年夏時收採。第二期於夏初播種。秋時收採。第三期於秋初下種。冬末春初收採。前二期下種。均須用溫床。第三期可用尋常苗床。栽植之法。每株相距。約在一尺八寸乃至二尺。基肥補肥。皆以人糞油粕爲主。

第二十一圖 甘藍

第十五章 菘

性質

菘。即白菜之總稱。亦蔬菜中之美品也。或以鮮食。或爲醃藏、醬漬。無不適宜。性宜溫帶氣候。輕鬆砂質壤土。

種類

菘之類種甚多。其最著者。如黃芽、白菜、湯白菜、菊心菘、烏菘等。皆佳品也。

栽培法

栽種菘菜。一年只分二期。第一期春季下種。秋初採收。第二期秋季下種。春初採收。惟苗床整理。須異常注意。防除蟲害。勿使乾焦。所最要者也。栽植距離。因株之大小而異。約在二尺乃至三尺之間。肥料用人糞尿、過燐酸、石灰、油粕等肥。

第十六章　芥

芥

性質

芥、亦冬季珍重之蔬菜。雖具辛味。最宜醃藏。其種子又可磨碎而製芥粉。爲辛香料之一種。氣候與土壤。與菘略同。不重述。

種類

芥菜分花葉與圓葉兩種。其他如江浙之雪裏紅。直隸之春不老。皆芥中之別種。最爲著名者也。

栽培法

栽培之法。與菘無大異。惟每年只種一季。概於冬時下種。自冬至春。均可收採。

第十七章　菠薐

菠薐

性質

菠薐、俗稱菠菜。波斯國之原產物。春秋兩季。皆可供蔬菜之用。性宜溫帶氣候。肥沃砂質壤土。

種類

菠薐種類雖多。吾國只有二種。一爲大葉種。葉大莖長。抽薹甚遲。宜於春種。一爲小葉種。葉小而細。平鋪地面。抽穗性緩。宜於秋種。南方頗多。

栽培法

菠薐栽培之法。與前菘、芥、署同。惟不須移植。而直播種子本圃。出芽以後選擇一二次。留其小苗。食其大苗。以俟生長。性忌陰濕之地。宜稀薄糞尿。及木灰堆肥等。春播者三月下種。四五月採收、秋播者九月間下種。自冬至春均可採收。

第十八章 葱

葱

葱、爲香辛之料。亦爲通用之蔬。性不畏寒。而在溫帶以北。則栽培漸少。

性質

性宜石灰質輕鬆濕潤之壤土。

種類

葱分大小二種。大葱又稱火葱。莖葉粗大。氣味辛烈。北省最多。小葱又稱家葱。亦稱四季葱。莖葉纖小。氣味香柔。南省多產之。

栽培法

葱之栽培法。由播子分株二種方法。以爲繁殖。大葱宜播子。小葱宜分株。播種之期。分春秋二次。惟種子隔年。即失發芽之力。故須選用新種。栽植之法。多用條種。肥料宜廄肥堆肥等。

第十九章 韭

韭

性質

韭、爲四季常有之菜。應用最廣。西洋只取與肉混食。吾國用以鮮食。或以醃藏。其花亦可爲醃藏之用。稱爲美品。性宜溫帶氣候。石灰質壤土。

種類

韮菜分寬葉、狹葉兩種。寬葉種味烈性强。狹葉種質柔味香。俗有黃芽韮。非別有一種。乃春初壅土所發生之嫩芽也。

栽培法

栽培韮菜方法。與葱畧同。分株者收採速。下子者收採遲。無論分株下種。皆在夏四五月、冬十月間行之。栽植距離。直横約一尺。每長及八寸至一尺。卽可剪刈一次。肥料以草木灰、人糞、堆肥爲主。

第二十章　豆類

性質

豆類養分最多。滋補極宜。用爲蔬菜。皆成上品。且黃豆又爲工藝原料。銷用尤多。性宜溫帶氣候。輕鬆壤土。

種類

豆類極多。大略分爲冬豆夏豆二大類。蠶豆、豌豆。皆屬冬豆類。黃豆、紅豆、菉豆、豇豆、藊豆、菜豆、刀豆、皆屬夏豆類。

栽培法

種豆之法。直接播種於本圃。園藝家種豆者。多間種於他種菜中。惟豇、豆菜豆、則特種之。距離遠近。因種而別。或以打棚。或以扦架。亦各不同。通常宜用燐鉀二種肥料。因豆類皆生根球。生一種黴菌作用。能吸取地中淡質養分。以爲自給也。

第二十一章　瓜類

瓜類

性質

瓜類、或爲菜蔬。或爲解暑果品。吾國食用習慣。最不可少之物。性皆喜溫暖氣候。輕鬆乾燥肥沃之壤土。

種類

瓜類亦如豆類。種類極多。可以果用菜用區別之。西瓜、甜瓜、菜瓜、皆果用瓜也。東瓜、南瓜、絲瓜、胡瓜、凍瓜、皆菜用瓜也。

栽培法

種瓜之法。如絲瓜、胡瓜。凍瓜、皆須作架纏繞。其餘皆鋪地而生。故栽植距離。及畦地做法。各有不同。大抵作架者、每株直距二尺、橫距二尺、鋪

地者、每株直橫相距。均在五尺。種時有直播於本圃者。有用苗床者。長至三葉時。須先摘頭。只留二葉。待其腋間生枝。共留二枝。每枝俟結一瓜時。即將枝頭打去。將結瓜上下相近之瓜蔓埋壓。則瓜必碩大。此則鋪地之瓜如此。若上架者、則任其自然可也。

第二十二圖

一長茄　二洋種茄　三蕃茄

第二十二章　茄

茄爲蔬中要品。通常日用極廣。性宜溫帶氣候。在熱帶地、有能越年者。惟忌霜害。故在溫帶、只能爲一年期。栽培不選土質。惟以肥沃之砂質壤土、爲宜。

種類 茄種極多。以色澤分者。有紫茄、白茄、青茄、之別。以果形分者。有長茄、圓茄、之別。

栽培法 種茄、播子宜早。故須用苗床。或用溫床更宜。生長至五葉時。卽可移栽本圃。直橫相距二尺乃至二尺五寸。葉大時、可打去下層之葉數枚。其果有碩大之效。種時用堆肥以爲基肥。以後時時漑以水糞。以爲補肥。

初等園藝教科書終

民國元年十二月初版
民國三年四月三版

（初等園藝教科書）
定價大洋二角五分

原著者　日本農業教育協會
譯述者　善化黃毅
校訂者　奉化楊占春
發行者　新學會社
印刷所　中新書局
總發行所　上海棋盤街新學會社
分發行所　北京琉璃廠　濟南后宰門　漢口黃陂街　奉天鼓樓北　廣東雙門底　寧波日升街　新學會社

初等農學校及實業補習學校教科書

書名	原著者	譯述者	價洋
農學大意	日本稻垣乙丙	奉化胡朝陽	八角
土壤學教科書	日本農業教育協會	錢塘賴昌	二角五分
肥料學教科書	同前	奉化胡朝陽	三角
栽培通論教科書	同前	吳江葉與仁	二角五分
園藝教科書	同前	善化黃穀	三角
普通作物教科書	同前	仁和方從矩	三角
特用作物教科書	同前	錢塘賴昌	三角
作物病蟲害教科書	同前	奉化胡朝陽	三角
農業經濟及法規教科書	同前	通州孫鉞	三角
造林學教科書	同前	同前	三角
養畜教科書	同前	吳江葉與仁	三角
農產製造教科書	同前	善化黃穀	二角五分
農藝化學教科書	日本千葉敬止 香月喜六	奉化胡朝陽	四角
農業氣象教科書	日本駒井春吉 小西德治郎	吳江葉與仁	三角

上海棋盤街新學會社藏板

新學會社出版最新圖書廣告

●家庭教育用書

家庭必備 育兒全書 一本六角

五彩精圖 幼稚園保育法 一本四角

五彩精圖 幼稚教育法 二本二角

幼稚教育教授法 一本一角

五彩精圖 幼稚識字法 四本四角

●初等小學校用書

初等小學 民國新國文教科書 八本 八本八角

初等小學 新編修身教科書 八本 每本六分 折實三分

初等小學 新編修身教授法 八本 每本一角四分 折實七分

初等小學 新編國文教科書 八本 每本一角 折實五分

初等小學 新編國文教授法 八本 每本二角六分 折實一角三分

初等小學 新編算術教科書 八本 每本六分 折實三分

初等小學 新編算術教授法 八本 每本一角 折實五分

初等小學 習字帖 近編

初等小學 習畫帖 近編

初等小學 國文讀本 五本五角

訓蒙新讀本 一本一角

●初等小學及兩等小學校用書

第一簡明 修身啟蒙 初二編 二本二角

第一簡明 歷史啟蒙 二本二角

第一簡明 地理啟蒙 二本二角

第一簡明 博物啟蒙 二本二角四分

第一簡明 造句啟蒙 二本二角

第一簡明 論說啟蒙 二本二角

第一簡明 珠算啟蒙 二本二角半

第一簡明 筆算啟蒙 二本三角

第一簡明 尺牘啟蒙 一本二角

新學會社出版最新圖書廣告

書名	冊數	價目
第一簡明圖畫啟蒙（學生用）	四本	三角半
第一簡明圖畫啟蒙（教員用）	一本	一角
初等小學簡易心算教科書	一本	一角半
初等小學速通文法教科書	二本	二角半
初等小學初級作文模範	一本	一角
初等小學修身唱歌集	二本	二角
兩等小學新唱歌	一本	一角半
精選古詩小學堂唱歌	一本	一角
初等小學柔軟體操教科書	一本	一角半
初等鉛筆習畫帖	四本	四角
●高等小學校用書		
詳注高等小學國文讀本	二本	三角
高等小學古訓修身教科書	一本	一角半
高等小學簡明歷史教科書	二本	三角
高等小學簡明地理教科書	四本	五角
高等小學簡明物理教科書	二本	二角半
高等小學算術教科書	三本	六角
高等小學理化博物教科書	六本	七角
高等鉛筆習畫帖	四本	五角
高等小學農業科教授法	近印	
●女學校用書		
女學修身古詩歌	二本	二角半
初等小學女子家政教科書	一本	一角半
中學校暨師範學校家政學教科書	一本	三角
小學校用女子歷史教本	二本	二角半
小學校用女子尺牘教本	二本	二角
四明王女史函稿	一本	一角
●中學校及師範學校用書		

二

新學會社出版最新圖書廣告

國學講義　一本五角
實地教育心理學講義　一本三角
中等教育生理學　一本八角
中等教育萬國史　一本四角
中等教育法制理財　一本五角
中等教育人生地理學　一本三角半
中等教育新著算術教科書　精裝一本二元六角　並裝二本二元五角
小代數學　精裝一本一元　並裝一本八角
新撰幾何學教科書　精裝一本一元　並裝一本八角
幾何學教科書平面　精裝一本一元　並裝一本八角
幾何學教科書立體　一本三角
第一編直線幾何學講義　一本七角
中等教育平面三角法教科書　一本七角
球面三角法　一本三角半

物理學計算問題詳解　一本四角
測繪學教程初編　一本五角
測繪學教程二編　一本五角
●初等農學校及實業補習學校用書
普通應用農業教科書　近印
普通應用農學大意全　一本八角
普通應用農學大意上　一本二角半
普通應用農學大意中　一本二角半
普通應用農學大意下　一本三角
普通應用農學新書　一本一角
農業教本果樹栽培篇　一本一角半
農業教本蔬菜栽培篇　一本一角半
初等土壤教科書　一本二角半
初等肥料教科書　一本三角

王

新學會社出版最新圖書廣告

初等	栽培通論教科書	一本二角半
初等	普通作物教科書	一本三角
初等	特用作物教科書	一本三角
初等	園藝教科書	一本二角半
初等	養畜教科書	一本二角半
初等	造林學教科書	一本三角
初等	農產製造教科書	一本二角半
初等	作物病蟲害教科書	一本三角
初等	農業經濟及法規教科書	一本三角
初等	農藝化學教科書	一本四角
初等	農業氣象教科書	一本二角半

● 農學校用書

農學校用	化學教科書 無機篇	一本六角五分
農學校用	化學教科書 有機篇	近印

四

農學校用	礦物學教科書	一本四角五分
農學校用	動物學教科書	一本六角
中等農學	土壤教科書	一本五角
中等農學	肥料教科書	一本五角
中等農學	作物汎論教科書	一本六角
中等農學	作物各論教科書 上	一本五角
中等農學	作物各論教科書 下	一本五角
中等農學	果樹教科書	一本五角
中等農學	蔬菜教科書	一本六角
中等農學	畜產學教科書 汎論	一本七角
中等農學	畜產學教科書 各論	一本七角
中等農學	農用昆蟲學教科書	一本六角
中等農學	農作物病學教科書	一本四角五分
農學校用	農業法規教科書	一本六角

新學會社出版最新圖書廣告

農學校用	農業經濟教科書	一本六角
農學校用	農業簿記教科書	一本三角
農學校用	農業土木教科書	一本五角
農學校用	農具教科書	一本四角
農學校用	農產製造教科書	近印
中等農學	土壤學	一本三角
中等農學	肥料學	一本三角五分
中等農學	氣象學	一本五角
中等農學	農業經濟學	一本四角
中等農學	農藝化學	一本五角
中等農學	植物生理學	一本四角
中等農學	作物生理學	一本四角
中等農學	作物病理學	一本五角
中等農學	藥用作物學	一本三角

中等農學	農產製造學	一本八角
中等農學	罐藏食物製造法	一本五角
中等農學	害蟲驅除全書	一本一元二角
中等農學	栽培叢書	二本九角五分
食用作物	栽培要說	一本一元二角
學理應用	果木栽培新法	一本三角
柑橘苹果梨類	果實貯藏法	一本八分
學理應用	蔬菜栽培新法	一本三角
中等農學	畜產叢書	一本六角
最新	畜產學各論	一本八角
最新	家畜飼養論	一本五角
農業世界	實用養雞全書	一本一元
農業世界	實用養豕全書	一本一元二角
農業世界	實用養蜂新書	一本二角五分

新學會社出版最新圖書廣告

最新 水產養殖法	近印
校正三版 農家百事問答	一本七角
實用 農家副業	一本四角五分
再版 農藝輯要	一本一元
農家節用 農業辭典	近印
農家寶典	近印
農家曆	近印
農業全書	精一本五元三角 並三本五元
◉獸醫學用書	
農學校用 獸醫學教科書	一本六角
農學校用 寄生蟲學	近印
再版 家畜病醫治法	一本四角
◉林學用書	
中等農學 實用森林學	一本八角

六

林學教科書卷一 林學通論	一本二角
林學教科書卷二 造林學本論	一本八角
◉蠶學用書	
新編 養蠶教科書	一本七角
蠶業叢書第一編 栽桑新論	一本六角
蠶業叢書第二編 養蠶新論	一本五角
蠶業叢書第三編 蠶體解剖論	一本六角
蠶業叢書第四編 屑繭紡絲論	一本一角半
蠶業叢書第五編 桑樹蟲害論	一本三角
蠶業叢書第六編 蠶體生理論	一本五角
蠶業叢書第七編 蠶體病理論	一本六角
蠶業叢書第八編 蠶病預防論	一本五角
蠶業叢書第九編 蠶病消毒法	一本五角
蠶業叢書第十編 製絲新論	一本二角半

新學會社出版最新圖書廣告

（精裝）蠶業叢書　一本五元三角
（改良四版）養蠶必讀　一本二角
（最新）實驗養蠶法　一本二角半
（最新）實驗蠶桑簡要法　一本四角半
（最新）夏秋蠶飼育法　一本一元
（最新）製絲營業論　一本一元

◉醫學用書

病理通論　精裝一本四元三角　並裝二本四元
人體解剖學　精裝一本四元　並裝三本三元六角
中西種痘全書　一本七角
健腦新法　一本四角半
西醫脈訣　一本三角
西藥調製法　一本八角

◉雜著

外國地名人名辭典　一本二元
泰西人物韻編　五本四角
國民教育論　一本一角八分
近世亡國史　一本四角
世界十二傑　一本三角半
軍人要覽　一本五角
彈擊學術　一本二角

◉名著

（精選）韓柳歐蘇文鈔　八本一元
（明末痛史）南天痕　八本二元八角
（明末痛史）所知錄　二本五角

◉各種五彩地圖

七

新學會社出版最新圖書廣告

書名	價目
五版增補 二十世紀中外大地圖	厚紙一本八元 薄紙一本七元
五版增補 二十世紀中國大地圖	一本四元
增補 世界現勢圖	一本一元六角
增補 東洋歷史圖	一本八角
天下最新圖	一套七角
中華最新圖	一套六角
世界全圖	一張一角
六大洲分圖	每張一角
中國全圖	一張一角
各省分圖	每張一角
大號 湖北省明細地圖	一套四角
中號 湖北省明細地圖	一套二角半
京漢鐵路圖	一張二角

書名	價目
人體生理解剖圖十六幅	二元四角
小學博物示教圖十幅	一元五角
●普通學表解叢書	
增訂 化學表解	二本四角
增訂 物理表解	二本四角
增訂 動物表解	一本二角
增訂 植物表解	一本二角
增訂 礦物表解	一本二角
增訂 生理衛生表解	一本二角
增訂 算術表解	一本二角
增訂 代數表解	一本一角
增訂 幾何表解	一本二角
增訂 三角表解	一本二角

河北省立農學院講義

園藝學

諶克終 編
河北省立農學院

園藝學

普通園藝講義目錄　　頁數

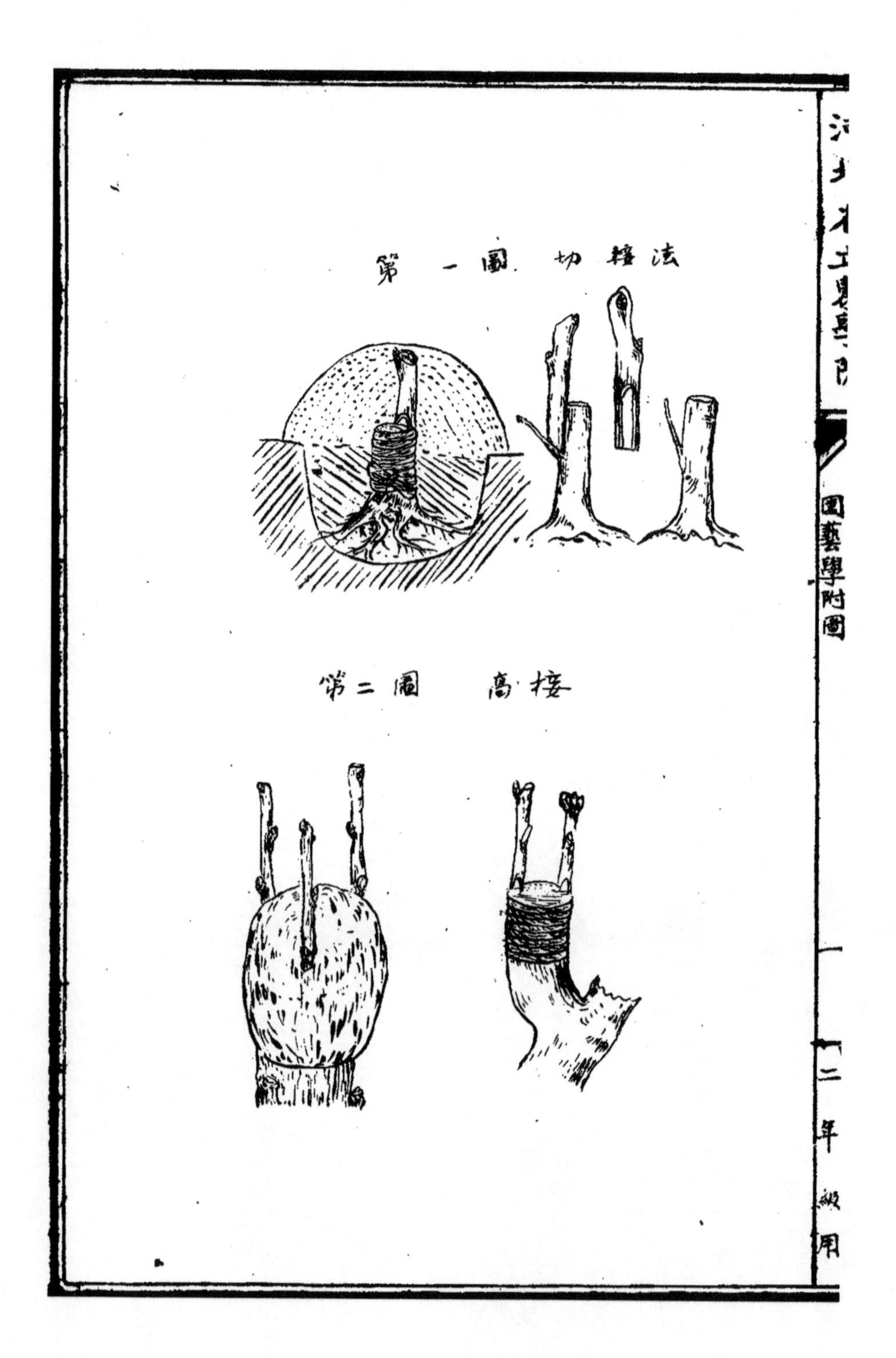

第一圖 切接法

第二圖 高接

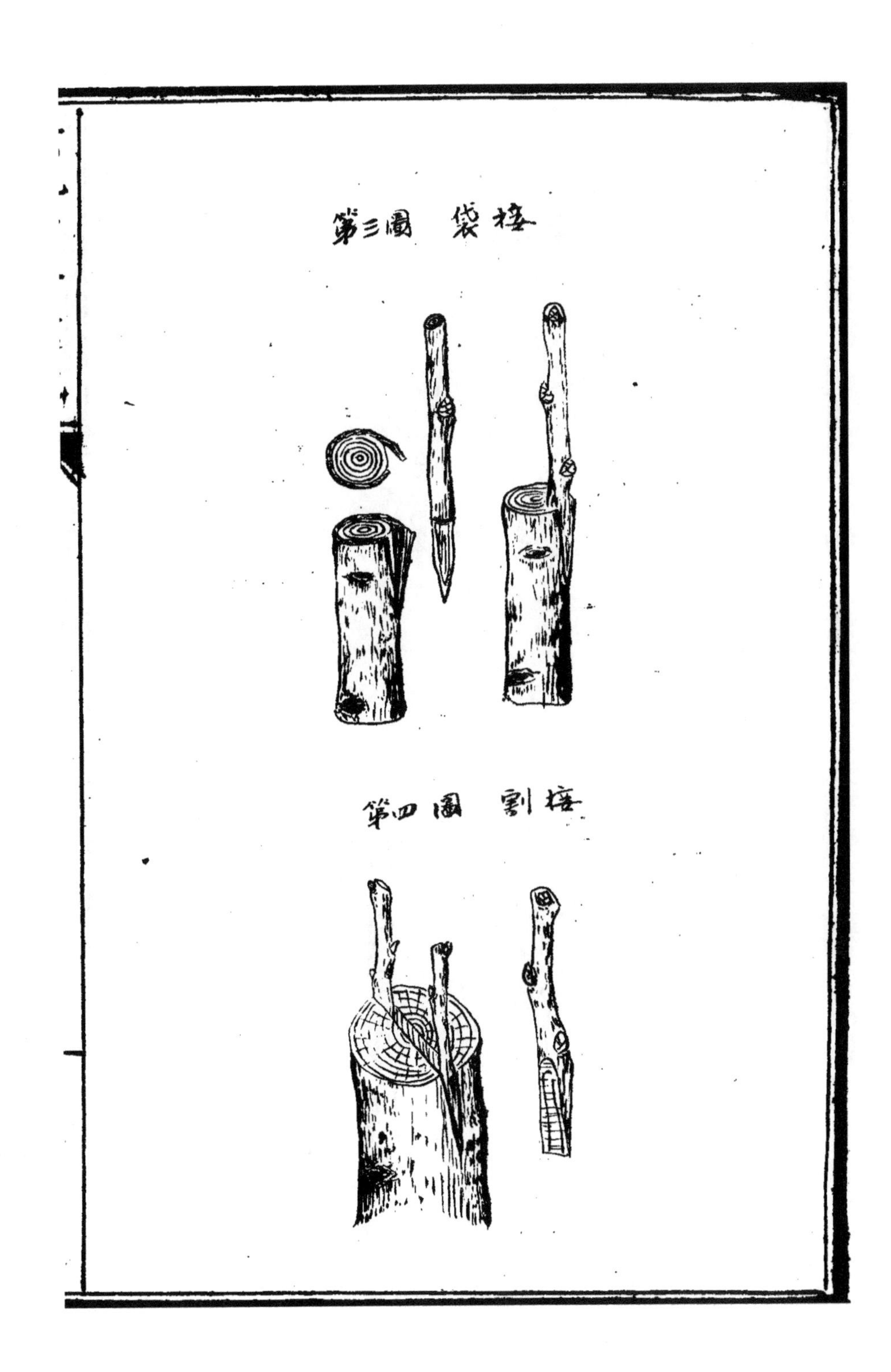

第三圖 袋接

第四圖 割接

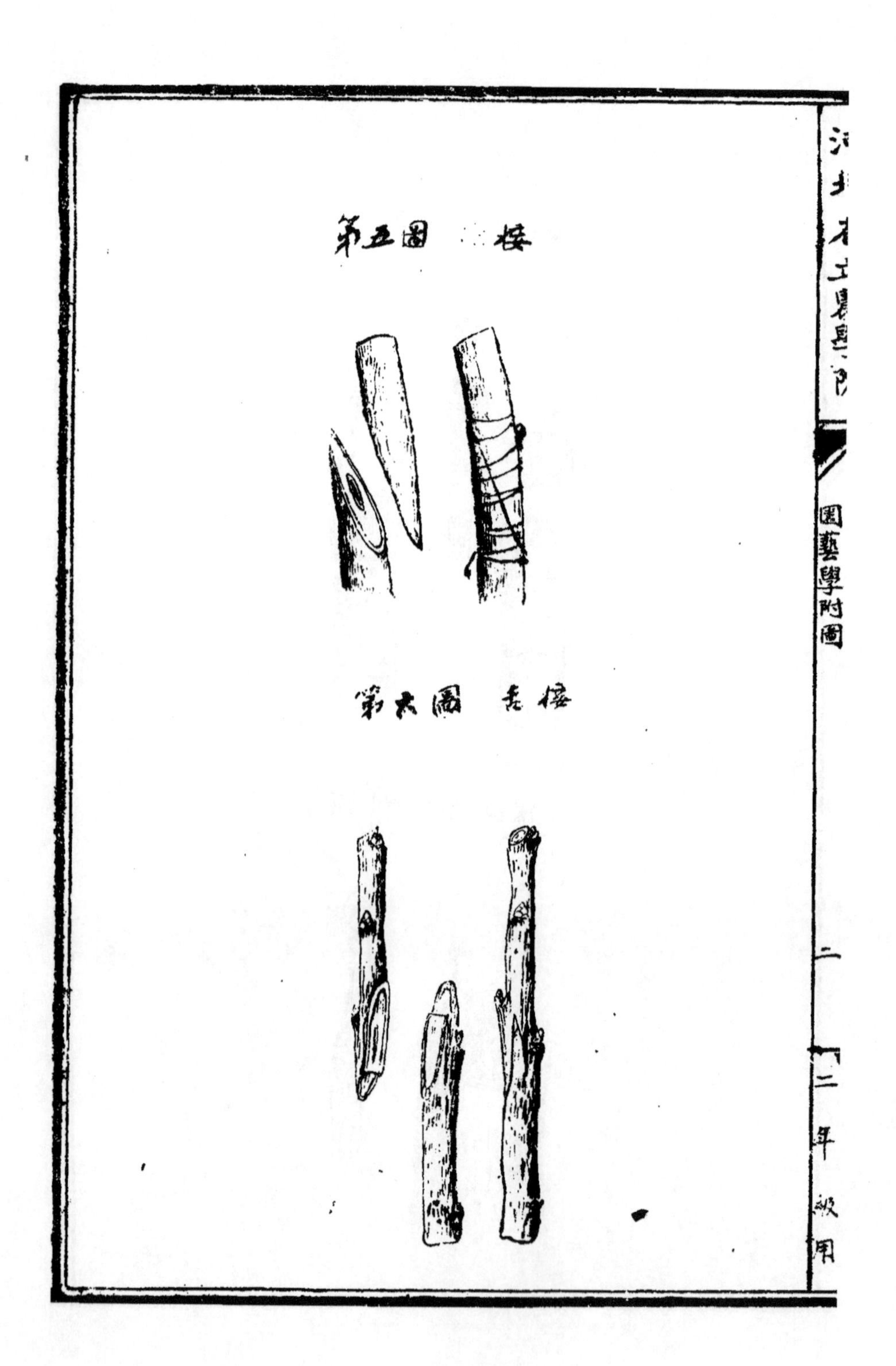
第五圖 接
第六圖 舌接

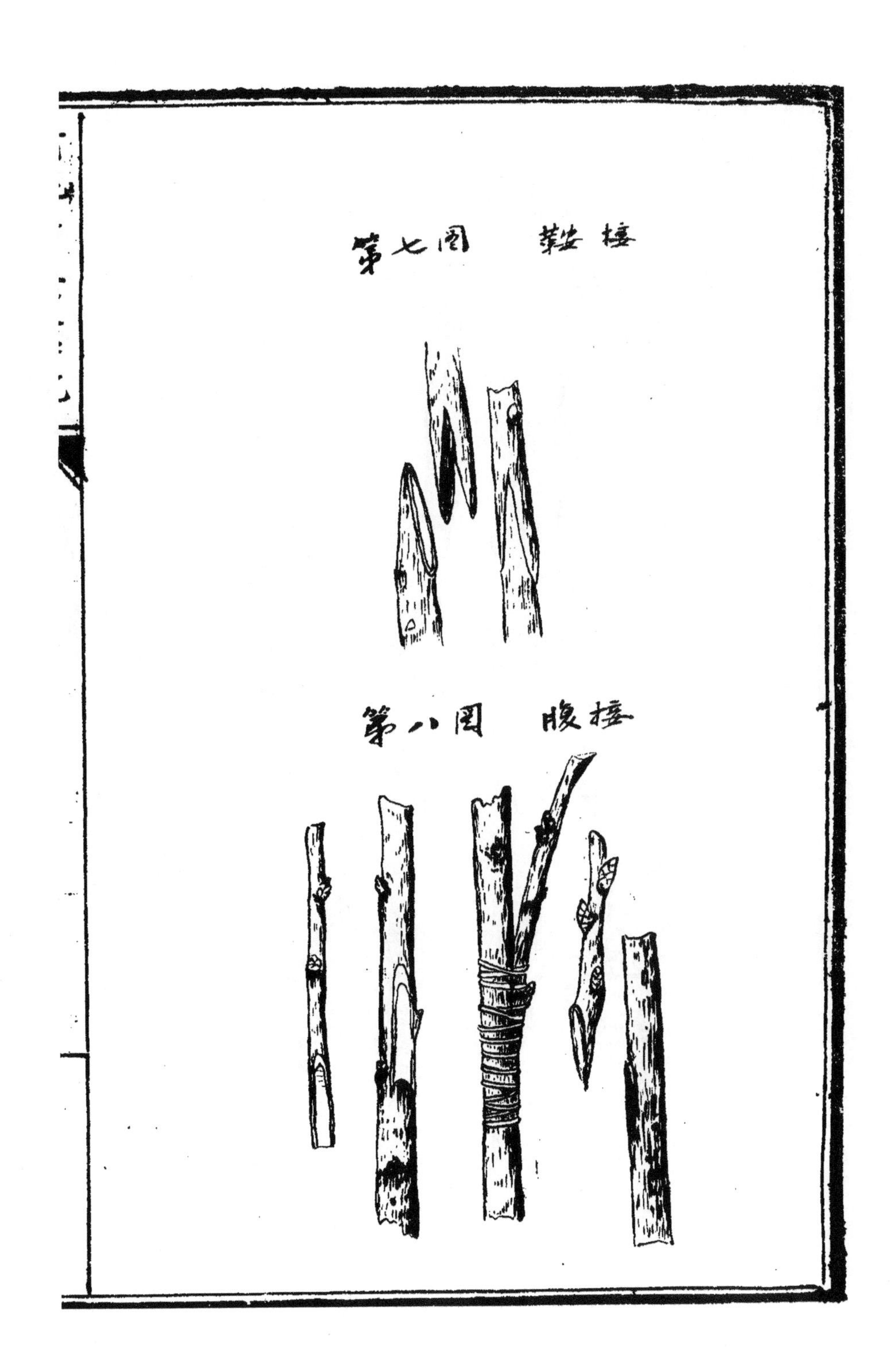
第七图 鞍接

第八图 腹接

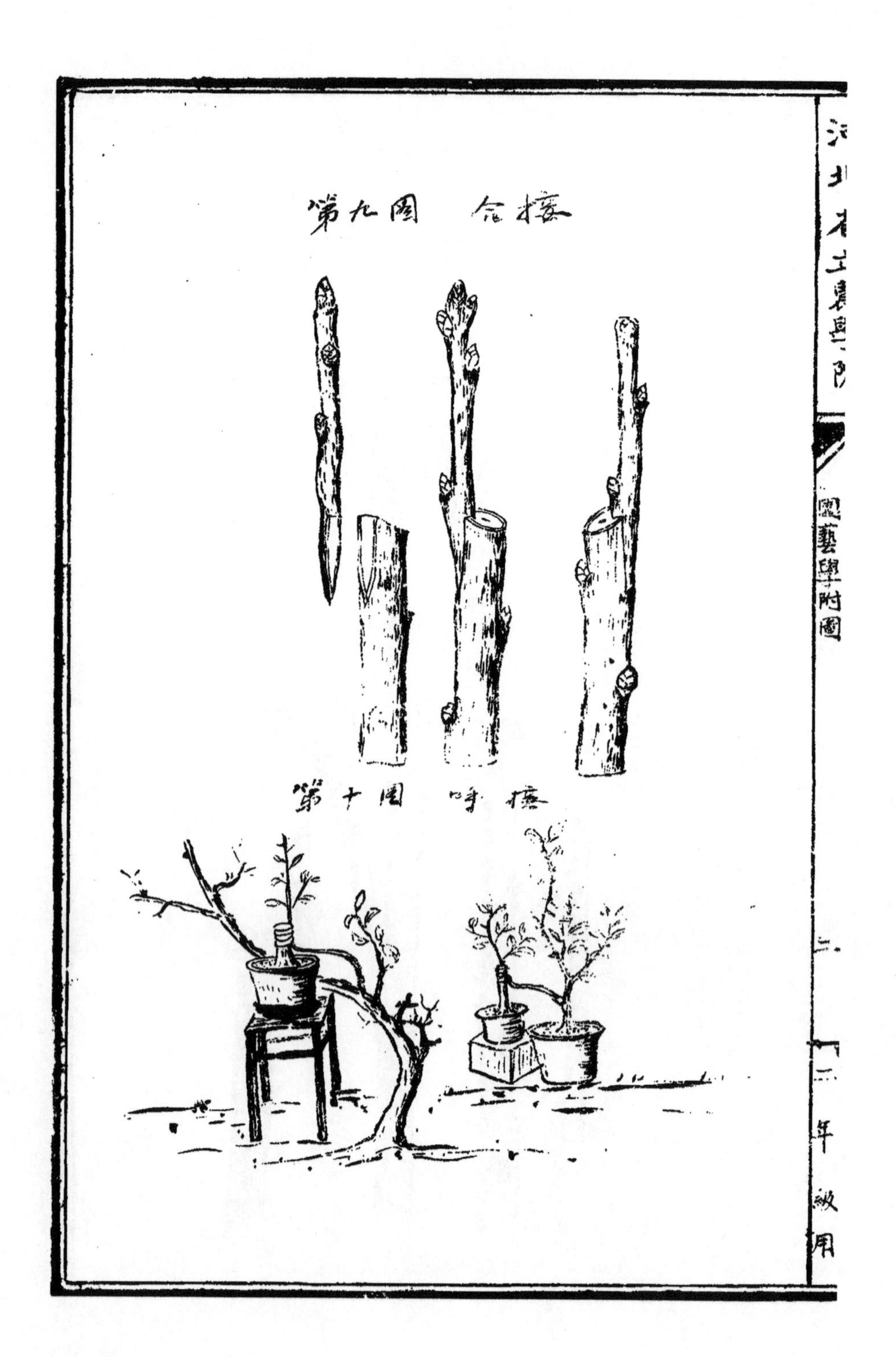

第九圖 合接

第十圖 呼接

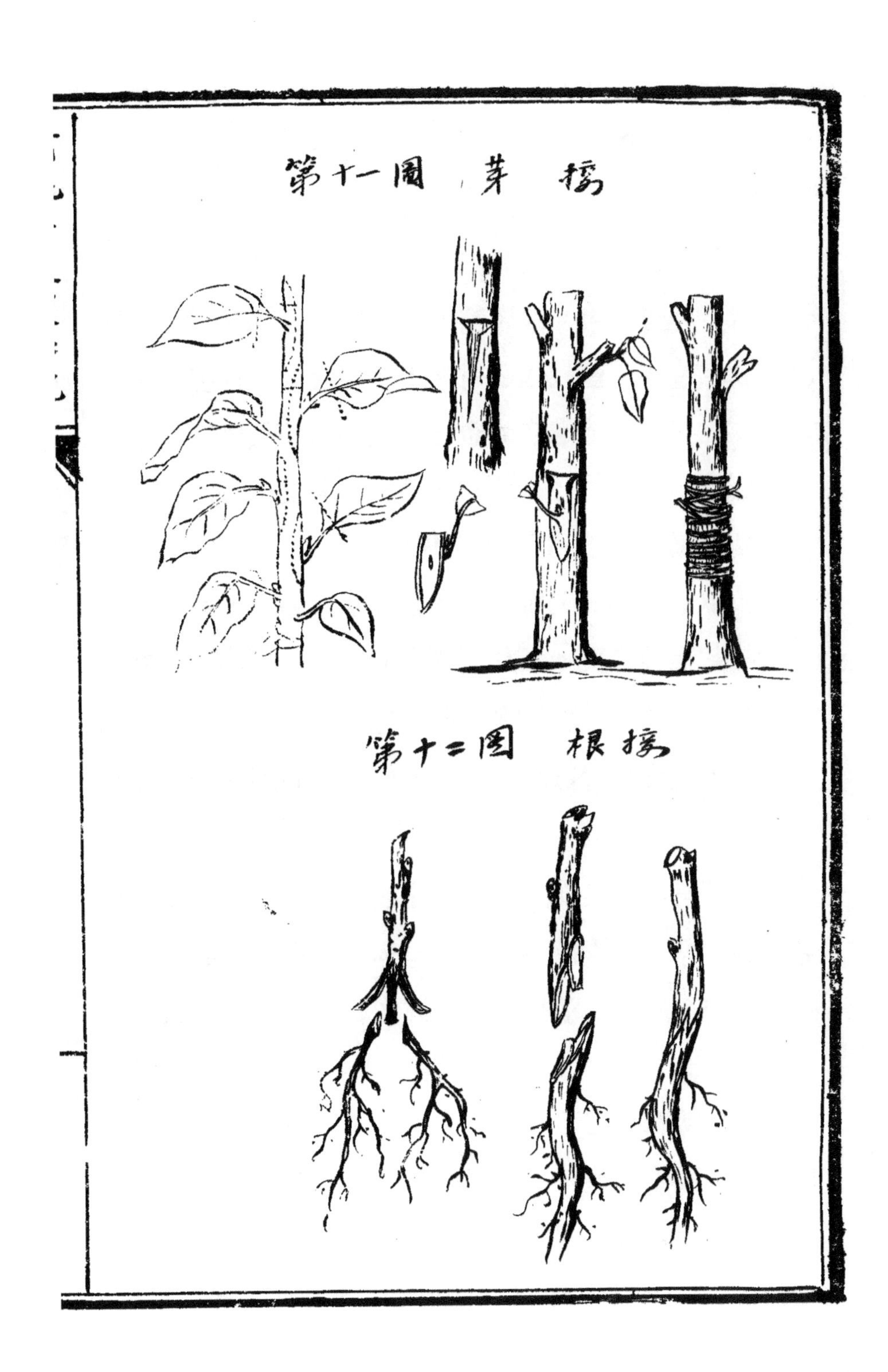
第十一圖 芽接
第十二圖 根接

園藝學 · 諶克終編

第一編 總論

第一章 園藝之語源

吾國自昔受天之惠。地廣物博。文化發達極早。其中園藝作物之豊。園藝技術之精。至今尤燦爛於世界中。宜乎稱爲世界園藝先進之國也。今歐洲所謂英國式或自然式庭園實由吾國傳之。而其所植養之園藝植物。由我國及波斯移植者。實占其大部也。

又從史攷之。周有甸師場人。漢有令亟鈎盾，唐有掌園等職均掌園藝之吏。可知吾國自古注重於園藝而園藝之盛。蓋有由來也。樊遲請學稼園圃。孔子曰吾不如老農老圃。由此更可證吾國自古農業與園藝特別發達。已分化爲獨立之事業也。

吾國園藝有深遠之歷史。已如上說。但古農書中未能發見園藝成語。故園藝一語果出自何時何處，甚有研究之必要者也。一般園藝學者。不詳加研究。視吾國古農書中。無園藝之名。即斷爲由英語 Horticulture 譯成或由日本直接輸入之語。不知日本之用園藝二字。實濫觴於吾國之英華字典。（日本明治五年即西曆 1872 年英華和譯字典起稿，明治十二年出版）吾國英華字典著於何時。無從可考。但在西曆 1872 年以前已無疑議也。吾國古書中。雖無園藝成語。而園圃苑囿及種藝，樹藝，耕藝牧藝等語，散在甚多。均含有園藝之因子。其他陳扶搖之秘傳花鏡（西曆 1700 年）中有鋤園藝圃之語。王象晉之羣芳譜中（西曆 1621 年明熹宗元年）有灌園藝蔬之句。實足以促園藝之誕生。不必待英華字典之直譯。而英華字典之有園藝二字。不過偶得其義而已。故謂園藝一語。發源於羣芳譜及秘傳花鏡亦無不可也。

第二章　園藝之意義及其特性

古時文化未開。道德淺薄。園藝作物。均培於籬垣之內。故從字義解之。園字由囗土口亻二所成。囗示垣籬。其內之土口亻二。指有土有井有二人工作於其間之意。藝即栽植之意。如段氏說文注藝與執同。許氏說文曰執種也。毛傳曰藝猶樹也與樹種同義也。故從字義，可推知園藝之意義也。再查外國如英之 Gardeuing 或 Horticulture。法之 Jardinage 或 Horticulture。德之 Gartenbau 或 Hortikultur 等。均暗合上述之義。可因字義而得其意也。但後世文化日進。道德日尚。經營園藝者，垣籬之設。漸不必要。故今日所謂園藝作物。不必限於垣籬之內也。園藝之意義。既如上述。但其內容果何如乎。就一般言之。園藝者爲農業之一種。包含果樹蔬菜之栽培。花卉之培養。及庭園之築道。在農業中最雅緻富趣味之事業也。

園藝適應於都市附近。土地資本勞力均甚集約。比較須智識技術。饒有興趣。具有美術。競爭甚激。隨文明之進步而益重要。愛好之者甚爲普遍。此爲其特性而與農作物有異者也。

第三章　園藝作物與農作物之區別

一般作物分爲農作物與園藝作物二大部分。但其境界。不甚明瞭。如萊菔，馬鈴薯，芋除虫菊等。可稱爲農作物。亦可稱爲園藝作物。欲附以固定之界線。甚爲困難。只能以栽培目的及情狀分之也。

所謂農作物者。其栽培目的爲主要食料，飼料或工業原料。而其栽培方法比較粗放，規模比較大。

所謂園藝作物者。其栽培目的爲副食物或觀賞娛樂。其栽培方法甚集約規模比較小。

如斯分法。雖其界限不甚明瞭。要不失爲便宜上之合理的分類也。

第四章　園藝之重要

園藝作物。如果樹蔬菜，不獨富於滋養。可充吾人之副食物。且有驅除疾病。促進食欲，强壯身體之功。爲吾人日常不可缺之品也。又如花卉雖爲奢侈娛樂之物。而其美化世界。快怡心神。陶冶性情恢復疲勞。無形中增加人民工作之力不少。與人生關係莫大也。

從經營方面言之。園藝作物。不獨適於專業的栽培。作爲副業。亦甚相宜。如利用餘暇，凡山野之空地，田圃之周圍。家宅之傍前。均可因地置宜。培栽適宜之物。或供自家之用，或供販賣之用。在國民生活上經濟上。尤爲重要也。不獨此也。國家愈文明，因其國民之嗜好。欲望。亦隨之而大。故園藝作物。益趣重要。若無優美之果實。佳良之蔬菜。鮮豔雅致之花木，則不能滿其嗜欲。怡其心神。此種嗜欲怡樂之力。甚爲强大。若內國不能供給。勢必購外貨以塡其渴慾。當此交通世界列强競存之世。苟有機可乘。外國產物。趣必驚也。試就年來由外國輸入園藝品觀之。可証其非虛論也。

輸入種類

1. 蔬菜類　　各種罐頭。如石干柏，青豌豆，花椰芽。蕃茄醬。草莓醬等。

新鮮品，如馬鈴薯，洋葱，各種豆類。

2.果實類　外國苹果，西洋梨，橘，檸檬，胡桃，栗，葡萄乾，及其他各種罐頭，果子露等。

3.花卉類　盆栽洋松，洋水仙，各種球根，各種現花卉各種花卉種子等。

以價值計之。據民國九十兩年之統計。僅果實蔬菜二種。民國九年達 7936.531 海關兩。民國十年達 9042.313 海關兩。

如斯巨數實足驚人。素稱農業立國之國家。主要食物。既不能自給。園藝物品。復須仰給於外國。國安得不貧哉、故今後對於園藝之宜速起提倡研究。以圖塞此漏卮。自不待言矣。

第五章　園藝與國家文化之關係。

園藝植物之栽培，始於文化萌芽之世。而發達於文化隆盛之時者也。若文化未開之民。食只求飽。衣只求暖。而不知他事。及文化漸進。食既飽。衣既暖。於是歡樂娛怡之欲求。始隨之而生。及文化日隆此等欲求再隨之而大也。如目喜美彩，口嗜美味嗅好薰香。居貴修飾。

故凡植物之可供嗜賞娛樂之料者。無不廣爲之栽植也。故園藝植物。可謂文化生產物之一也。

人類智識之進步。與嗜好，娛樂之進步關係甚切。故文化進而嗜好娛樂之種類及數量亦隨之而增多。此屬因緣關係。無足稀者也。然世界之物。足滿人之嗜好供人之娛樂者固多。而其中最高而最優美裨益人生者。實爲園藝也。故謂園藝有利於文化亦可也。

果實蔬菜。自古固有。但文化之世所重者，品質須優。種類須多。所珍者稀奇之物。所貴者不時之需。於是園藝家應用科學之力。窮盡研究之術。巧奪天工。以品質佳良。不時生產。爲主要之務。此園藝之所以發達也。

栽培園藝欲得佳果良菜。培之者其技術須熟練，其管理須周到。其勞與費。所需雖多。而可達生產最多之目的。故園藝在農業中最爲集約。能使地盡其利栽培盡其巧。合於科學上少費多穫之旨。而其栽培須技術。即有興趣。故園藝謂之爲文明之農術可也。

此外花卉庭園。優雅高潔。不獨怡人心神。悅人耳目。其色澤姿勢。優美異常。更加配列裝飾有術。純爲無上之美術。無形中有益於人生匪淺也。

園藝與國家文化之關係。既如斯之大。吾人豈可不重視之乎。

第六章 種類及品種選擇之必要

各種作物。從生理學上觀之。其所需要之養分，水濕，光線，溫度，各有不同。故其適宜之氣候，土壤有異。因之管理，保護及農法。自不能一致也。

又從經濟學上觀之。人類之性質及嗜欲各不一致。對於生產物之種類及品質之需求自有差異。故經營者不可不應需要者之欲求。而選種類也。

其他栽培地。與市場之遠近。交通之便否。及市場之購買力如何。各地均不相同。宜充分考究。使各適合於經濟原則。以最低之生產費而生產。以低廉之價格而供給于市場。以求受最大利潤之效也。

但有時不顧與市場之關係。及天然生產之要素。選擇不適於其風土之物。用人工變更生育條件。雖費多額之生產費。而尚可獲大利者不少。如利用溫室，溫床，玻璃室等。利用人工保溫或加溫。或利用特種之地形，及防風林，或築造石牆增加反射熱等法以補溫度之不足。在低溫之時期。或寒冷之地。栽培需高溫之作物。是也。

又對於土壤不適之作物。用客土法或其他耕地改變行土壞局部的改變栽培時亦有利可獲者也。

在生產上諸要素最有利之時，縱離市場稍遠。交通欠便。有可無礙者。如特產地之園藝作物栽培是也。

要之上述各種條件。因難同時完全滿足。如何選擇如何注重此待熟慮者也。

選定種類後。再須選定最適之品種。多數品種。雖屬同一種類之作物。其養分之吸收力。肥料之利用性。及對於光線，濕度之反應，各不相同。其生產物之品質。數量，用途，成熟之遲速，播種之時期。對於風災水旱病虫等外界諸要素之抵抗力强弱。甚有差異。因之生產上受其影響甚大。不可不注意也。

在風土不適之地。欲栽培作物時。品種之選擇尤爲重要。例如氣候過于温暖或土質膨軟。作物易于徒長時。選生育緩慢而易老熟之品種。方可與環境保其調和。而舉相當之生產。反之在土地磽瘠之地。非生活力旺盛根群發達之品種。難期其生產。又在高緯度夏季甚短之地。非成熟甚早之品種。則不能全其登實。如栽培多年生作物。枝條尚未老熟時。嚴寒襲來。至受其害而枯死也。

其他過濕過乾之處。風災水害，或病虫發生甚劇之地。

依品種之選擇。可以輕減疾害。此於農業利害當爲重要者也。

然品種之優劣。本非絕對的。常與環境相關連。而定其良否者也。在甲地之風土。甲地之農法。其最優秀之品種。不必在乙地之風土，乙地之農法。復爲優良品種。再嚴密說之。依栽培者之勤惰。技術之巧拙。其各適宜之品種。亦自有異也。

故品種之優劣。須研究各品種之性狀。適應之境遇風土，農法。及栽培者之技術。並須調查輸送販賣等經濟的關係方可決定也。當決定時應注意者。如某品種在某地方。品質優良收量最多時。須調該地方之各種條件而明瞭其歸納的結果。因植物生產的及經濟的要件。甚爲複雜。某品種之良質多產。由氣候歟。土壤歟。抑栽培法之進步歟。此三者相互影響之程度決定甚難。須慎重攷慮也。

至最後決定優劣時。不可不實地栽培試驗。以觀其結果也。而試驗之結果。不可不依數年之平均成績。因每年之氣候不等，風水病虫等害。年有差異。而對於此等外界條件之反應。因品種不同。亦有差異。在甲歲得最上之成績者。在乙歲不必能得優良之結果。故須以數年之平均成績。生利最多者，始可稱之爲某地之優良品種也。

又品種之選擇。常受流行之影響。故一地方栽培最多之品種。概與時俱移。同一品種。難期其永久之繁榮。依少數人之提倡獎勵而生急變之例蓋不少也。故此流行之趨勢及需要者之風俗習慣。與生產物之販賣消路。有莫大之關係。此選擇品種時，亦須注意者也。

第七章　園藝作物繁殖概論

園藝作物中。有一二年生之植物。有多年生之植物。其性質懸異甚着。但吾人繁殖時。無論何種作物。第一新作物須有優良之稟性。第二繁殖容易。第三生產迅速。爲滿足繁殖之三種要求。普通一二年生之作物。多用生殖器官即用種子繁殖。多年生作物概分割營養器官之一部。似供繁殖。但多年生作物。亦有類于繁殖者。如斯依作物之種類。其繁殖或用種子。或用分割。要不外根據上述之要求也。

多年生作物。因花器之構造有異。自己不易受粉。或全不受粉。故其種子概由雜交而成。未能遺傳其母本之優良稟性也。

多年生作物。較之短期作物芽條變異發見最易。由此變異芽條中。發生新品種，優良品種之例甚多。故多年生作物利用此枝變。爲其改良法之一。此又多年生作物用分割繁殖之一理也。

又分割繁殖。即切斷作物之一部分。使之成爲新植物。故新個體與母本屬於同一時代。不過一種新繁茂而已。由此繁殖法所得之新植物。除芽條變異外。無論經多少回之繁殖。長時間之年月。可維持其固有之遺傳質。用此繁殖法雜種植物。亦可固定也。

多年生作物。用種子繁殖時，不拘其爲雜種或爲優良種。而達結果年齡甚遲。甚不便利。甚不經濟。故除品種改良外現今鮮有用之。此用種子繁殖。不適於多年生之作物也。

一二年生之作物。自花受粉者甚多。縱有雜交之事。而常受人之干涉。經種種之淘汰。優秀者留存。惡劣者淘去。故現存之品種。概有固定性遺傳質也。

一二年生作物。越冬或越夏。概感困難。因之生產種子甚多。由種子所生之幼植物。生長迅速。在短時日之間。可全其生產。故用種子繁殖。最稱便利也。

一二年之作物。卽不以生產子實爲目的者。種子生產愈多。而繁殖其子孫之機會益多。而因常受人工之淘汰。

故生殖器官之種子。特別發達。特別純一。由此所生之幼植物。亦比較肥大强健齊一。易於繁殖易於管理也。

多年生作物之大部分。其種子之發達。不甚必要。因之日漸退化。其中反有以種子爲不利者。如多數之果實。除栗胡桃外，多以無核爲貴。此種子漸趨退化而至於無用也。

依種子繁殖之作物。直根特別發達。深入土中。易形强大之根群。吸收養分之力甚大。因之地上部亦特別發達。依分割繁殖之作物。主根發育不良。側根蔓延甚淺。因之水分之供給。常受制限。地上部亦受制限而矮化也。但前者營養器官旺盛。有碍生殖器官之發達。後者生育雖受制限老熟迅速。結實甚快。且能生產多量之良果。而副吾人栽培之目的。故分割繁殖在多年生作物生產上甚爲重要也。

第八章　園藝作物繁殖法之各論

園藝作物之繁殖法。大別之爲二。一爲用生殖器官即種子繁殖者。一爲分割營養器官之一部繁殖者。前已叙過。但細分之。可分爲插木法 Cuttage. 壓條法 Lagyeraage. 分株法 Stockage. 接木法 Grafage. 分根法 root age 球根法 Bulbing, 播種法 Seedage 等七種。今就此等相異之繁殖方法。分叙於後。

第一節　插木法

插木法者。即用植物營養器官之一部分。從母切離之。挿於土中。使之發根活着。而成獨立之新植物者也。插木能活着發根與否。全視其再生力如何。此種再生力之强弱。與植物之種類。養水分之關係。温度之適否。及插木部分組織之老嫩。有莫大之關係。

1.　插木所用之部分。

插木之活着與否。固與植物之種類有關。但其發根力。常受組織熟度之影響。過於老熟。活力旣衰。再生力則減。過於嫩軟者。活力雖旺盛。水分之消費太大。而發根時所需之貯藏養分不足。最易枯萎。故組織之發育及成熟之程度。甚須注意。一般所用之部分。在普通木本植物。以先年生發育中庸之枝最良。但種類不同。發根有差異。發根容易者。數年前之枝亦可。如柳如榕。用甚大之幹枝。均能發根成爲新植物。又枝幹之養分集積處常有差異。亦與活着有大關係。如苹果榅桲李等。用枝梢不易挿活。用幼苗之幹。可以活着。因此等植物之養分。貯藏集積於幹之中心。故接木時。砧木切去之幹。復可利用爲繁殖砧木之用也。

植物之再生力。不限於枝幹。葉，根，幼芽等均然。故此等部分亦可供爲揷木繁殖之用。如

秋海棠， Gloxnia 等割取葉之一片。在葉脉各處，附以傷痕。揷於地中時。可發根而生新植物。

蒲公英，木莓類之 Blackberries, 櫻桃砧木用之 mazzard, 等。將根切斷而植之。可易發芽而生新植物。

又菊，麝香天竹等草本植物。摘取生長中之幼芽。插之。可成新植物。常爲其繁殖之一法也。

2. 插木之時期

一般植物。當汁液之運動行休止後。得適當之生育條件。再開始活動時。揷木最爲適宜。故在多數之落葉樹類。以早春芽將膨大時爲最良。芽開展後。貯藏養分。多集注於成長點，有害於發根。以後嫩葉開展時。水分消費甚多。根難以供給。終至於枯萎也，

常綠植物。發根時。須稍高之溫度。故插木時期。比一般爲遲。如柑杷躑躅等。多在五月末至六月上中旬霖雨始期始可。草本性之植物。一般割斷後。容易乾燥。故多在霖雨期中行之。

薔薇發根比較容易。在春秋二季均可用揷木繁殖。

要之挿木之時期。並非絕對的。地方氣候有異。其適宜時期。自各不同。總而言之。適當之温度。適宜之濕氣。與插木關係最切。有插木箱，温床，温室之設備。能特別調節保護時。無論何時均可插殖也。

3. 枝條之貯藏

寒冷之地。耐寒性稍弱之種類。如葡萄在露地越冬時。枝條之尖端多受寒而枯死。以在嚴寒未至之前。剪取貯藏爲安全。即耐寒性甚强之種類。枝條殘留樹上。至翌春剪下即行挿木時。傷痍部之治癒。頗費時日。至嫩葉開展而無發根之餘裕。故成績不甚佳良。一般樹液之運行。較嫩葉開展爲早。在此時期。將枝條切爲適宜之長。而貯藏時。傷痍部。可漸癒合。發根能有準備。因之活着頗良好也。貯藏枝條。宜在家屋或樹林之北。無日光直射之處。選乾燥而温度變化甚少之地。掘二尺深而埋之。又在稍深之窖內。用砂埋之亦可。枝條多時。其間須多夾以土。以免接觸發酵。品種多時。須防其混雜也。

4. 插木之方法

插木法。依插枝與地面所成之角度。有立插，斜挿。横挿之別。依供用之部分。有葉插，芽挿，根插枝插等之分。又對木質堅而發根困難之植物。特有餡揷（玉揷）及肉揷（割揷）二法。餡揷者。插枝之下端。附以拳大之粘土塊而插者也。肉揷者將揷枝之下端裂開。與餡揷同法插之。或在割裂之部夾以赤色粘土之球而揷者也。用此法插者如山茶，茶梅等。考其理由無非擴大發根面。而使水濕充分供給者也。插植之深。依作物之種類及土質天氣水濕而異。普通在壤土時。約全長二分之一。在砂土時。易於乾燥。插植比較須深。有時全部埋沒於土中。在粘土時。地溫比較低。水濕比較多。自以淺爲宜也。

削取插枝。須用銳利之刃物。以從節下切取爲可。其中草本植物及中空或髓心甚軟之木本。如葡萄無花果等。節部養分集積。較之他部自易發根也。但容易發根之作物。無論從何處切去均無不可。

又草本植物中稍耐乾燥者。切取後。置於蔭處。約半日後揷時。傷口乾固生膜。可防害菌之侵入而免腐敗。活着亦易。如天竺葵往往如斯折插。甘藷之揷苗。切取後置於蔭處三四日後。揷時。可增力其生產。抵抗乾燥甚弱之植物。葉之全部或一部。以用銳利之剪刀鋏去爲宜。因葉多，蒸發量亦多。足以害於發根也。但有挿木箱等之設備時。可防葉面之蒸發。反以留存爲有利也。

5.挿木之注意事項

行插木時。最須注意者。水濕需給之關係。及有毒物之侵入也。因之挿地之土質及水濕之供給保持等事。最須注意。土質以砂土或砂質土而位於排水佳良之位置者。爲宜。排水不良之地。地溫低而酸素缺乏。易生諸種之有毒物。有機物含量多之地。則生有機酸。有害菌最易繁殖。鐵鹽類甚多之地。易生酸化鐵及亞酸化鐵等毒物。此等害菌毒物。由傷口侵入爲害甚大。故組織柔軟之挿枝挿芽。最易受其害。以用洗淨之白色英砂扦插爲可。

帶赤色之土壤其中含有鐵分甚多。可免其害。插木頗宜。組織堅緻之插枝。此等害物不易侵入。故以抱水性大之粘質土爲有利也。插地乾燥時。有害發根。故在排水佳良之地插木時。須時時灌水。以供水濕。或設覆蓋物。以防水分之消失。欲達此目的。用插木鉢及有玻璃蓋之插木箱，木框等物。甚爲便利。保持空氣之濕潤。以防蒸發。固甚重要。但完全密閉時。溫度過高。濕度過多。亦非所宜。在適當程度不可不使空氣流動也。

促進發根之適溫。依植物之性質而異。普通春季催芽早者。概在低溫即可發根。嫩葉開展遲者。概須高溫也。

其他最宜注意者。氣溫與地溫之關係也。地溫低氣溫高時。地上部之生育被促進。根部尚未發之前。嫩葉先開始展開。因之消費水分益多。根部難以供給。多至於枯死而未能活着也。反之地溫比氣溫高時。地下部先受刺戟而活動。發根迅速。因之活着極良。故現時利用溫室溫床扦插。甚爲普通也。

第二節 壓條法

壓條別名取木。俗名壳樹。即用人工使所需之枝條基部生根。然後從母本切離。栽植之。使之成爲獨立之新植物者也。普通在中春至初夏之間行之。

一 促進發根法

其法頗多。(a)將基部刻傷 (b)將基部切斷一半再縱裂之。(c)輪狀剝皮。(d)用鐵絲緊縛。(e)將枝梢强彎之損其組織。

上述各法。手術雖異。理由則同。要不外阻害一部分養分之流通。使組織老熟。而耐乾燥。同時使同化作用之生產物。集積於傷部。以促進發根者也。但須注意者。手術過烈時。不可不摘去相當之葉。以減少蒸發。同時須以土埋之。以防乾燥也。

二　壓條之方法

壓條之方法頗多。大別之。可分爲壓取。高取，堆取三種。

a.壓取者。凡枝條能彎曲者，均可用之。其法將枝彎曲。埋彎曲部埋於土中。使之生根者也。壓取法中。再依其彎曲之狀態。有傘狀壓條及蛇狀壓條之分。

b.高取法者。　枝條堅硬，不能彎曲而其位置離地甚高。故將枝條穿於花缽或筒物內。缽筒內充以土。以助其生根者也。

c.堆取法者。　枝條叢生離地甚近。將土堆積於基部。以促其生根者也。此外有所謂苔取法者。即用有濕氣之水苔厚纏枝條之手術部。其理由與他法無異也。

三　壓條之利害

凡植物比較發根困難。不能用插木繁殖者。用此法爲安全。用此法繁殖者。可免接木之勞。而新植物能遺傳母木之優良稟性。達結果年齡亦早。甚爲便利。最除多數花卉用此繁殖外。我國鄉間。凡柑橘葡萄無花果，棗等。無不用此以繁殖也。惟不適於大量之繁殖。此其缺點也。

第三節　分株法

分株法又稱分蘖法。即將母株之傍所生之新植物。從母株切離之。或將母株分爲多數之小株而栽植者也。法至簡單。惟須注意者。無傷母株也。芍藥等。其根部最忌鐵屑之附着。故以竹或角製之鑱切離爲宜。分株法。多用於花卉類。其時期。依花卉之種類而異。普通在春秋二季行者爲多。

(a) 春季分株者，　菊。法國菊，紫菀，美女石竹。石竹。秋明菊。樓斗菜，藤牡丹，桔梗，櫻草，立葵，睡蓮，草夾竹桃，松葉菊，女郎花，泡盛草，千屈菜等。

(b) 秋季分株者，　芍藥，香堇，花菖蒲，千鳥草，延命菊，福壽草，鈴草等

其他庭木類。其側根所生之蘖。堆以土。發根後，亦可從母株分離而爲獨立之苗木。如梅，薔薇，木瓜，蠟梅，全縷梅，全綠梅，櫻，向日紅柘榴，南天，海棠，木蘭芙蓉，紫陽花，竹，躑躅月桂樹等均常用之。

第四節　接木法

接木法又稱嫁法。即用人工使甲乙二植物營共同生活者也。

一　接木之目的

接木之目的頗多敘之如下

a. 利用接木變異　以求生產增加品質良化

b. 增加裝飾觀賞之價值，　如在空處之處接加枝條可整其形，或在同樹接多數相異之植物。珍奇奪目。

c. 實用的價值　異花受粉必要之植物。可嫁接受粉相宜之品種。增加受粉之機會。

d. 增加病虫害之抵抗力。

e. 恢復幼衰及傷害。

f. 增加栽培之面積。

g. 調節生育狀態使之適於各種栽培之目的。

h. 以得接木雜種爲目的而供學術研究之用。

利用接木之目的甚多。有利於吾人甚大。故在園藝上關係頗切也。

二　接木變異之理論。

攷接木之狀態。並非完全癒合，不過爲砧木與接穗二植物間之一種共生作用。兩植並不失其特性。而各獨立發育繁茂者也。試將多年之接木。從接着點切斷。檢查時。其接着線甚爲明顯。但仔細檢査時。接木之植物。較之未接前自有根之時。必顯有多少之異象。此種變異。即謂之接木變異。接木變異發生之原因。因接着部養分之通過。受障碍。及其根部之蔓延程度有異。故養分需給關係生變化。樹液成分有差異。爲其主要之原因也。

接着部之融着。縱極良好。其接着點之導管及篩管等。自不能如未接者之完全。故由根所吸收上昇之水分。在此難免受多少之限制。同時葉所生産之同化物質。未能自由下降。就中蛋白質主由篩管內昇降。受其障碍甚大。因之植物生理上影響甚大。就接穗言之。其所生之同化產物。供給於根部者減少。殘留於自己體內者增多。而受水之供給少。故樹液漸趨濃厚。因之生長受抑制。組織老熟。生殖器官。被促進而發達也。在砧木不能自受同化生產物之供給。故生長上亦受影響。因之水分之供給益受限制也。

一般接木所用之砧木。除特別之目的外。普通多用比較淺根之矮生砧。因之養水吸收上。大受影響。蓋土壤之表層。各種無機養分甚豐。但水濕少。土壤之深層水濕多而無機養分不足。故接於淺根砧木時。較之自己之根。不受充分之水分供給。而無機養分甚豐。因根壓減少。樹液益濃。故生長受制限。而反易達圓滿之結果作用也。

三 砧木之選擇

接木植物之生長力及生產力。與砧木種類。關係甚大。選擇得宜時。可免除風土不適之弊。減輕病虫之害。並可增加生產改良品質。否則難期其生產之優良也。

用同種植物。作砧木時。癒着最完全。接穗之生育甚旺盛。此種砧木。謂之共砧。用共砧者。接木之變異甚少。若有調節生育之必要時。以用異種植物作砧木爲可。就中選比接穗植物矮性淺根之樹種。其效果最顯著。此種砧木。謂之矮生砧。

接穗砧木，兩者之性質差異太大。癒着不完全時。可用第三者連絡調節。使砧木接穗二者因第三者之媒介物亦可達接木之目的。其法用兩者中間性質之樹種。先行接木。再將目的物之接穗。接於其上。而使三者營共同生活者也。此種接法。謂之二重接法。位於兩者中間之媒介物。謂之中間砧。行二重接木時。其接木變異。較用矮生砧。尤爲顯著。但矮化過甚時。因此樹勢大受抑制。甚者。樹勢衰弱。樹齡短縮。無抵抗病虫害之力，或接着部肥大。由此生根。減殺接木之效。或易受暴風之摧折。反爲不利也。

故選擇砧木。須知兩者相互作用之程度。參酌栽培之目的，氣候土壤之關係。病虫害之有無。始可決定也。

四 接木成功之要諦

(a) 接穗與砧木之親和力 接木接着之原因。由兩者之形成層。發生新細胞。而接觸。由細胞膜而連絡。因此交換養分也。故兩者之形成層。接觸面愈大。細胞連絡愈完全。因之接着益良好也。同時接木之手術。甚有關係。熟練之人。其切削面。極其平滑。因之兩植物之形成層。合着面大。其纏縛之度得其度。故易於活着也。

兩植物營共生之力。謂之親和力。無親和力之兩植物。則不能接活。此親和力之大小。概依血緣關係而異。血緣近者，親和力大。遠者小。如同種異品種間。全部均能接活。同族異種間。能接者尙多。同科異族間。能接者則愈少。至異科之間。除少數之例外。則鮮有能接着者也。

(b) 接木之時期　接穗及砧木之再生力。與其貯藏養分，水分之需給及溫度。有莫大之關係。貯藏養分最多。植物體之蒸發最少及樹液運行之溫度甚適時。則癒着甚易。此三者每未能一致。故能保其適當調和時。即爲接木之適期也。但植物種類不同時。此種時期自各有差異也。在多數之落葉果樹。其接木適期在春季二三月。其中核果類催芽甚早。故其期亦早。仁果類至芽開綻時尙可。柑橘，柹等最爲晚也。

由晚春至初秋之間。溫度雖無問題。而貯藏養分及水分消費頗大。不利於接着。但在此時期。若因旱魃而落葉。生長中止，而幼組織甚少者。有耐乾燥之力。亦可接活。如薔薇在秋期接木者是也。行人工保溫及加溫時。在寒冷時期。可行接行。自不待言矣。

以上所言者。無非就切斷之接穗而言。若呼接之接穗。自己尙有根。可受其養分之供給。故養分水分不生問題。反以在高溫度。活力時。接木爲有利。故春夏之間不拘何時。均可接也。

又有所謂芽接者。以樹皮容易剝離時爲適時。但植物樹皮容易剝離之適期。依種類而異。故柑橘類之芽接以五六月。桃櫻桃等以八月下旬至九月上旬。扁桃以九月中旬爲適期也。

(c) 接穗之貯藏　接穗亦如插木之枝條。在秋冬季採集而貯藏時。可增加接着率。同時可利用秋冬剪去之枝條。在農閑整理貯藏時。至翌春施行接木之期。可省採集接穗之勞。貯藏法與插木之枝條同。唯欲抑制芽之發育時。可倒立而埋之。若貯藏時日甚短時。插其下端於水中。即可也。

(d) 接穗之輸送　休眠狀態之枝條。切斷之。可輸送於遠地。以供接穗之用。惟須注意者。枝之乾燥，芽之損傷。及品種之混合也。常綠植物。以先除其葉。減其蒸發爲可。防止乾燥之法有種種。(1)插切斷面於蘿蔔或蕪中。(2)揷於粘土中。其上用水苔包之。(3)上下兩端用水苔卷之再用軟藁包之以防芽傷。(4)上下兩端塗以蠟。全體用有濕氣之水苔包之。再用油紙包之。裝入箱中。然後輸送。最爲完全也。

(e) 纏絡材料。　爲防止穗砧之移動。及防止傷部之乾燥。雨水及有害病菌之侵入。有纏絡之必要。纏絡材料。應備之性質。(1)相當之强靱性。(2)適度之彈性(3)受乾燥無伸縮之性。(4)不透水濕。(5)材料價廉易得。

一般所用者。打藁繭，木棉絲。馬蘭。菖蒲類之幼葉楮紙等是也。

(f)接蠟　手術部乾燥時。有妨癒着。雨水侵入時。易受害菌之侵害。故以接蠟塗之以免其害也。接蠟應備之性質。(1)有適度之粘着性。(2)不透水濕。(3)受寒氣乾燥不龜裂。受陽光雨水不溶解。(4)對傷部無害。

一般所用之材料。爲黃臘，白蠟。蜜蠟。豚脂。亞麻仁油，蕓苔油，松脂等。須適宜配合方可也。茲舉一二例如下。

冷用　蠟一分　豚脂一分　樹脂一分

溫用　蠟一分　豚脂一分　樹脂四分

以上諸物用文火熔解攪拌。混合之。樹脂加多時。則硬。而粘力增。豚脂及亞麻仁油加多時則柔軟。宜依使用之溫度。而加減其分量。以自附着程度爲要。

又隨時使用時。可用液體之接蠟。其分量爲軟質松脂50瓦用文火熔解之。加入百分之 90 酒精 20 瓦。攪拌之。而置於玻璃瓶貯藏之。使用時以毛刷塗之。甚便利也。

五 接木之方法

接木之方法。依其所用之部分。大別之爲枝接根接芽接三種。但依穗與砧之接着狀態。可分爲高接（Top Grafting）腹接（Side Grafting）呼接（inarching）切接（Common grafting）搭接（Splice grafting）舌接（tongue grafting）割接（cleft grafting）芽接（Budding）合接(Fit grafting）鞍接（Saddle grafting）袋接（Bark grafting）根接（root grafting）等法。茲各分叙於後。

(1)切接　切接爲最普通之接木法。手術簡單而活着最易。普通在春三月採先年生之健全接穗。切爲一寸五分乃三寸之長。其上須有一個乃至三個之芽。上端垂直或稍斜削斷之。下部從一側面斜斜削下。其削面約七分乃至一寸許。反對面再稍斜切斷之。削成後。再將砧木從地面約三四寸之處。切斷之。從上面稍帶木質部。垂削而下。其長與接穗之削面同。然後將接穗插入。使兩者之形成層相合。其上用馬蘭等纏絡材料縛之。爲防止乾燥。手術部以土堆之。乾燥甚烈之地。可將接穗完全埋於土中。至芽發出後。再將土鋤開。切接法中有就砧木生長之處。而行接木者。此謂之居接。有將砧木掘出拿至接木室。接好後。再植於苗圃者。此謂之掘接。

(2) 高接　此法行於高大之樹木。手術部甚高。故名。其方法與切接同。惟手術部須用器物包以土。或用蠟帶包之。以防乾燥也。

(3) 袋接　又稱皮接。砧木切斷後。用竹篦等物。從形成層插入。穿一穴。然後將薄削之接穗。插入。或用小刀從砧木斷面。垂直將皮部割下一寸許。用篦剝開皮部。以便接穗之插入。插好後。用纏絡材料縛之。其上須用軟藁等物覆之。以防乾燥。

(4) 割接　又稱劈接。砧木切斷後。用兩刃之刀。將砧木垂直劈為二裂或四裂。再將削為楔形之穗。插入二枝或四枝。插好後。用纏絡材料及蠟帶等包之可也。

(5) 搭接　砧木小行切接不便時所用之方法。接穗之大與砧木同。其法將穗砧各削成一寸長之斜面。其面須平滑。然後使之密接。其上用打藁卷之。

(6) 舌接　穗砧如搭接削之。其中央部各用刀縱劈五分許。然後使兩方之舌。互相嵌入密着之。再用打藁縛之。

(7) 鞍接　穗砧同大。砧削爲楔形。穗則從內向兩側削爲叉形。務使合於砧之削面。本法多在幼嫩而生育旺盛時。所行之者。草本植物及常綠植物多用之。此外無花果葡萄等亦間用之。此法之接木。兩植物之接觸面大。生接木雜種之機會多。故常用於此目的也。

(8) 腹接　補充果枝之空處。或修繕花木之禿處所用之法。即將接穗接於砧木之腹側。而使之營其側枝之生活者也。其法用鑿或鉈。在砧木之側腹切入。或將樹皮附以丁字形之刻傷。以鑿離開。然後將穗之下端斜削插入緊縛之。

(9) 合接　先將砧木稍斜切斷之。再在其下一寸許之側面。與上部斷面平行。切入二分許。再從上縱削之。接穗亦適合於砧之切面削之。然後使之完全接觸而縛之。

(10) 呼接　接穗尚未從母本切離。使之與砧木接着。俟其活着後。然後將接穗下部切斷。故極安全。凡接着困難之植物及組織柔軟不堪切斷之草本植物多用之。行呼接時。須預將穗砧兩植物接近栽植。以便誘引枝條而達接着之目的。若將砧木預栽於植木鉢時。可任意搬動。更爲便利。接合之法。將兩者之接合部削開一寸前後。使之露出形成層。然後使之充分合着。其上用纏絡材料縛之。此爲最普通之呼接法。但爲增大接着面及防止動搖折斷。將兩方削爲舌狀。使之契合者。特稱爲舌接式呼接法。又裝飾果樹爲補救上部禿處。將附近之枝誘引行接木者。特稱爲弓式呼接法。

此外有水接及挿接二法。類似呼接。但接穗已從母本離斷。其下端一方插於水瓶。一方挿於地下而行接木者也。

(11) 芽接　先在穗芽之上下二兩方。三四分之處。橫切達於木質部爲止。然後去葉留柄。由上薄薄削下。以不附木質度。芽削好後。爲防止乾燥置於口中。再將木由地上二三寸之處附以丁字形倒丁形，十字形H字形等狀。用竹製或角製之篦。剝離皮部將芽插入縛之。其中有將砧木輪狀剝皮者。特謂之輪狀芽接。接後一星期許其葉柄易落者。即活着之徵。乾燥不易落者。爲不活之證。芽接之時期。普通在八九月。但柑橘之芽接以五月至七月爲適期也。

(12) 根接　欲利用冬季剪定之枝條。而插木困難者。用同種植物之根接之。可爲獨立植物。以後自己生根。

即成爲完全之苗。又爲恢復老衰之樹木。亦可用接根之法。唯接根所用之根。以一年生乃至二三年生直徑二三分乃至五六分大者爲最宜。手術之法。可應用各種接木之法。

第五節　球根法

普通稱球根者。即多肉之地下莖或地下根之總稱。用球根繁殖時。較之用種子繁殖。簡便而能維持品種之特性。開花收穫亦早。球根類之栽培地。普通以排水佳良之肥沃砧質壤土及壤土爲可。植穴之大小。依種類而異。普通小球根掘六寸。大球掘一尺之深。放入堆肥或廐肥。每穴再放入一錢上下之過燐酸石灰。骨粉。木灰等物。其上稍覆以土。然後置球於其上。用土覆之。寒冷之時。其上可再用落葉藁物等覆之。芽出後。再施以數次之腐熟油粕魚肥。植球之深淺。與發育大有關係。過深者。不易出地。過淺者。水分不足。秋植者易受寒害。一般覆土之深。以球根大二倍爲標準。但粘質之土宜稍淺。砂質土宜稍深也。

栽培之時期。欲春開花者。大抵在先年十月植之。欲夏秋開花者。在四月栽培爲普通。

球根之貯藏。普通用乾砂埋於箱中。貯於屋內。埋於乾燥之屋緣下亦可。球根類中每年不掘起。亦可開花。但花漸次變小。故以每年掘起貯藏爲可。

第六節　分根法

草本植物之分根法。與球根法無甚差異。在庭木類。從秋季落葉時。至翌春二月下旬。掘取一年生苗木之根。切爲適宜之長。預埋於高燥溫暖之地。至翌春發芽生根時培植之可也。如山楂柘榴梧桐等多用之。

第七節　播種法

一選種

選種之目的。可單說之。一爲收量多，而品質優，一爲栽培便利，而收獲安全。能合乎吾人之目的。始可稱爲優良種子。但此優良種子。先天的遺傳質。及後天的環境。均須優良。遺傳質不良時。縱與以良好之境遇。難期其生產之佳良。但遺傳無論如何優良。作物之境遇不良時。僅足維持其殘生，自不能望其生產之佳良。毋本作物禀性優良。後天的境遇亦佳時。始可遂旺盛之生育。而生優良之種子也。

但現存之作物。即在同一之品種中其中。有善惡輕重種種之別。其中禀性之不同者。概由多數純系之雜交或雜種之分離所致。大小輕重不同者。上述理由外。主由彷徨之變異。因母本作物之各株。其所受之境遇。難期完全一致。其各粒着生之位置。因有差異。故開花有早晚。所得之養分。有厚薄。致大小輕重有異也。

形質不同之種子。栽培管理。甚不便利。生產物之收量及品質均劣。故選擇種子。在園藝上甚重要也。

選種之法。可分爲現象型選種法。及成形型選種法二種。所謂現象型選種法者。即依後天的性質之差，爲淘汰之標準者也。此法再分種粒選別及母株選別二種。

(a) 母株選種法。　即調查母作作物之優劣。而行選別者。其法有調查作物之一部分而行鑑別者。有調查全部而決定其優劣者。

(b) 種粒選種法，　即以種子形質之標徵。而鑑定其良否者也。種子所見之標徵。主爲純正，清潔率，發芽率，發芽勢，容積，重量，形狀，色澤，光澤，臭味，成熟之度，年齒等。其中純正，清潔率，及發芽率。爲鑑定種子之最重要者也。

所謂成形型選種法者。即生物禀性之鑑定。所謂次代鑑定法者是也。次代鑑定法。即將目的物之種子。使之行最近親繁殖。而生多數之子粒。鑑定此一羣子粒之能力及性質。而判定該系統之遺傳質者也。因作物外觀之形質。受後天的境遇之影響者多。故單以此爲選種之標準。甚爲危險。外觀優良。而禀性劣者。因偶得良好之境遇。充分遂其生育。故外形甚美。但其得性並不遺傳。至次代仍發揮其固有之本性。而現出其惡劣之形質。故成形型選種。甚爲必要也。

二 採種

欲收優良之種子。須注意先天的性質之遺傳質。及後天的性質之境遇。故採種時。對於母本之開花。授粉。須加以干涉。强制自花受粉。於必要時。行人工受粉其他對於採種調製及他品種種粒之混入，均須特別注意。今就各注意事項。略叙于後。

a 對于受粉之干涉 一般自花受粉之作物。雖難免他花粉之混入。但極稀少。故實用上。多任其自然。無干涉之必要。但園藝作物之大部分。爲他花受粉。故任其自然結實時。縱對母本施以嚴格之選擇。終難免品種之劣化。防止雜交之手段最完全者。將目的作物及有雜交之虞者。隔以一定距離。不使在花粉有雜交之危險區域內開花即可。花粉能雜交之距離。因種種之事情而異。在風媒花依花粉之量，授粉植物之株數，風力風向雖有差異。但大概隔千餘尺。可免雜交之憂。在虫媒花。非隔三四里不可。如斯在其範圍內。同種異系統之作物。則完全除去。只留同系統之形質極相近之優良個體開花時。則品種漸次純正。而增進實用之固定度也。實行此種方法。非一地方全農家協同栽培唯一之品種。則難達其目的。若附近有他品種存在時。為防止昆虫之來訪。遮斷花粉之飛來。不可不將採種用之植物。放入網室。或施行掛袋以避之。

又作物中有自花之花粉。不易達到其柱頭者不少。故對于此種作物。不可不用人工媒助。其法將欲開之花。取其藥。在柱頭上振之。或與摩擦。即可傳達花粉也。又風媒花。花粉無粘着性者。將花折下。插於水瓶。瓶下墊以漆紙。俟花粉落於漆紙時。以毛筆掃集。擦於柱頭上即可。作物中有自花不受胎者。有縱受胎。而次代植物退化者。對於此種作物。有人工受粉之必要。

一般植物。雜種較之純種。勢力旺盛。強健而多產。但雜種之第二代以後。大多數形質劣化。較之其祖父母兩純種為劣。但第一代能俱兩親之優點。概有優良之遺傳質。生產上極有利益。故依人工受粉而利用初代雜種者頗多。

人工受粉時。先將母本之花。在成熟前除其藥。掛以袋。俟子房成熟時。取父本成熟之藥。用小夾夾之。使花粉附於母本之柱頭。授粉後。再用袋覆之。以防他花粉之混入。

又雌雄異花之種類。交配極其容易。如玉蜀黍。將二品種交互植之。達開花時。甲品種全部。將雄花折去。全部依乙品種而受粉。故即得兩品種之第一代雜種。

又菠菜等之雌雄異株者。甲品種除其雄株。乙品種。除去雌株。以甲品種爲採種用株。全部可得兩品種之初代雜種。

b 對於他種粒混入之注意　異品種異系統之種粒混入之原因。一爲前作物殘留於圃場。與目的作物混生。一爲種子之乾燥，調製及選種等用具。最易附着種粒而混雜。故對此等事。須嚴格注意。

c. 母本生育之程度　生殖器官之發達。與植物生育之發達。常不一致。故望種實之最良成熟者。對於植物體之生育。程度。須適宜調節之也。生育不良時。固難產良好之種子。但植物體之生育過度時。易誘起倒伏而遲延老熟。

d. 母本之保護　以根莖葉營養器官爲目的而栽植之作物。依一期間之栽培。雖可生產。但欲採種時。不可不長期培養之。如蘿蔔胡蘿蔔及秋播甘藍等。越冬後。至豐年始可開花結實。又如玉葱播種之翌年，六七月始可收穫。將此收穫之物。貯至秋期。再植於圃地。至第三年之初夏。始可採收種子。對於此等之作物。欲收種子者。越冬越夏。須行貯藏之法。如蘿蔔秋季採收後。須埋於圃場之偶。結球白菜。溢貯於窖室內。甘藍須埋於地中。又結球類之作物抽苔甚難者。栽植時。其頭部。須切爲十字狀方可。其他管理上之各種工作。均須注意也。

e.收納調製之注意　一植物着生之種子。其成熟非完全同時。其成熟之順序。與開花之順序略同。如甘藍蘿蔔等有限花序之作物。外方之花先開。胡蘿蔔等無限花序之作物。內方花先開。其成熟之先後。亦依此而生差異。但依作物之種類。比較開花期間短。其成熟期之差比較少者。爲節省採集之勞。固可同時收穫。但開花期間甚長。達一月以上者。非依其成熟之先後。順次採集。則易落失種子。而招損失。如胡蘿蔔。小豆，豇豆，菜豆等是也。

又對於種蒴種莢成熟乾燥時。易裂開而飛散種子者。須在成熟之前採收。或在朝夕曇天時採集之。如菫鳳仙花綠豆，蘘荷，蕪菁等是也。又茄子蕃茄瓜等果菜類。及果樹中之漿果類。採種時。須先將果肉押潰。用篩濾之。用水洗淨然後乾燥方可。但自家用量少之時。薄切之。任其自然乾燥。貯藏之。至播種前揉碎播之亦可。核果仁果類須以小刀削去果肉方可。

三 種子之貯藏

種子，經過相當之年月。卽失去發芽力者。完全由於種子內所存之酵素。及由外界侵入之微生物與害虫之作用。然助成此等害作用之副要因。則爲水濕溫度酸素三者。因之適度乾燥而保持低溫之種子。完全在休眠狀態。呼吸作用亦小。諸種酵素之量亦極微小。而不能現在作用。微生物害虫亦不能加害而繁殖。故貯藏種子時。須注意下列五個條件。

1. 充分乾燥。
2. 不使觸水濕。
3. 保持一定之低溫。
4. 杜絕空氣。
5. 驅滅害虫。

種子之乾燥。有氣乾及人工乾燥二法。有用火力乾燥及混加吸濕物二法。收穫時之天候不良時。以用人工乾燥爲可。

用火力乾燥時。須注意温度。種子含水分多時。非徐徐加熱。則有害於發芽之力。故其初加温不得過 F50 度。畧乾之後。可加至七八十度。吸濕物質。以乾燥之土砂，泥炭末，木炭末，葦木灰，枯葉，槁幹，石灰等爲良。捕滅害虫之法。以在貯藏之初。用二硫化炭素。燻蒸爲安全。其法在一千立方尺之空間。用純良之二硫化炭素三磅。害虫多時。可加五磅。燻蒸時間從 24 時間至 39 時間。二硫化炭素。最易逸散。故燻蒸室，不可有空隙。在室之各處置多數之碟。各碟注液後。迅速出室而閉之。此氣體對於人類亦有猛毒。故不可吸入。又易引火。故附近不可有火。燻蒸時間到後。將窗戶全部打開。以發散其氣體。不經三十分至一點鐘。不可進入室內，以防危險也。

種子之發芽年齡。與貯藏之完備與否。固大有關係。但各種子之本質發芽力。亦與其組織如何，自有大小强弱之差也。今就各種子之發芽年齡。列記於下。以供參考。

種類名	發芽年限	使用適期
黄瓜	5年	2—3年

甜瓜	5	2—3
越瓜	5	2—3
茄子	6	2—4
蕃茄	4	2—4
南瓜	6	2—3
西瓜	5	2—3
扁蒲	9	2—3
菜豆	3	2
豌豆	3	2
蠶豆	2	2
刀豆	7	2
大豆	2	2
秋蘿蔔	5	3
夏蘿蔔	5	3
二十日蘿蔔	5	3
蕪菁	4	3
波羅門參	3	2
葱頭	2	1—2
菾菜	6	1—2
甘藍	4	1—2

花椰菜	4	1—2
白菜	4	1
京菜	3	1
萵苣	5	2—3
塘蒿	8	2—3
野蜀葵	1	1
牛蒡	5	2—3
菠菜	5	1—2
葱	3	1—2
紫蘇	2	2
辣子	9	1—2
旱芹菜	3	1—2
韮菜	7	1—2

四　催芽

催芽之目的。直接使種子發芽迅速整齊。間接爲節省管理保護之手數及充分利用地利也。其方法概言之。不外一爲完備發芽之條件。一爲與以刺戟而促其生機。今就各種催芽法。略叙於後。

a 清水浸漬法　此爲普通之法。唯須注意水質，温度，及浸漬時間。水質不良時，有害菌類之繁殖甚多。浸漬過長水溫過高時。種子之養分易浸出。而易受有害菌之侵害。故浸漬時間。以種子充分吸取水分爲度。其達飽和之時間。依種子之性質及溫度而異。普通冷水浸漬二十四時長至三十六時。水質以清潔之井水河水爲可。

b.種皮加工法　　爲使吸水容易。種子富於油臘者。用木灰菓鹽基性溶液浸之。使種皮之油臘鹼化溶解。種皮硬厚者。用破碎器或小刀等物破傷皮部使之容易吸受水分之法也。

c.高溫催芽法　　高溫有乾熱濕熱二種。乾熱者。用鍋釜等物炒之。濕溫者。用溫水浸之。種子耐高溫之力。依種皮之構造。胚子位置之深淺而異。其含水量之多寡。亦大有關係。含水量多者。溫熱之傳導力大。易受其害。不可不注意也。故一般催芽之溫度。以近于種子發芽之最適溫爲宜。普通播種之時期。其溫度多未達最適溫之時。故催芽頗爲必要也。

d.低溫催芽法　　低溫亦有刺戟種子生機之力。並可促進休眠而使發芽迅速也。

e.藥液催芽法　　用酸類鹽基類等之溶液浸漬時。有增進發芽率。使發芽迅速齊整之効。如大豆及其他硬實之種子。用濃硫酸浸漬 30 分以上。以清水洗淨播種時。催進發芽之効甚大。但藥液之作用。非刺戟種子之作用。唯浸蝕種皮。促進吸水而已。但稀薄之酸。不可用也。因濃硫酸粘厚。不易浸入種子內。稀硫酸容易浸透加害故也。

五　播種

一般之作物。用播種器播種時。不獨作業迅速。其播種之分量。撒布之疏密。及作條之距離。均正確而齊整。其利甚大。但園藝作物。其栽培面積。比較小。播種之勞力不多。無用器械播種之必要。播種之最重要者。爲播下各種粒之距離及覆土之深淺。極宜齊一而適當。否則其後之施肥。中耕，除草等作業。大不便利。甚費勞力也。

(a) 播種方法　播種之方法。有撒播，條播，點播及摘播四法。撒播者。將種子撒布于圃場之全面。用耙使與土混合。或用鎮壓器鎮壓之。使種子埋於土中者也。用此法播種時。作業甚快。可省勞力。惟種子之分布。覆土之深淺。難期均齊。種子易浪費也。

條播者。先作一定之作條。然後平均播於條上。依種子之大小。而覆以相當深之土。或不覆土。而以鎮壓器壓之。用此法播種者。作條有一定之距離。覆土亦略相等。故各作物。比較能遂一樣之生育。以後之施肥。中耕，除草等亦便。種子亦較爲節約。故較撒播爲集約也。

點播者。在一定距離之作條上。復隔一定之間隔。每播穴播下一粒種子者。點播與條播同。條間一定。作業便利。各作物之境遇。較條播猶便。種子更可節省。故高貴之種子。貴重之作物。須特別保護者多用之。然費勞特多。而所播種子，不發芽時。圃場亦生空地。爲其缺點也。

摘播者。與點播同。惟各播穴播下二粒以上之種子種也。摘播爲小局部之撒播。故各作物享受之境遇。自不如點播之優。但每穴種粒多。發芽時。其力集合。容易扛起土壤。貫通覆土。而當寒冷時。各作物可互相擁護。遮避寒風。減少寒害。直播之作物有選擇及疏苗之必要者。甚爲便利也。

用點播及摘播播種者。共行間及株間之距離。均有一定。故中耕施肥等作業甚便。但爲利用地力。各作物之間隔。每每種種之配列方法。其主要者。爲正方形，長方形，五點法，三角形及正六角形等植法也。

其中正六角形植者。即各龜甲形之各角。及中央之一點。各植一株。成六個之正三角形。各株均有一定之距離。故最能利用地力。但此植法。須引繩尺測。頗費勞力。惟多年之果樹等用之。

(b) 播種之深度　種子發芽需適當之水濕，溫度及空氣。有時尚需光線。在土壤之深層。水濕雖豐。但空氣常感缺乏。溫度亦有不足。地之表層。水濕雖豐。但空氣常感缺乏。故播種時。不可不注意覆土之深淺。覆土之深淺。與發芽及其後之生育。有莫大之關係。覆土過深時。幼植物貫通土層。消費貯藏養分甚多。在未得光線之前。不能生產物質。故幼植物必流於衰弱。覆土過淺時。幼根未發達前。幼芽速伸出地表。貯藏養分。多消費於地上部之形成。故地上部與地下部。不能均衡。以後之生育。必不佳良。決定覆土深淺之條件。常因作物之種類，土質，地下水，氣候及種子發芽力之強弱而異。須參酌各種情形決定之。今將一般決定播種深淺之標準記之於下。

1. 大粒種子播種宜深。小粒種子宜淺。

2. 在粘質土宜淺。砂質土宜深。

3. 地下水高時宜淺播。低時宜深播。

4.乾燥之地。播種宜深。濕潤之地宜淺。

5.發芽力不强及子葉甚大之種子。播種宜淺。否則可深。

(c) 播種之疏密　無論何種作物。均須占領相當之空間。以伸長其根莖葉。而求獲得適量之空氣，水分，光線及養分。若過於密播。境遇狹小。互相隱蔽。致日光不足。而所受之養分。亦受制限。因之作物之發育。甚爲不良。若過於疏播。株間徒生空地。生育要素過剩。不能充分攝取利用。甚不經濟。土壤中之養分殘存時。連續刺戟作物之生長。以致延長成熟之時期。而株間生有空地時。日光充足。雜草亦易繁茂。故播種之密度。須適宜。過猶不及。均不利也。決定播種疏密之條件。須依作物之種類。及品種之特性，氣候，土壤，施肥及農法而足。今將播種疏密之標準。略述於下。

1.氣候順適之處。播種宜疏。否則密。

2.播種時期適宜者。較早播遲播宜疏。

3.採種用者。較販賣用者。播種宜疏。

4.以莖葉爲目的之作物，播種宜密。目的在種實者。者。播種宜疏。

5.作物體積大者宜疏播。否者可密播。

6.土壤肥沃時。播種宜疏。瘠薄之地宜密。

(d) 播種之時期　　播種之適期。隨作物之性質及地方之氣候而異。支配播種時期之主要條件。爲温度。凡種子之發芽。均有一定之界限之温度，但在最適時期播種時。發芽勢及發芽率。自甚佳良。但爲避免寒害。病菌虫害。或顧全輪栽時之前作物。或爲經濟地力。或爲販賣價格。或爲節省勞力及生產費。每以在最適温之時期外播種爲有利。此爲經營者不可不知者也。

播種時期。雖因各種條件而異。但大部分之作物。多行於春秋二季。茲將各作物之播種期　發芽日數及生活期間列舉如次以供參考。

種類名	播種期間	播種適期	發芽日數	生活期間
菜豆（矮生）	3—6月	3月中旬	7日—10日	3個月
菜豆（蔓生）	4—5	4中	7—10	6
花椰菜夏作	4	4上	5—8	5
花椰菜冬作	6	9上	5—8	7
波羅門參	3—5	3中	14—17	6—10

種類名	播種期間	播種適期	發芽日數	生活期間
白菜	8—10	9中	4—6	5
菠菜	6—10	9下	5—7	3—5
結球白菜	8	8中	4—6	5
苦苣	3—6	3中	10	2
韭葱	3—6	3中	10—13	7
韭	3—6	5上	10—15	宿根
胡蘿蔔	5—7	5中	9—12	5
絲瓜	3—5	3上	9—11	5
冬瓜	3—5	3中	10—13	5
芥菜	9—10	9下	5—8	3—5
萵苣	2—5	3中	6—8	3
蕪菁	8—9	8下	2—3	3—5
甘藍（綠葉）	5—6	5中	6—8	7
苤藍	3—5	3中	6—8	4—5
抱子甘藍	2—4	3上	6—9	10—12
結球甘藍 夏作	3—5	3上	3—5	4
結球甘藍 春作	9—10	10上	3—5	7

蘿蔔（秋作）	8—9	8下	4—6	4
辣子	3—4	3中	11—13	6
南瓜	3—5月	3下	8—9	5
葱頭春作（寒地）	4	4中	10	5
葱頭冬作（暖作）	9	9中	10	9
蔘	3—4	4中	5—7	5
蚕豆	10—11	10中	14—17	8
蕃杏	3—4	3中		3
漬菜	9—10	9中		
苦瓜	3—5	3下	4—10	5
葱（夏作）	8—9	8下	5—10	11
葱（冬作）	3—5	3中	5—10	9—12
茄子	3—4	3上	7—10	7
刀豆	3—4	4中	7—12	5
野苣	8—9	9中	6—10	3
塘蒿	3—5	4中	10—15	7
旱芹菜	3—6	4下	14—21	5
火焰菜	3—6	4下	7—10	3—4

種類名	播種期間	播種適期	發芽日數	生活期間
石刁柏	3—4	4上	6—7	宿根
甜瓜	3—5	3下	7—3	5
牛蒡	4—6	4上	10—12	5—7
豌豆	10—11	10下	5—8	7
番茄	3—4	3中	5—10	7
豇豆	4—5	4中	7—10	5
黃瓜	3—5	3中	7—10	5
扁蒲	4	4中	9—12	5
野蜀葵	4—5	3下	10—12	宿根
越瓜	3—5	3上	7—8	5
紫蘇	4—5	4上	5—7	5
茼蒿	9—10	10上	6—10	3—6
大豆	3—6	4上	7—10	3—5
西瓜	3—5	床播 3上 直播 4上	9—12	6

六 苗床 Seed bed

苗床依人工加熱與否。分爲冷床及溫床二種。用苗床之目的。爲養成極強健而當移植時受害甚少之苗。使用苗床之理由。爲下列數條。

1. 播種期已屆。而圃地尚爲他作物所佔。不能即時

播種者

2. 種子微小。發芽力弱。不適於直播者。

3. 貴重之種子。須特別保護者。

4. 不移植不能得佳良生產者。

5. 早春尚寒冷時。有播種之必要者。

6. 自播種至收穫需長時日者，

園藝上使用苗床之理由。固如上所述。但要不外乎經濟地力及圖保護周到。養成健全之苗而已。欲達此目的。不可不注意下列各項。

a. 通風通光須佳良　光線爲植物同化作用之根源。光線愈多。則物質之生產愈盛。光線亦能抑制植物之伸長。苗床之苗。受光線充足時。物質生產甚旺。生長亦受抑制。故組織甚充實。細胞膜厚肥。可成短矮肥大之苗。移殖時，不易弱衰。反之光線不足時。物質生產則減少。僅伸長旺盛。故植物細長尫弱不堪移植。

風能促進植物體之蒸騰作用。援助同化作用。不獨可增加物質之生產。可促植物表皮組織之發達。故通風通光對于苗床甚爲必要。設置苗床時。不可不注意其位置也。但早春尚寒冷時。依加溫育苗時，通風能使溫度低下故有遮斷之必要也。

b. 水濕 水分爲植物生育之主要要素。其供給適當時。可得良好之植物。水分供給過多時。植物之根壓則增。汁液則稀薄。故植物之生長被促進。生柔軟多汁之組織。其外觀雖良。不堪移植。反之水分不足時，汁液濃厚。根壓減少。其生育受制限故。植物生由小形厚膜之細胞此成之組織。堪於移植也。故苗牀之水濕。不宜供給過多。反以稍加節制爲有利也。

c. 養分 養分與水分，同爲作物之主要要素。依其調節。可自由調節作物之生育。但苗牀之水分能自由調節時。養分愈豐。則可得良苗。而作物之幼時。吸受肥料之力甚弱。土壤不肥沃時。幼植物難全其生育。但施肥過急時。易中毒而腐死其根。故苗牀之土壤。以預先施肥。使肥料腐熟而土壤能充分吸取爲必要也。

d. 使苗發生根羣 當苗移植時。欲其根之損傷輕少時。以使根密集於幹莖之下端爲要。使根密集於幹莖之下端有種種方法。(1) 表土多用肥沃之土壤時。則植物之根羣集於此。無深入地中之憂。(2) 作條之間。作成水溝。時。則深層空氣缺乏。根不易深入。(3) 多行一次假植時。則長根受傷而發生多數細根。甚有利也。

e 苗之淘汰及除害根苗最忌密植。而各苗所占有之空間。亦須均一。故播種。最宜細心。由弱小種子所生尫弱之苗。被病虫害之苗及生育不良之苗。均須拔去。依母本及種子淘汰不完全者。至種子發芽生本葉數枚時。將來新植物之優劣。畧可決定。故在適當之時期。須拔去惡劣系統之苗。因之苗床不宜過寬全部以手能達到爲可。其他病虫害之驅除。甚爲必要。不可忽也。

第八節　移植

移植之目的。不獨將幼苗或成木從甲地移至乙地。並可依此修剪苗本之根。以抑制地上部之徒長。使其發育均衡，如栽培于暖地之甘藍。及苗圃之苗木。均以剪定根部爲目的而施行移植。抱水力稍多之土壤中。所植之桃。須將直根切去。蓋以防止根入土壤之深層。制限水分之供給。抑制地上部之徒長而使早達結果之期也。苗圃之苗木。因直根切斷時。根部則發生許多之細根。故便於移植而易活着。移植時。雖可施以適當之剪定。但務使植物之損傷輕少。今將移植應注意之事項。略敘於下。

(1) 移植時。須注意掘苗。以防苗根之損傷。根部損傷時吸水力則減少。苗木容易枯死。減輕根之損傷。最好預使植物多生細根。移植大樹時。三四年前。

即應每年依次切去大根之一部。施以肥料。使根斷面發生無數之細根。以便易於活着。

(2) 移植之植物稍大時。隨掘須隨用草繩草蓆包之。以防土粒散落。移植後。苗之周圍宜鎮壓之。使土粒與根毛密接。容易吸受水分。

(3) 鎮壓時。大樹雖可足踏，平壓，捧搗。最後仍須以水壓之。草本植物。因根纖小柔弱。容易受傷。故完全以水壓爲安全。

(4) 移植。須擇降雨較多之季節，無風陰天行之。若在炎熱之天。行移植時。須特別灌水及防避強光。始可達移植之目的也。

(5) 應講求減少消費水分之方法。如剪去一部之枝葉。以減少水分之消費。或設覆蓋。以防水分之發散。或選水分消費最少時期移植。以便易于調節生育。

(6) 移植大樹時。須設支柱。以免倒伏。對於因移植而衰弱之植物。普通常用川芎煎汁施之。以刺戟植物之吸水力。使易恢復勢力。就中對於松樹之移植。着效特大。

第九節 園藝作物繁殖一覽

第一 果樹

種類	繁殖法	繁殖適期	砧木種類
苹果	切接，割接	3月上中旬	海棠，三葉海棠，山梨苹果實生 Doucin, 木瓜等
	芽接	8月下－9上	
梨	切接，割接	3月上中旬	榅桲，山梨，杜，
	芽接	8下－9上	
榅桲	芽接	3下	實生砧
	實生		
	插木		
枇杷	切接割接	4上	實生砧
柑橘	切接割接	4上	柚，枳殼，橘.實生砧
	壓條	4上	
	芽接	5－6	
柿	切接割接	3下—4上	實生砧，君遷子，
	芽接	8下－9上	
桃	切接	3上中旬	實生砧，毛桃，山桃，李，杏等，
	芽接	8下－9上	
李	切接	3下－4上	桃，李，梅，杏，
	芽接	8中—8下	

種類	繁殖法	繁殖適期	砧木種類
杏	切接	3下－4上	梅，李，桃，杏，
	芽接	8下	
梅	切接	3上－3下	梅，桃，李，杏
	芽接	8上	
櫻桃	切接	3下－4上	實生砧，山櫻，郁李.
葡萄	割接舌接	3下－4上	砧木用葡萄，
	扦插	4	
	壓條	4	
栗	枝接	4上－4中	實生砧
	芽接	6中－10上	
	播種	4	
樹莓	分株壓條	秋及早春	
須具利	壓條插木	4	
胡桃	接接	3下－4上	實生砧
	播種	4	
巴旦杏	枝接	3上中	桃李
	芽接	8下9上	
無花果	插木	3	

柘榴 { 接接　3下4上　實生砧
　　　插木　4

第二　蔬菜

蔬菜大部分。用種子繁殖。用種子繁殖者。在第七節已列記故略。今僅就用營養器官繁殖者。略叙於後。以供參考。

種類名	繁殖期間	繁殖適期
馬鈴薯	2—4月	2下
蓮藕	3—4	3下
大蒜	9—10	9上
甘露兒	3—4	3中
蕨	2—4	3中
分葱	9—10	9下
山萮菜	3—4	3下
筍	6或10	6中
菜菊	5—6	5中
薯蕷	3—4	3上
薤	7—10	7上
土當歸	10—4	3中
慈姑	3—5	4中

種類名	繁殖期間	繁殖適期
款冬	2-4	3上
朝鮮薊	3-5	4下
絲葱	9-10	9中
芋	3-4	3下
甘藷	3-4	3中
菊芋	3-4	3中
蘘荷	11-4	
野蜀葵	4-5	4中
薑	3-4	4上
芹	9	9上

第九章　整地

在播種或移植之前。　第一項將土地整理。使爲適宜之狀態。以便播種或栽植幼苗。此種工作。謂之整地(The Preparation of land.)　。一般之野生植物。其根貫通土層之力甚大，但爲吾人馴化之作物。其根貫通土層之力銳減。土壤堅緻時。其幼根則不能侵入。而一般之土地。雜草石礫。散布各處。凹凸不平。栽植作物。甚不適宜。故整地甚於必要也。

1，目的及利益　　整地之目的。要不外使地面平坦。使土壤膨軟。適於作物之栽培。及作物之根部繁茂也。其利益頗多。如土壤鬆軟時。空氣易流通。根之呼吸甚良。但土壤過堅時。罅隙則少。毛細管作用不顯。地下水不能上昇，雨降時。雨水多流失。土壤不能保蓄水分。故使之鬆軟時，可以調節土壤中之水濕。而土壤堅緻時。足碌妨害空氣之流通。因之酸素缺乏。土壤不能風化分解。故作物之根。不能充分利用。且土壤中酸化作用不完全時。常生亞酸化鐵，亞硝酸鹽類等有害有機酸。但土壤鬆軟。雨水滲透時。可流去有毒物質。土壤得溶解之酸素時。亦可得有毒物質。變爲無毒物。整地之時。復可除去石礫。消滅竹木雜草之根。並可驅除蟄伏土中之害獸害虫等物。上壤耕鋤後。空氣易流通。水分易調節。可增高地温。適於作物之生育。耕鋤時。將心土掘出，表土全助入地中。可助土壤之分解。增加地中之養分也。

2.耕鋤之精粗之深淺　耕鋤之法。有用人力，畜力，器械力三種。用機械力者。工作迅速。但購置費大。適於大面積大農家。但普通農家經營小面積之園藝者。無用此之必要、用人力者。作業精細。在集約園藝上。甚爲適當而有利。用畜力者。位於前二者之間。其工作雖較用人力者爲快。但集約栽培。須深耕時、反不如用人力之易爲功也。

耕鋤之深。須視作物與土層而異。如根菜類宜深。葉菜類可淺。下層土性劣者宜淺。否則宜深，但就生產上言之。概以深耕爲有利。因深耕時。則根能廣布地中。吸收土中深處之養分與水分。其滋殖甚佳、可可望生產之增加。耕鋤深時。貯蓄水分之力大。不易受乾燥之害。其他耕鋤深時。空氣水分可達深層。深層之土壤。亦易風化而增加養分。如上所述。深耕有種種之利。但向未深耕之土。突行深耕時。則下層不良之土。多量混入耕土。顧有減殺地力之害。故此種土地。須深耕時。宜逐年漸加其深度。不可遽行深耕。耕鋤之深。普通之標準如下。

最淺耕	9—10 糎
淺耕	10—15
普通耕	15—18
深耕	18—20
最深耕	20—50

3.碎土與鎮壓　耕耙之後。耕起之土塊大小不一。凹凸殊甚。故須用鋤，耙等物。將土塊細碎地面平坦之。鎮壓亦有碎土平地之効。但其目的。尙有下列各端。

a. 土壤過鬆時。鎮壓之。可增毛細管引力。有濕潤地表之効。

b. 鎮壓時。可防止表土為風吹散。

c. 可促進土中所施廐肥之腐熟。

d. 播種後或栽植後之鎮壓。可使種子或根與土壤密接。容易吸取水分。

4.整地之形狀。　整地之形狀。普通分平作畦二種。畦作又有高畦低畦之別。

所謂平作者。即將土地平坦之。栽植作物於其上。其利點有五。

(a)整地易而需勞少。(b)利用面積廣。(c)土壤不至過乾燥。(d)塞熱之度少。(e)作業便利。而尤於用畜力及器械力者爲尤然。

畦作者。將地整平後。再設多數之畦。而因氣候及水分有調節之必要時。更分爲高畦低畦二種。

高畦者。栽培地之兩側。設有畦溝。土壤過濕或粘重之地。用高畦等。降雨時。雨水可自畦溝流出。排水佳良。不至停滯。且能促進風化之作用。助可溶成分之生成也。雨水多之高溫地者。常用之低畦者。栽培地甚低。其周有畦壁。保溫及水之力。甚大。我國北方少雨之地。均以此種整地爲最適宜也。

第十章 管理

第一節 管理之方法

所謂管理者。即與作物以最善之境遇之謂也。此與以最善境遇之法。固依各作物之品種及系統之性狀而異。依吾人需要作物之部分及吾人栽培之目的。亦自有變化也。從管理之點觀之,作物依需部分。可分爲二大部分。即一爲需要生殖器官之作物。一爲需活器官之作物是也。

生殖器官。卽植物之花，種子，果肉等司生殖機能之器官也。生活器官。即植物之根.幹.葉等同營養之部分也。需要生活器官之作物。復依需要之部分。分爲需要狹義之營養器官之作物及需要貯藏器官之作物之二種也。

一般之植物。其生殖器官之最良發達。與生活器官之旺盛繁茂。多相背馳。生殖器官。概在生活器官稍衰退時。始開始發達。因之兩者管理保護之法。自異。其管理之巧拙。爲農業之成功與否之重要分歧點也，管理之目的。依疏苗，中耕，施肥，剪定，整枝等工作。對於天然要素之不適當者。加以變更。要不外調節作物之生育。使之最適於生生產也。

1, 需要生植器官之作物之管理。

需要生殖器官之作物。爲需要實類及需花類之總稱。此類作物。不論爲需要何部。在生長期中。須遂旺盛之發育。而具備生產物質多量之力。以備老熟時。開花結實之用。若生長期中。境遇不良。生育不旺時。入老熟期。而氣貯藏養分。且生產物質之器官少。因之不能發揮其能力，難舉良好之生產。普通最易老熟。早熟時。生產期間短。因之物質生產之總量亦減。反之。經過一定之時期。尙繼續旺盛之生長時。則老熟之時期太遲。其間適於成熟之氣候誤過。終至於不能生產而枯死也。

作物開花結實之時期之早晚。固依其先天之禀性而定。其各品種各系統各有一定。但此形質。依對界之境遇。最易爲化也。

各種作物其汁液濃厚。就中澱粉及糖分之含量。達一定時。可促進老熟而開花結實。使汁液濃厚之重要要素。爲溫度，養水分，及通風通光各點也。

a. 溫度　高溫可促進作物之生長。低溫可抑制其生長。前者使汁液稀薄。後者，使汁液濃厚。故溫度左右作物老熟之力甚大。但夏季老熟之作物。不少。其老熟之原因。非基於溫度之高。而基於夏季長，光線强。因之作物之同化作用旺盛。澱粉之生產多。汁液至於濃厚也。

b. 養水分　養水分供給過度時。作物之根壓高。可促進生長之勢。因之作物體內常生幼少活潑之新組織。不易老熟。生活期間。延長甚著。反之。水分不足時。根壓減。生長之勢挫。汁液濃厚。組織容易老熟也。故水分能自由調節時。養分及其他生育要件縱過剩。可促進老熟。水濕之調節不自由時。不可不依制限養分。以圖老熟之促進也。以種實之生產爲目的之作物。使用過多之肥料。甚不可也。

但果樹類及果菜類。因其果實之成熟與作物體之生長。同時進行。在結實進行中。雖有施給養水分之必要。但施量過多時。樹物體之生長過旺。生產物質亦消費于此。於是果實之生長。終至於停止。若養水分之刺戟過急時。如一時施以多量之窒素速効肥料時。則根壓過高。元來育養果實之汁液。悉集注於生長點。而易誘起落果也。果之幼時。在仁核未堅之時期。此害最大。故果樹在早春發芽前施肥後。至核堅時止。以不施肥爲普通。其後落果之危險縱少。養水分供給過多時。常有遲延果實成熟之虞。故早熟種。欲早日陳列市場而圖高價時。在成熟中以不施肥料爲可。

然晚熟種在果實之成熟期。與以適量之養分時。可使果實肥大甚著。同時熟期遲延。可增加貯藏性。爲利甚大也。

c. 通風通光　通風通光。爲同化作用及蒸騰作用之根源。生產澱粉及糖分之最大要因。其有左右作物老熟之力。固不待言也。北地之夏作。因晝間甚長。得受長間之日照。固之澱粉之生產多。達老熟之度速。但移至熱帶地方時。晝夜之長相等。因之生產澱粉之量少。不易老熟。故可知需實作物。依栽植距離及枝葉之剪除誘引等工作。以圖通風通光之佳良之工作。甚爲重要也。

2. 需要貯藏器官之作物之管理。

以貯藏器官爲目的栽培之作物。其根或地下莖貯藏養分最多。莖葉貯藏者極少。屬於此類之作物。一年生甚稀。差全部爲二年生或多年生。多年生者。概有一定之休眠期。至其時期時。地上部則枯死。休眠期終了時。復發生新莖葉。而開始生長。宛如新植物。此種植物之生育理中。可分爲生長期及養分貯藏期之二期。貯藏器官之發達。略與生殖器官同。故此二期之管理保護。亦因此而有差異也。

在生長期中，須與以多量之肥料。達貯藏期後。其効果稍衰。雖宜使之老熟。但尙須時時施以補肥。以助其生產多量之物質。惟近有收獲期。施肥時。甚爲不利。如玉葱，馬鈴薯等。在收獲前。一個月內施肥時。甚有妨碍地下莖之肥大及充實。香辛料作物。藥用作物等。以貯藏器官中之特種成分爲目的者。養水分過多時。則有减少其成分含量之害。例如山葵宜於溪間石礫間者。忌養分之多也。若植於泥土中時。不獨易受病害。地下莖之香氣辛味减少。品質下劣。至於不堪使用。薑栽植於水濕豐富肥沃之地時。收量雖多。組織柔軟。而辛味淡泊。製乾薑者。宜培植於乾燥地。而節施窒素肥料。方可得優良之生產物也。

需要貯藏器官之作物。其生活器官。固須相當之發達。但過度時。其過剩之枝葉。徒足消費養分，故以剪去爲要。如馬鈴薯之除蘖。土當歸之摘心。卽爲此也。甘藷行摘心時。可使藷之生長佳良。玉葱薤等當球根肥大期。莖葉之徒長者。踏壓之或互結之。可助球根之肥大。又此類植物。當貯藏器官發達時。同時不能理生殖器官之發達。因生殖器官發達時。難期貯藏器官之發達也。故花穗伸長時。以早摘除爲可。山葵土當歸等。除去花穗。爲必要工作之一。百合，鬱金香，洋水仙及其他球根花卉類。以球根爲目的栽培時。摘除花蕾時。球根之發育甚著。

3. 需要營養器官之作物之管理

需要營養器官之作物。約有二種。一爲人畜之食料飼料者。一爲纖維料等工業之原料者。此二種需要部之性質甚異。故其管理方法自異。但後者純粹之工業作物。非屬於園藝之範圍。故僅就前者述之。爲吾人之食料或家畜之飼料者。需要部。須充發育。同時以纖維少而柔軟多汁爲貴。故此等作物。在全生育期中。自始至終。以多次施與窒素之速効肥料。助其急速之生長。以防其組織之硬化爲普通。但牧草等。不宜施以過多之養水分也。

甘藍，結球白菜，結球萵苣等之結球部。與其他葉菜類之綠葉。性質大異。爲一種養分貯藏器官。隨作物之生育而發達者也。但此等作物之性質。因極好多量之肥料。但結球期一月內施肥時。有害球部之發育。故不可與其他葉菜類同一管理法也。

第二節 疏苗

1. 意義及目的

當播種或移植之時。爲圖幼植物之生育齊整及充分利用地力。每對於一定面積。比欲培養之植物。不能不播下多量之種子。或密植之。因之種子發芽後，幼苗相當大時。不能不將苗數減少。此疏苗甚爲重要也。

其理由及利益如下。

a, 對於幼植物之淘汰　混有先天的形質不同之種子。僅依種子及母株之選擇。不能完全達到目的。必待幼植物發芽後。生本葉數枚。表現其固有形質時。始可足奏淘汰之効。而種子淘汰不完全時。其中混入之弱小種子。所生尫弱之幼植物。易受病虫之害。將來不能得良好之結果。故在幼苗之適當時期。各種惡劣者。均宜淘汰之也。蘿蔔，牛蒡，及其他多數之蔬菜。幼苗淘汰之巧拙。影響於生產者極大也。

b. 預防圃場之空處 播下之種子。不能全部發芽而佳良。且幼時尫弱。往往遇患害而夭折。因之各作物占有之空間。發生差異。故生育不齊。土地易生空地。有豫防之必要，且有點播必要之作物。此種危險。尤易發生。故此類作物。先用條播或摘播之法。須依疏苗而達點播之實者甚爲普通。

c, 充分利用土地 作物之生長極遲。需要長久之年月者。若自始即依規定距離疏植時。養分徒遭流失。雜草亦易繁茂。土地利用上。甚不經濟。故最初密植之。避去上記之害。使之充分生產。俟其生長繁茂過密時。則漸次疏減之。而利用之。故作物常得享適度之地積。其地面亦可生相當之副產物也。多數之葉菜類。常以此目的自初密播也。

d. 使作物互相扶助 作物幼時。特尫弱者。非多數相集。互相遮蔽强光。或互相遮斷寒風。互相保護。

不能遂完全之生育。又發芽當時。貫通覆土之力甚弱之種子。非密播集合衆力。不易扛起土壤。故此等作物。均宜先行密播。俟其生長。然後適度疏去爲可。

e. 使各作物占領相等之空間，播種之技術。不熟練者。固不待言。即相當熟練之人。亦難免疏密不齊。故偶然密生者。以依疏苗。矯正爲便。

2. 疏苗之時期

吾人欲使作物遂强健之生育。舉良好之生產時。不可不常與以適當之空間。因之過於密播或密植者。宜在適當之時期。施以疏苗之工作也。生育旺盛之作物。僅一二日之猶豫。即可使之徒長。而招衰弱，病虫，倒伏等意外之損失。故宜常注意作物之生育狀況。不可失疏苗之時期也。然疏苗過早。而僅施行一次時。其後幼植物。尚有夭折之虞。且苗之選擇淘汰。不能充分。故一般即對於短期之作物。概以隔數日分三四回施行爲普通也。

3. 疏苗之注意

作物當幼時。其將來能力優劣之判斷。依作物之種類。各有最易鑑別之時期。故不可誤此時期。但此種鑑識力。熟練甚爲重要。又拔苗時。不可傷害殘留植物之根。如虞美人等。拔苗時。雖十分注意。隣接株之根。難免多少之損傷。而招衰弱之害。故此等植物。疏苗時。不可拔取。以在根頸部摘去爲可。

幼苗之時代。能鑑別其將來之形質者。其中甘藍及結球白菜。最爲容易。此二者均以節短，葉柄短大，葉身比較圓，葉肉厚，色澤濃厚者。最易結球。反之者。不易結球也。牛蒡生育過於旺盛者。其根分歧甚多。以拔去爲可。

第三節　中耕 Inter tillage

中耕之効果。與整地同。即依耕起土壤。細碎土塊。增加空氣，水分，温熱等之透通及吸收保持之性。而促進土壤之風化。除去有害物質。增加可溶性養分。並依良變土壤之理學的及化學的性質。以助根之瀰漫滋殖。及除去或減少雜草病虫等害。使作物之環境佳良也。

但中耕之地面及其深度。與整地稍異。因之其效果之程度。自不一致也。中耕在作物生育中所行者。故難免切斷作物之根部。此爲中耕之特色也。又當旱魃時。所行之中耕。更與整地大異其趣也。

中耕即耕鋤作物條間及株間之土壤、使之膨軟而適於作物之生育者也。蓋自整地後。經時既久。土壤受雨水之鎮壓。人畜踐踏。復至於固結。不利於作物之生育。故在作物之生育期中。須屢次行之。以保其保良之理學的狀態爲要。

依中耕。可切斷作物之根。因之中耕後。件有種種之利害。且依生育之時期。可招反對之結果。作物受斷根後。失去一部養水分之吸收器官。因之。生育一時難免受相當之影響。但切斷部可生多數之細根。故斷根後。發生多數之不定根時。吸收器官。增大。供給養水分之量亦多。故可增進植物生長之勢。促進植物生活之力也。加之依中耕可良變土壤之性狀。植物生育昇進之効益大。中耕反覆施行時。復可節除草之勞。其利甚大也。

但生活力之昂進。常與老熟之進行相反。故栽培短期作物及早熟種。欲早收穫。販送於市場時。以不中耕爲良。

中耕之方法。依作物之種類，地方習慣，農法，農具等及其他條件而異。宜參酌各種條件。擇其方便而有利者。行之可也。

第四等　堆培

堆培者。將表土鋤集。堆積於作物根邊之法也。其目的為與根邊以沃土。同時使地下莖，塊根，球根，或幼莖等。深埋土中。其利益甚大。茲舉其要者如下。

1. 防止綠化及發生苦味。以增進品質。如馬鈴薯，芋，蘿蔔等。

2. 助莖葉之軟化。防止品質之劣變。如芹菜，石刁柏，韭等。

3. 防止倒伏。

4. 根邊肥土多時。需要之根部。易肥大可增加生產。

第五節　除草Weeding

雜草者。乃生田圃間屬於栽培目的物以外之一切植物也。此種植物。不獨占領一定之疆域。由作物根部滋殖之地屬。奪取養水分。與作物並立。足以遮蔽通風通光。使作物之收量減少。品質惡變。助長病蟲害之發生。混入收穫品時。使生產物品位低下。其害甚大。難以悉記也。故除草為農業上最重要之工作也。驅除之法。有下列各種。

1. 拔去法　對於小形作物混生之雜草。用器具等除草。不便時。以手拔去為可也。

2. 耕鋤法　耕鋤圃場。將耕土上下反轉時。雜草自易埋沒而腐死。爲芟除雜草最普通之良法也。凡淺根之宿根性雜草。在夏季或冬季耕起。使之曝於炎熱乾燥或霜雪之間時。雜草自易死滅。年年施行時。雜草自難生存也。在生育時期施行時。雖不能防止其不再發生。但可妨其開花結實。至次年大可減少也。

3. 覆土法　雜草之上。施以覆土時。其地上部。容易窒息死滅。宿根性雜草。雖有時可再發生。但難免衰弱也。故作物之畦時間所生之雜草。有時用覆土芟除頗有効力。

4. 掘除法　深根之宿根性雜草。僅鋤斷地上部。不易生効。最易復生。費勞頗多。故此等雜草。以掘除根部爲最有効。

5. 燒土法　新開墾之草地。雜草繁茂茈著。而多數之雜草種子。散落於地表。用普通方法除草。難以受効。此時宜乘晴天將表土淺削乾燥之。其上再散佈乾草。以火燒却時。頗易奏効。

6. 藥劑除草法　强烈之酸類。鹽類，及鹽基類。均有腐蝕死滅植物之力。故新懇之草地。等非農耕地。

散布時。甚有效力。惟耕地難以應用。但依土壤反應之微小變化。易受影響之雜草。利用藥劑。亦可除去之也。

如羊蹄(Rumex Japonicus meisn)酸模(Rumex acetosa, L.)及芩(Phragmits Japonic Steud)等繁茂於酸性土壤者。施用石灰時。可使之衰弱而易撲滅。雜草向荆(Equisetum arvense, L.)施用鹽化石灰。最易除去也。

7. 輪作法　在一定之條件下。有一定性質之雜草。最適者。易繁茂而生存。但條件變化時。雜草之消長。亦生變化。即栽培作物之種類不同時。其適宜之雜草亦異。如有生育於穀物間之雜草。有生於蔬菜圃之雜草。有好收草地之雜草。其性狀各不一也。故連作時。其適宜之雜草。日益繁茂。終至於不能栽培。但行輪作時。作物之種類有異。前作物時代跋扈之雜草。至新境遇。難以繁茂。漸次至於淘汰而撲滅也。

8. 收穫後土地之處理　作物收穫後。即不栽培次期之作物時。不獨土地利用不經濟。雜草亦易繁茂。故須注意輪栽之組成。勿使土地空閑。若無餘暇栽培其他作物時。以即時施行除草。將土壤耕起爲可。

除草之法其重要者已如上述。但從預防上觀之尙須注意下列各點。

a. 由種子繁殖之雜草。務在種子成熟前尺除之。否則其種子至來年後生再爲害於作物。

b. 生種子後之雜草。不宜製爲堆肥。若堆肥有混入雜草種子之疑時。所製堆肥須待充分腐熟種子死滅後方可使用。否則反以助雜草之繁殖也。

c. 不純種子不可作繁殖之用。採種圃雜草繁茂時。收穫時最易混入。播不純之種子時。同時雜草之種好。亦被種下。此種雜草較之目的作物。繁殖力大。故易爲害。

d. 雜草能依莖枝等營養器官繁殖者。如馬齒莧之類。拔去或刈斷後。宜搬至圃場外。不可任其殘留地上。否則殘留株碎片。隨地生根。反以助其繁殖也。

e. 依地下莖繁殖之雜草。如莎草等。宜將其地下莖掘出。否則僅刈其地上部。刈而復生。不堪其煩也。

第六節　施肥 Manuring

土壤中所含無機養分之量。固依風化作用。可以增加。但經作物之激烈吸收後。此種無機養分。必漸次減少。不能供作物之需要。就中集約農業。栽培作物種類多。

而次數亦多。因之土壤中無機養分之消費益大。僅賴天然之存量。必不能達豐收之目的。故施肥在農業上甚爲重要也。但施肥過多時。亦有種種之危險。如斯言之。肥料爲調節作物之生育及老熟之最大要素。故其使用之當否。實足以左右生產物之多少。及利潤之大小。晚近學術發達。凡事均以科學爲理想。故農業上之施肥。亦非應用科學知識。不能合於經濟原理，受少費及獲之效。欲免除非經濟的浪費。非充分了解各肥分之性質及施肥之智識不可也。

第一項　肥料之種類

肥料之種類。極其繁多。從效力之遲速分之。可分爲速效肥料，遲效肥料及中效肥料。從原料分之。可分爲動物質，植物質，鑛物質及雜質四種。依其化合狀態分之。可分爲有機質及無機質肥料。從反應分之。可分爲酸性，生理的酸性，中性，鹼性，生理的鹼性等五種。依加工與否分之。可分爲人造肥料及天然肥料。由主要成分分之。可分爲窒素質（淡素）燐酸質及加里（鉀）質肥料。

第二項　土壤中主要成分之效力

1.　窒素（Nitrogen）　　窒素（N.）爲肥料三要素中

最重要之成分。植物構成蛋白質及其窒素化合物時。不可缺之原素。故窒素不充分時。作物不能遂完全之生育。因之收穫難得豐足。但窒素供給過多時。徒使枝葉繁茂。每每遲延成熟期間。以致結實不良。又窒素用量過多時。作物流於軟弱。易罹病虫之害。

2' 燐酸(Phosphoric acid)可也　燐酸(P_2O_5)爲植物之細胞生成核質物必要之成分。若缺乏燐酸時。細胞核不能形成。因之細胞不能增殖。植物之成長。亦至於停止。植物體內含燐酸量多之部分。蛋白質之生成。亦旺盛。就中種實中燐酸含量最多。蓋種子自發芽起。至幼植物之根能自土壤中攝取養分止。其間幼植物之生長。所需之燐酸。非從種子中之貯藏燐酸供給不可也。

3. 加里或鉀(Potash)　加里(K_2O)與燐酸爲植物生育上不可缺之要素。在綠葉中。不獨爲炭水化物之合成時。必要之要素。與蛋白質之合成等諸作用。均有密切之關係。又加里可使作物之枝幹强硬。有增大抵抗病虫害之力之效。在園藝作物中之需果類。尤有特效。可增大樹齡，可使果實之品質佳良。

4. 石灰（Lime or calcium）　石灰或鈣（Cao）亦爲作物之必要成分。石灰在植物體中，爲有機化合體。莖葉中含量甚多。就中果樹頗需要此成分特多。石灰之成分充分時。可使樹枝强固。又石灰與炭水化物之生成。有密切之關係。若缺乏石灰時。澱粉之生成及其他炭水化物之分解移轉等作用。則受妨碍而不能現也。又石灰對於土壤之改良。效驗甚大。

5. 苦土（即鎂 Magnesium）　苦土（Mgo）之化學的性質。與石灰相似。但不能互相代用。一般莖葉。富於石灰。種實富於苦土。苦土爲植物生育上不可缺之成分。對於葉綠體之生成。甚爲必要。植物種子中。含苦土甚多之故，蓋不外供給將來幼植物生成葉綠體之用耳。

6. 硫黃（Sulphur）　硫黃（S）爲蛋白質之一成分。普通爲植物吸收者。爲硫酸鹽之形態。

7. 鐵（Iron）　鐵（Fe）在植物體中。爲有機化合體。其含量雖少。但爲植物生理上不可缺之原素也。鐵雖非葉綠體之成分。但葉綠體之生成。鐵甚重要。缺乏鐵素時。帶綠植物之葉。則不能綠化。而呈淡黃色。與缺乏燐酸或石灰呈同一之現象也。

第三項 植物之必要成分

植物之必要成分有十。卽炭素，水素，酸素，窒素，硫黃，燐，石灰，加里，苦土，及鐵之化合物是也。此十元素。爲植物生育上不可缺之要素。缺一而不能遂其生育也。但其中炭素，酸素。可自由從空中攝取。石灰，苦土，硫，鐵，水各要素，在土壤中含量甚多。故無特別施給之必要。唯窒素，燐酸，及鉀三成分。土壤中之含量比較少。而作物需要之量特別多。故非特別補給不可。因此窒燐鉀三成分爲農業界所貴重。然稱之爲肥料三要素。故一般所指肥料之意義。差亦專指此三成分也。

第四項 施肥之時期及方法

播種及定植前。所施之肥料。謂之基肥。基肥宜用功效緩慢之遲效肥料。使之徐徐分解供全生育期間之用。但在全生育期中。僅用基肥時。每有不足之虞。故依作物生育之狀況。有施用速效肥料之必要。生育期中。所施之肥料。謂之補肥。補肥宜分數次施之。生長期與生產期區別甚明之作物。最後一次之補肥。不宜過遲。肥料之中。廐肥，堆肥，綠肥，骨粉等。適於作基肥。人糞尿，智利硝石，硫酸安母尼亞，過燐酸鈣，草木灰等。除作基肥外。可做補肥之用。基肥之施用。在濕潤多雨之地。不宜多施。因一時不能全部吸收。易於流失。甚不經濟。但在乾燥之地多施時。可減少施用補肥之勞。施肥之法。最重要者。爲使肥料之効果大。勞力少。對於作物無害等事。欲使效果最大。須使作物之吸收便利。及注意肥料之浪費。欲使吸收便利及浪費最少。不可不注意肥料之散布

施肥時。須一樣均勻散布於作物根部蔓延區域內之局部方可。在圃地施肥須埋於一定之深地。施於表土之肥料。容易分解氣散。及被雨水之流失。帶臭之肥料。最易誘引昆虫及鳥獸之害。故施肥之後。須覆土以減輕肥分之損失。覆土之深淺。普通一二寸爲宜。但堆肥等容積大者。必掘三四寸之深。撒布後用土覆之。水田之施肥。須先排水。然後散布。撒布後。再攪拌土壤。經數日。肥料成分被吸收固定後。始可再行灌漑。然灌漑不便之處。不必固執此法也。但施肥後之數日。以不導入新灌漑水爲可。肥料之分布。須十分均勻。否則過於濃厚之處

。有害作物之根。其他肥材太少之處。作物之根。不能吸收。益少而害多。不可不注意也。

第七節　整枝

第一項　整枝之利益

整枝之法。依其目的可分爲二種。即一爲娛樂用以美觀爲目的者。一爲生產用以收穫爲目的者。此二者目的既異。其方法自不同也。今爲實用計。專就後者敍之。

以生產爲目的之整枝。依剪定及誘引之法。使作物主枝之發育均齊。枝條之配置良好。結果之狀態佳良。其利益甚多。畧敍於次。

1. 使作物保持一定之樹姿。在最小之地積內發育而結良果。故能充分利用空間及地積。
2. 整理枝群，除去枯枝，弱枝，徒長枝及密生部。殘留之枝。均能受充分之光線及空氣。而得結良好之果。
3. 整理花，幼果，及結果枝。可免除隔年結果之弊。而能每年生產良果。
4. 除去不要之枝及密生枝時。日光空氣之透通甚良。養分亦可節省。因之果實之發育佳良。着色亦佳。

故可增加收量增進品質。

5. 依剪定之法。可調節作物之生育。及老熟。故可延長結果之年齡。

6. 使作物在最小之地積內生育時。故摘花，摘果，樹袋及其他病虫害之預防驅除。果實之採集，管理保護等工作。均甚便利。故可節省勞力。

7. 依枝條之整理。樹液流通敏活。故樹體強健。可增加抵抗氣候障害之力。

8. 整枝果樹。樹形縮小。病虫害之預防驅除上。可節省藥劑撒布之量，及樹袋等之勞力。故經濟上甚為有利。

9. 依剪定可使果樹在一定之面積內。每年生產多量之果。而果實美大時。可提高販賣價格。故可增加收入安定生產。

10 果園之果樹。生育佳良。形狀整齊時。可與人無上之快感。

第二項　果樹之整枝

果樹之整枝。依主枝之配置。而形成各果樹適宜之骨格。使將來各果枝配置得宜。而生產佳良。其形狀甚多。最普通者。有盃 狀 (Vase shape) ，圓錐形 (Pyramid

Shape) ，叢狀 (Bushy Shape)，牆壁形(Wall shape)，棚形 (Shelf Shape) ，圓柱形Fusoid Shape)等種。各果樹適宜之形如次

盃狀形	苹果，梨，李，杏。
圓錐形	梨，苹果，柿。
叢狀形	櫻桃，樹莓，須具利，房須具利。
牆壁形	葡萄，苹果，梨，桃，李。
棚　形	梨，苹果，葡萄。
圓柱形	梨，苹果。
半球形	柑橘，枇杷，柿，栗。

第三項　蓏果類之整枝

瓜果類中。勢力旺盛者。如南瓜，甜瓜，黃瓜等結大果者。主莖直接結果時。發育不良。容易落果。故普通常施行摘心。使孫蔓結果。例如南瓜越瓜等。生本葉四五枚時，留四葉摘心時，各葉腋各發生一枝。共爲四枝，各枝復留二葉摘心時，各枝復發生二側枝，此八側枝，稱爲瓜之八蔓，伸長後爲主要之結果枝者也，以後各主枝發生側芽時，爲助果之發育，常留二芽摘去之。

瓜類中親蔓生雌花甚早之種類。如黃瓜中之節成種，五葉黃瓜六葉黃瓜及多數之西瓜品種。多任其自然、不加

摘心。

瓜類之蔓。匍匐于地上者。地上須以麥藁墊之。將蔓適宜配列於其上。能不墊敷藁時。果面附泥。不獨容易腐敗。由莖節發生根時。作物之生育突趨旺盛。有害結果。但氣候乾燥之地如我國北部各地。栽西瓜及西胡蘆時。主莖長在五尺前後摘心。側芽均早摘去之。主莖之尖端。特埋於土中。常以使之發根。而助其果實之發育爲有利也。

黃瓜之大多數品種。均以誘引於架上爲可。南瓜之生育旺盛品種。在溫暖之地栽培時。多以使之攀緣於棚架上爲宜。其雄花過多及不用之蔓過多時。均以從早適宜摘去爲有利。但瓜類多爲雌雄異花。雄花過少時。亦非所宜也。

第四項　茄果類之整枝

番茄不整枝時。則不能結果。在溫室栽培及早熟栽培時。僅留主莖。側芽均摘去之。但普通圃場栽培時常使之發生二主枝乃至四主枝。誘引於架上。其側芽發生時。即刻除去之。葉之密部及遮蔽果實者。均以相當摘去。以助通風通光之佳良爲可。

茄子普通露地栽培。多不行摘心。但欲得優良之果時。

不可不行適宜之摘心。以減少側枝之數。就中下部之芽。均須摘去之也。溫室及木框栽培時。整枝甚爲必要。

茄子之自然狀態。大概主枝之七八九葉腋間。發生第一次之花。從此下第一葉腋所生之側枝。伸長爲第二主枝。再由第二主枝下第一葉腋。所生之側枝。伸長爲第三主枝。第三主枝下之芽。全部除去之。僅使此三主枝伸長時。可成爲三叉狀宛如果樹之杯狀整枝。此種三叉整枝法。爲普通露地栽培所行者。但促成栽培。亦常用之。溫室及木框栽培時。其主要整枝法。俟第一花落花後。僅留其下之第一芽。其他均摘去之。故成二主枝。此兩枝。差同時發生第二次之花。俟其發花後。再各留其下之第一芽使之伸長。其他均摘去之。如斯形成之四枝。再可同時開花。故每株合計可結七顆之果也。

第五項　剪定 pruning

一，剪定之目的

剪定者。摘除或切斷作物營養組織之一部之謂也。其目的有三。即刺戟或抑制生育及整枝是也。

植物剪去生長點之一部時。殘留部之生長受刺戟而促進。換言之。剪定可增加根壓。變換養分移之方向。使養分集注於少數之生長點。因之生長之勢。被促進也。就中多年生作物。養分多貯於莖幹。若在春季發芽前。剪去生長點之大部分時。貯藏養分之全部。集注於少數之生長點。故可生肥大强健之芽。而成旺盛繁茂之枝也。作物利用此理。而促進生育者。如瓜類之摘心。果樹幼苗之剪定。老樹之更新剪定等。均能促進生育而生强大之枝也。此種剪定。謂之刺戟剪定。

作物在生長中。施行一次剪定。固可促進生長。但反覆剪定多次時。生長之勢受挫。根之吸收則衰。樹液可至於濃厚。因之易趨老熟也。就中依根之剪定。最易達抑制之目的。此種剪定。謂之抑制剪定。但抑制剪定過度時。作物易於萎縮。而招病虫之害。此不可不慎也。

爲圖樹木之美觀。或圖生產之增加。對於枝條加以剪定。完成有利之樹形者。此種剪定。謂之整枝剪定。但即以此爲目的而剪定枝條時。對于作物。難免有刺戟或抑制之影響。故單獨行整枝剪定者甚少也。

二，　剪定之方法

剪定依施行之時期。可分爲生長期剪定及休眠期剪定。生長期所行之剪定。謂之夏季剪定。休眠期之剪定。謂之冬季剪定。

剪定之法甚多。但其主要者。有摘心。摘芽。摘花。摘果。剪梢。折梢。撚梢潰壓。等種。今各略敘於後。

1.摘心　摘去新梢頂端之生長點。謂之摘心。摘心後之作物。其生長後受挫折。故易老熟。而可依摘心轉換汁液集注之方向。因之摘心之枝。可免徒長。其基部之腋芽。受刺戟而伸長。至適當之程度。漸次老熟。而至於分化花芽。變爲結果枝。該枝生有果實時。因頂芽之摘去。節省之養分。集積於果實以供其發育。可得美大之果也。除去作物之無用或有害之芽謂之摘芽

2.摘芽　不適當之位置。所生之芽。徒費可貴之養分。若待其伸爲枝條後。始行剪定時。不獨費勞甚多。其傷痍部大。不易治癒。可生種種之害。故以早除爲有利。

3.摘葉　葉爲重要之營養器官。適當摘去時可減殺其勢力。而促進老熟。就中葉過於密生時。足以妨碍通風通光。故適當摘去時。可使果實之發育及着色良好也。

4.剪梢　所謂剪梢者。即切斷或剪去枝條之謂也。剪梢爲除去比較頗大之營養器官。故對於作物之生育。抑壓或刺戟之效甚大。剪梢行於夏冬二季。剪去之枝。主爲不要之枝。徒長枝。密生部及冗枝。其目的或爲修整樹姿。使各枝保持均衡。或爲整理枝羣。以促結果之發

生。而行之者也。

唯須注意者。剪梢之傷痍面。務使之完全迅速癒着。否則癒着不完全時。病菌易侵入。而招腐朽枯死之害。但治癒之遲速。依剪定之時期，剪斷面之大小，狀態及保護之有無，有莫大之關係。故不可不注意上敘各項也。

5.剝皮　將枝幹之皮。至韌皮部止。剝去之。剝皮之形狀甚多。但無非爲阻止養水分之流通。使之集積於所望之局部也。將枝幹之周圍。全部剝去寬二分者。謂之輪狀剝皮。輪狀剝皮之目的。爲阻止上下養水分之流通。就中阻止葉之同化生產物下降時。此種養分。集蓄於枝幹內。可助花芽之分化及果實之發育也。

但輪狀剝皮過寬。不易癒着。因之根部則不能受同化養分之供給。終至於餓死也。但勢强之樹如美國葡萄在多雨之際。剝皮過狹時。則無効果也。

剝皮之法。每年施行時。可使樹勢衰弱。樹齡短縮。故除特別之情形外。不可妄行也。

6.刻傷　刻傷即在樹皮部刻寬二分長適宜之傷面。以阻樹液之流動。使汁液集中於該部之芽條。而圖其發達者也。

7.折梢及撚梢　　折梢即以手折傷新梢之謂也。撚梢即將枝梢撚轉使木質部破壞者也。二者均以阻止養水分之流通。抑制施術部以上之徒長而使基部之腋芽發育而成果枝者也。葡萄將着果部以上撚轉向下時。可使果實美大。而增加糖分之含量。手術部以上。在冬季剪定時。均須剪去之。

8.摘花摘果　　果樹結果過多時。有害樹勢。縮短樹齡。易呈隔年結果之現象。而果實劣小。有害生產。換言之。養一果必要之枝葉。概有一定。過最小限度時。有害品質。過最大限度時。顆數小。亦不利於生產也。例如梨，蘋菓等。枝條之五寸內外。以不使結一個以上之果爲良。

但果樹境遇佳良時。常開極多之花結多數之果。爲圖果實之配置適宜發育佳良。故摘花摘果甚爲必要也。摘花摘果。與蔬菜上之減苗無異。爲圖結果之確實。以分數回摘去爲可。

第十一章　　品種改良

第一節　　生物界之進化現象

自然界中。無論何種生物。常有種種變化。此種變化。概可分之爲良變劣變二種。此良變之現象。即一般所謂之進化。劣變現象。即所謂退化是也。

生物之進化。起于變異，遺傳及淘汰三種之事實。子似親。遺傳也。但仔細比較觀察時。子與親必不完全同一。必有多少相異之處。此即變化也。生物若全體一致。無變異時。則無進化可言。而有永久保持其固有形質之理也。但事實上。無論何種生物。均可發見其變異。此種變異。縱極微小。均能影響於其日後之生存沒亡也。如發見食物之力。及捕獲食物之敏捷有差時。因之有能充分獲取餌者。及不能充分飽食者之分。平時固無大碍。一朝食物缺乏時。捕餌之力。有微差時。可生餓死殘存之差。

其他對於外敵之襲擊之免除力及寒暑乾濕之抵抗力。僅因微小之差。或因之而倒斃。或因之幸免而生存也。

自然界生物繁殖之力。較之能生存之數遙多。如植物一株。能生數十萬數百萬種子者甚多。動物如鱈等。一腹常存二百萬以上之卵。此種卵子及種子。若皆生育時。即一種之生物。可卽充滿於地球。但事實上。無形中受種種之淘汰。能生育者。不過九牛之一毛。然其中孰能生存。孰就死亡。在自然狀態下。善能捕食，逃免外敵，堪耐寒暑乾濕之變化。而生長迅速者。乃能免受天然之淘汰而生存也。因之適者存。不適者亡。優良者存，劣惡者去。此生物之日就進化也。

吾人所謂品種改良。即應用此進化原理。及變化。而加以人工的促進。使此變化發生迅速。而選擇淘汰者也。

第二節　品種改良之方法

現今所行之品種改良。約有下列數法

1. 集團淘汰法　一般栽培作物之品種。即在同一之圃場，與以同一之管理。往往混有大小不齊。形質相異之個體。並非完全齊一之集合體。若視爲同一品種播種時。翌年必更生多數相異混雜之物。不能維持優良之生產。故在圃場。常須不斷觀察。其中有認爲優良品者。特別選拔採集。作爲翌年種子之用。每年如斯選拔採種時。漸次可得近于目的之品種也。

2. 純系分離法　現在栽培之作物。常混有種種相異之血統。其遺傳質相異者。可分離爲種種相異之新純種。從其中選擇適于吾人目的之優良系統栽培之法。即所謂純系分離或純系淘汰法也

欲行此法。須絕對妨止與他品種之雜交。同一品種中之各個體。均須特別獨立栽培。强使之自花受粉

。其所生之種子。翌年再各特別獨立栽培時。可發現種種相異形質之多數新種類。此時選與吾人之目的相近之種子。再各特別獨立栽培。使之自花自粉時。與吾人之目的相近之系統之新品種。漸次發見而固定也。普通如斯繼續栽培三四年時。其初混成之不純品種。可分離而爲多數異系統之品種也。但依此種方法。固可分離爲多數相異之系統。若不能發現合於吾人目的之系統。則不能謂之成功也。

吾人分離之目的。在收量之多。品質之良。抵抗病虫害之力强。生育之遲速及其他各種優良形質。故與此目的相反者。均須淘汰之也。故速則三四年。遲則七八年。始能達此目的也。

3. 雜種育成法　固定之品種。常能維持其固有形質而不能生變化。故不能發育新品種。欲育成新形質之品種時。對於此種維持平衡狀態之遺傳質。非添加其他遺傳質。破壞其相互間之平衡狀態不可。即與他品種（持有異種遺傳質之品種）雜交時。其間發生變化。可發生新品種也。換言之。相異個體分存之異種遺傳質。依雜交誘導於一個體之內時。支配單位遺傳質。變爲新組合。而生種種之新形質也。

但第一代(F_1)尙未能充分固定。至第二代(F_2)第三代(F_3)新品種始可固定也。故雜種之法，頗費手數年月。一般農家不易實行。但爲育成新種之重要方法也。

4. 芽條選擇法　一般植物。每有枝條變異之現象(bud variation)。此種變異。因植物體內之細胞所存之遺傳質。發生變化。故發生相異形質之芽條也。從來果樹及木本花卉。依此種變異而發現新種甚多。故當栽培時。宜時時注意有無特異之芽條發生。若發見時。即附以記號。再詳細研究其變化之狀態。若爲優良枝時。從此枝採取接穗。用接木繁殖。即可得一新種也。

5. 偶然變異　植物中有偶然發生與母體完全相異之植物之現象。搜集此種突然變異之植物。繁殖之。有時亦可發生優良種。但不常見也。

第十二章　天然要素與園藝作品之關係

第一節　光線

光線不獨爲植物同化作用之原動力。生產物質之最大要素。並可抑制植物之徒長。使作物生健全充實之組織。而其促進老熟之力甚大。若老線不足時。物質生產則減少。植物體則徒長生細長軟弱之莖幹。不易老熟。或使老熟遲延。而減少生產。縱能結實。而貯藏物質之化學變化不完全。因之澱粉脂肪糖分等之含量少。就中糖分之含量。受影響特大。北美加州所產各種果實。較之他處。糖分特多之原因。全基于日照之多也。又光線不足時。生產諸種之埃士道（ester）及芳香屬之化合物之力亦減少甚著。光線不足時。對於生產物之色澤。關係甚切。故以美觀爲重之園藝作物。光線不足。爲經營園藝之最忌者也。

光線之量。依太陽之照射角度而異。在熱帶地方。太陽正中時。其照射度爲直角。故最强烈。漸至寒帶。則漸減少。即有同一地方。依季節而有差異者。即因照射角度有異也。

又雲霧之多少。足以制限受光量。自不待言。就中雨雲遮蔽陽光甚著。其害作物甚大。

又光線依地形及山岳，丘陵樹木建築物等。或作物相互間。常有遮斷之事。而招無形之害。故爲減輕光線不足之害，人力能使作物受充分之光綫者。如注意作物栽培之距離。行適當之疏植，或剪定枝條。使莖幹果實曝露於陽光中。遮蔽光線之諸種障碍物。能除去者。固以除去爲要。但如天然之位置及地形等。用人力不易變更者。自以選擇比較需要光綫甚少之作物爲要也。

第二節 温度

1. 温度與作物之關係

温度固爲植物活動之淵源。但植物生活上。温度須適當。過高過低。均有害于植物之生育也。但適當之温度。依植物之種類。而有差異。自不待言也。

蓋各種植物。依其性質之差。其原形質活動最適宜之温度亦異。但以種實生產爲目的之作物。生產中須受相當之抑制。故其生育上之最適温。與生產上之最適温。亦不同也。

作物較生產上之最適温。栽培于高温之地時。最易徒長。種實之生產。大受影響。其枝葉之徒長。固可依土質之選擇。根部之修剪。養水分之制限。而受抑制。但其中有非低温之刺戟。不易老熟者也。又適于低温之作物。移至高温地方時。該作物體質。則流於軟弱易受病虫之害。終至于不能栽培。如南方栽培蘋菓常受綿蟲之脅害也。

作物較生產上之最適温。栽培于低温地方時。植物之生產則減。生育概至于遲延。在生活期間甚長之作物。秋冷前不成熟時。終至於不能生產也。

2. 作物越冬法

一般植物之耐寒性。固依種類而異，但即在同一植物。其對於低温之感應度。依休眠時期及活動時期。大有差異。如落葉植物。當嚴寒之時。枝條未受寒害。春季晚霜時。其嫩芽常受大害者。即爲此也。

又耐寒性依組織內之貯藏物質之多少。甚有差異。如組織充實之枝。因貯藏物質多。耐寒力强。成熟不充分者。貯藏物質少。耐寒力極弱也。其他耐寒性依水分消費節減之力。甚有關係。蓋水分之供給受制限時。根壓則減。根之活動。亦漸微小。故汁液漸至濃厚。而依水分之制限。植物體之生長。受頓挫時。根部毛根之新生亦減。而稍老之毛根。表皮漸至堅硬。而失去吸水之能力。如斯植物之水分量。漸次減少時。各組織益趨老熟。故表皮組織及蠟質物。自然發達而堅緻。因之氣孔閉塞水分之消費量益減。而抵抗寒害之力益强也。同種植物中。落葉早之品種。較之落葉遲者。耐寒性大。又同一品種中。老樹較之幼樹。耐寒性大者。即甚於上述之理由也。

果樹中落葉期之早晚。概於開花期之早晚及果實成熟之早晚相伴。故早生種耐寒性概大。晚生種概弱。因此早生種之栽培不能之區域。無論南北。概比晚生種爲廣。蓋早生種。概不易徒長　縱無低温之刺激。亦可老熟。故在温暖之地。亦能全其結實。如苹果中之紅魁，初笑，滿紅等之早中生品種之栽培範圍。無論南北。均比晚生種爲廣。即其著例也。

作物越冬力之强弱。已如上述。雖依其種類及品種而異。但應用其耐寒之理論。以人工促進其老熟時。能增加其耐寒性。自不待言也。人工促進越冬力之法。普通所行者。即適當之期。施行轉根。或行輪狀剝皮。或摘去葉部。均爲有効之法也。又水濕調節自由之時。漸次使之乾燥。即可達老熟之目的。而增加越冬之力也。

其他所行之越冬法。如各株以藁物等包之。或以藁蓆等物。將圃場覆蓋之。均爲有効之法。但後者防止地熱發散之力大。故防寒之効大。

柑橘類苗床之防寒。常用覆蓋。但成長後。枝條老熟完全。耐寒力。則增。無需覆蓋。但冬季寒冷之地。栽培柑橘時。各株非施行包被。則易受害而衰弱也。

我國北方各省。栽植各種樹。如柿，桃，梨，蘋果等。在幼苗時代。冬季均以施行包裹爲安全。

草莓越冬時。其上須蓋以長苔，爲防止風吹。兩端再以土壤壓之。無花果中之生夏無花果者。在稍寒之地。其先年潛伏之花蕾。易受寒害。故非施行防寒之法。夏季則不結果也。

3.春夏之低温

秋季徐徐老熟之植物組織。耐寒性甚大。但春季嫩葉開展。新條伸長時。對於寒氣保護之組織既失。貯藏養分減少。原形質由休眠而開始活動。故耐寒性銳減。故其後因氣象上之變調。偶然低温襲來時。最易受其害。新組織終至於凍死。此謂之晚霜之害。普通屢見者也。

爲防止晚霜之害。栽植時。須注意土地之地形。普通山間溪谷之地。晚霜甚多。在同種作物中。晚生品種。嫩葉開展慨遲。故受晚霜之害。比較少。故晚霜甚多之地。選擇能避免晚霜之品種。甚爲必要。但其他用人工防禦晚霜之法。有燻煙法，灌水法。包被法。覆蓋法等種。畧叙於下。

燻烟法　即燃燒塵埃竹木之類。使之發烟之法也。因燃燒時。所生之水蒸氣。擴散於圃地上面。冷却時則放出多量之熱。而變爲水滴。由水滴再結氷時。再放出潛熱。故不易結霜。又燃燒之際。新生之烟。爲不完全燃燒之炭素小片。及植物之塵埃等等固形體與水蒸氣混合之物。此煙浮游於圃場面時。與用布蓆等覆蓋。有同一之效。可保存由地面放散之熱。而防止植物之冷却。使之免除凍害也。曇天之際。雲爲一種大覆蓋。可防止地表之冷却。故不易結霜。因之霜害常起於晴天之夜也。

灌水法　水之比熱大。故使作物沒於水中。而行灌漑時。可以防止霜害。但此法僅適用於幼苗時代。而灌漑不便之地。及長大之作物。則不應用也。

包被及覆蓋　包被及覆蓋。可以防禦霜害。固不待言。但春季之時。恰當作物生長中。晝間遮蔽日光。甚爲不利。須夜間施之。晝間取去。故費勞特多，但如早作之茄子，瓜類，及半促成之菜豆等之苗，無須特別設備。以栽植於麥之作條間。依前作物之保護。而可免除晚霜之害也。

雹害防止法。　春夏時。晚霜之害外。尙有雹害。雹害不獨機械的損傷幼芽，嫩葉，新梢等。而降雹量多時。可在短時間內。使氣溫低下。因之植物體幼弱之部。常受凍害。但雹雲發生之地及其進行之方向。略有一定。故在其通路之高山上。設置大砲。俟雹雲發現時。即以大砲擊之。與空氣以激烈之振動時。各雲團含貯之電氣。被中和。雹塊則不能發達。而可防止其落下也。

第三節　降雨

降雨之度量及其分配。對於作物之生育。有莫大之關係。如降雨現象之雲霧。足以遮斷日光。使作物感光線之不足。同時使溫度低下。其結果對於作物生育及登實之進行。甚有害也。但普通土壤中之地下水。特別高時。除特別灌漑之外。降雨爲水濕之唯一給源。作物依此始得全其生育也。如斯言之。降雨之量適度。且年中分配適當時。作物之生育甚佳。自不待言也。

但其生育佳良之原因。不過因降雨而得適當之濕所致也。若水濕之給源。能由灌漑水供給時。降雨及雲霧愈少。則作物之生育愈佳良也。如北美加州，南美秘魯之南部，智利之北部等地。周年絕對無雨。常能充分之陽光。其灌漑水爲落機山脉 (Rocky Mts，)安第斯山，(Andes)積雪之融解。有無限之水源。無旱魃之患。故此等地方作物。特別能遂優良之生育。其生產品之品質。遠爲他處所不及也。

1. 空氣之過濕

空氣過於濕潤時。植物之蒸發作用。受妨碍。因之由根吸入之無機養分則減少。同時因光線不足。因之同化作物不充分。故物質之生產。受害甚著。又空氣過濕時。蒸發量少。生成物亦少。故植物體內之水分過剩。易誘起徒長而生細長軟弱之組織。體內汁液稀薄。不易老熟。果樹當原芽分化期。空氣過濕時。原芽不能變爲花芽。均成爲枝芽。影響於異年之結果甚大也。

開花期中多雨時。或因花粉吸取水分。最易破裂。或因雨水而流失。降雨繼續時。在蟲媒花。有妨昆蟲之來訪。風媒花。花粉不能運搬。故有妨受粉甚大。果實幼小期多雨時。最易匿起落果。就中柿果受害最烈。果實成熟期多雨時。因光線溫度之不足。蒸發生產同化作用之減少。故果實之大小。糖分之含量。香氣色澤等。無不受其害也。無花果在降雨中成熟者。易於破裂。由破裂處。侵入雨水。不獨損害甘味，終至腐敗也。甜菜等。

至相當成熟期降雨多時。糖分之含量急減。而根部最易破裂。受害甚著。

其他空氣過濕時。易助有害菌類之發育傳播。而過濕狀態之植物。表皮發達不充分。組織軟弱。抵抗病害之力甚弱。最易受害也。

2. 土壤之過濕

土壤過濕時。土中空氣不流通。酸素缺乏。因之作物之根。不能全其呼吸。而有機物及無機物之酸化作用不完全。易生亞酸化鐵，亞硝酸類及種種之有害有機酸，又嫌氣性有害菌類。最易繁殖。有使根部腐敗之虞。又土壤過濕時。地溫則低下。最有害於根部之發育。而因根壓之增加。汁液則稀薄。每有落果及果裂之事。因降雨之故。空氣及土壤過濕時。無法可免其害。但作物體之汁過多時。依轉及斷根。可妨止其吸水。依輪狀剝皮，刻傷及彎曲等法。可妨水分之上昇。而抑制其徒長也。又地中水濕過多時。施以鹽分時。可妨止吸水。制限根壓，有防落果之效也。

3. 乾燥之害

一般久旱時。土壤中之水量則減。不能滿作物之要求量。因之莖葉衰萎。終於枯死。種子發芽期旱魃時。發芽不齊。或因發芽遲延。徒消養分。而至於尫弱。發芽中止時。終難免死滅也。

一般作物當幼少之期。僅由能土壤之表層。吸取養分。故稍一乾燥。水分即感缺乏。新鮮幼弱之組織。水分之消費特多。故最易受乾燥之影響也。作物生長旺盛之期。根羣達土壤之深層。吸取水分。雖比較容易。然此期消費養分最多。水分不足時。其生長受抑制。不能完其發育。老熟之期。水分之需要大減。水分不足時。雖足促進老進。但乾燥過度時。足以妨碍穗及受粉。且果實之發育。亦常受其害也。

爲防止乾燥之害。深耕。淺中耕。敷草，雜草之芟除。灌水等。均爲必要之工作也。

第四節　風害

風害與作物以機械的損傷。如破葉，折枝，落果，莖幹之倒伏等類之外。開花之際。風强時。足以妨碍結實。其他因風害受傷之部。有害菌容易侵入。發病甚著。

風害依地形而差異甚大。風害甚大之地。以注意選擇作物爲最要。如甘藷不畏風害。落花生受害甚輕。反之甘蔗果樹之類。受害甚著。那受風害之作物。如蘋果梨等。在風大之地。用棚架蟠枝。可免除風害。茄等易倒之作物。爲防止風害。設置支柱。甚爲必要也。

第五節　土壤之養分及其化學反應

土壤中之養分，固依無機成分之風化。有機成分之腐朽，微生物之活動及由耕地外搬來養分吸收固定而增加。但依生成土壤之本源母岩之性質及其生成之時代。大有差異。例如由白雲母，花岡岩等風化之花岡岩土壤。富於加里。第四紀古層。各種養分均少。就中由火山灰所成者極少。而燐酸尤乏。第四紀新層。燐酸加里均富。又長久之森林地土壤。腐植質多而養分豐富也。

土壤依其成分。而化學反應不同。降雨少蒸發多之地。地下水漸次上昇而蒸發。故硫酸曹達。硫酸苦土，硫酸石灰等之鹼性鹽類。集積濃厚。呈强鹼性反應。不適於作物之生育。反之降雨多地勢險峻之地。鹼性鹽類多浸出而流失。所存者。多爲酸性抱水硅酸鹽。故土壤呈酸性也。又土壤中腐植質多時。則生遊離酸。使土壤變爲酸性。寒冷之氣候。水濕過多之地。有機質之分解緩慢。漸次集積時。呈酸性反應者亦多。一般之作物。在中性及弱鹼性之土壤。生育甚良。酸性及鹼性之土壤。生育不良。若不用人工矯正。則難舉優良之生產也。

第六節　土地改良

各種土壤。各自栽植最適之種類及品種。固甚必要但因經濟上及其他之事情。有種種必要或有利之作物。而無適當之自然土壤時。依其適好之土性。而行局部的改變土壤之狀態。甚爲重要。此種土壤改善之工作。即所謂土壤改良也。一般所行之法有下列各種。

1. 客土法

加砂或石灰於粘土中，及混粘土於砂土中。以行局部的改良土性之法之謂也。

以裝飾或娛樂之目的。栽植花卉蔬菜果樹時，爲使各植物。各遂最善之生育。不顧經費如何。以人工調製最適之土壤。最爲普通。溫室及植栽鉢。栽植之植物。此種培養土之調製。甚爲重要。

土壤中。加入腐植質時。無論如何，粘重之土壤。

必變爲膨軟。氣水之透通。幼根之浸入。均甚容易。抱水性最小之砧土。加入腐植時養水分吸收保蓄之力。大增。均能良變其固有性。而適於作物之生育也。

用腐植質土之外。將厩肥堆肥等物。充分使之腐熟混入亦可。缽物等小規模栽培時。以預將切藁與土壤堆積之爲便。但此等調製土壤腐熟不充分時。因肥料過多。植物容易中毒。或有機酸及其他有害物質多。易使植物之根腐敗。故爲防土壤酸性化之害。加入石灰以中和之，而除其害。甚爲必要。培養中。僅加入腐植土。土性過於膨軟。根難固定時。宜加入相當之粘土。以修正其缺點。爲使空氣水之透通佳良。混入粗砂甚爲必要也。

又木炭末煤粉，草木灰等。可使土壤膨軟。氣水之通透良好。增加養水分之吸收保持之力。並能吸收副射熱。有增加地温之效。就中草木灰。爲加里之給源。並有有中和酸性之効也。

客土之深。依作物而異。在果樹及其他長大之作物。以二尺以上爲可。温室栽培葡萄及桃。所用調製培養土。以填充二尺五寸以爲普通。

2.心土之耕鋤

心土耕鋤之目的有二。一爲增加耕土之量。一爲改良耕土自身之理學的性質。耕土淺時。耕起心土。使之增加。即爲土地改良之一法也。但土風化之度。不如表土。養分之含量不多。其理學的性質及化學的性質。均劣於表土。往往含有害物質。故一時深耕。頗爲不利。每年以漸次耕深爲可。但秋冬之間。施行耕鋤時。受冰霜之作用。風化頗速。耕鋤心土時。施以石灰時。可中和毒物。並能助風化之進行。心土耕起量多時。不可不施多量之肥料。以補養分之不足。就中堆肥廐肥宜多施。以圖腐植質之增加也。心土由礫石或岩盤所成者。自不可使之混入耕土中。但將其耕鬆時。可使排水良好。氣水透通也。

3. 排水法

土壤抱水力過大。不適於栽培作物之地。不可不講求排水之法。以改變其性質也。排水之法。有明渠暗渠二種。明渠簡單而費勞力材料少。但其後圃場工作不便。且渠邊之土。易崩壞塡埋溝道。時時有修整之勞。土地高貴時。溝道徒費地積。頗不利也。但設置暗渠時。土費雖多。可除上述種種之不利。暗渠之作法。普通掘溝底二尺以上。設置土管。爲防止泥土流入管內。其上塡充粗砂石礫之類。然後再以掘起之土埋之。但除用土管外。用竹，杉，松等之枝束埋之。兩三年之間。可完全達排水之目的也。

第十三章　病害之預防驅除

强健之作物。抵抗力强。寄生物則不易侵害。縱受多少之侵害。因生育旺盛。自易恢復。故注意肥培管理。使作物遂健全之生育。爲免除病害最有効之法。其次各品種。對於病害之抵抗力。各有差異。選出抵抗性品種。可減輕病害。自不待言。故亦爲重要之法。至直接對於病害所行預防驅除及治療之法。關係尤大。需要特多。故略述於後。

第一項　病害之治療法，

一　內科療法

內科療法有二。一爲注入藥液。即將樹穿一孔。注入0.05乃至0.25％之硫酸鐵液。一爲塡充固形藥劑。即將樹幹或樹枝之相對面。各穿一孔。深達木質層。其各孔塡充硫酸鐵 4乃10瓦。其上再以接蠟塗之。如斯傷痍自然癒合。藥劑則漸溶解於上昇之樹液中。隨樹液。而分布於植物體中。而達治療之目的。藥液注入時。如萎黃病三四日後。即可恢復也。

一　外科療法

普通樹木依種種之外傷。由其部侵入病菌。而終至腐朽者甚多。故對於傷痍及切口。有保護之必要。小枝之切口。固無須塗抹藥劑。因塗抹藥劑時。反有遲延新組織恢復之缺點。但大枝之切口，宜削爲平滑，塗以接蠟或石炭脂。其上再以亞鉛板蓋之。樹皮剝落甚大時。宜以石炭脂或用濕布，蠟布油紙等包之。以防形成層之乾燥。而助其治療也。

對於腐朽部之治療。宜以小刀等物。將腐朽部完全削去。削面用硫酸銅液，博爾多液或昇汞水等洗之。然後撒布白鉛。其上再用混凝土。塡充可也。

第二項　病害之直接防除法

一　撒布殺菌劑法

殺菌劑之撒布其目的固不待言。在殺滅菌自身或使之失其繁殖器之發芽力。以防其傳染而抑制其蔓延也。惟殺菌劑。須具下列各種性質方可。(1) 能殺滅寄生物而對於寄主植物無害。(2) 價廉，(3) 容易得，(4) 品質一定而有効力。(5) 製造法及使用法均易。

二　清潔法

發病植物之體部。有無數之病原生物存在。而繁殖甚速。故發見時。即宜拔去發病之株。或削去發病之局部。

燒却之。其附近有病菌散亂之虞時。復宜撒布殺菌劑消毒方可。

三　土壤消毒法

將土壤放入釜中或鐵板上熱之。或在地面鋪以薪材等物放火燒之。普通燃燒，一時間。可消地下一尺之深。又將沸騰之水灌注上壤中。依高壓之蒸氣。亦可達消毒之效也。

第三項　殺菌劑之種類及其製法

一　石灰博爾液

[配合量]

原料＼種類	多量式	等量式	半量式	少量式
硫酸銅	450瓦	450瓦	450瓦	450瓦
生石灰	950—2250	450	225	90
水	36—108立	36—72立	36—72立	72立

[製法]　先預備大桶二個。甲筒放入硫酸銅。以全水量十分之一之開水。溶解之。再用冷水（全量之十分之八）稀釋之。乙桶則放入生石灰。以全

水量十分之一之開水溶解後。注入甲筒。充分攪拌之。則成稍帶粘氣之淡青液體。

「通用病害」 依空氣傳染之各種疾病，枝幹所生之地衣類。球根類貯藏時之消毒，苗木樹木傷痍部之消毒。

「注意事項」

1. 溶解硫酸銅。不可用金屬器具。以用木桶及陶器爲可。
2. 兩液混合時。其溫度須一致。混合後不可加水。
3. 鑑定液之良否。以赤色試驗紙插入液中。稍變青色者爲可。又以研磨之小刀插入液中。生銅鍍金時。即石灰不足之徵。宜再加石灰乳。
4. 生石灰以用上等未風化者爲良。
5. 本劑撒布時。用噴霧器撒布。作物之枝葉果實等之全面。
6. 撒布宜在製造後五六時間內。過久者不宜。
7. 石灰博爾多劑撒布後不久。不可再撒布石油乳劑。因撒布石油乳劑時。石油則分離而爲害。最少須30日後方可撒布。同時撒布石油乳劑後。亦不可撒布本劑。

又本劑撒布後。撒布濃石灰硫黃合劑時。亦生藥藥害。故二藥之撒布須隔 2月方可。但比重0.3 度者經過二週後。則無碍矣。

8. 本劑爲預防劑 。非治療劑 。故宜在發病前撒布。

9. 撒布一回後。效力可繼10日乃至2 週。但爲降雨洗去時。宜縮短預定撒布期。

10 茵類葉菜類，七島藺等。日中空氣乾燥時撒布有害，宜在朝夕行之。

「效力增進法」 爲圖節約撒布回數。或對於不易附着之作物。使之容易附着。此時增加其 着力。甚爲有效。爲增加博爾多液之粘着力。有下列各種藥料。但其加入之分量比例如次

石鹼(6錢—12錢) Casein(2—4錢)

黑砂糖(9錢—12錢) 膠(3錢)

松脂(3錢)

將欲加入之物。以三合上下之水溶解之。混入可也。

二 硫酸銅曹達液

「配合量」 硫酸銅 450 瓦

炭酸曹達 619 瓦（或苛性曹達181瓦）

水 54—72立

「造法」 以定量之水。將硫酸銅及炭酸曹達分別溶解後。同時注入大桶。充分攪拌之即得。但有時爲增加粘着力。可加入生石灰一兩上下。本液比較污染作物甚少。故適于花卉，蔬菜，果實等之病害預防。

三 阿母尼亞博爾多液

「配合量」 硫酸銅 450 瓦

強阿母尼亞水 0.36—0.90立

水 90立

「製法」 將硫酸銅溶解于一定量之水中。然後再將阿母尼亞水注入。但尙未完全注入前。宜先充分攪拌以試驗紙試之。若稍呈弱鹼性即可也。要之阿母尼亞水。爲中和硫酸銅之用也。

本液污染植物最少。故適于觀賞植物及摘果期之果實等。

四 炭酸銅阿母尼亞液

「配合量」 炭酸銅 12.4瓦—18.70瓦

强阿母尼亞水　0.00－0.12立

水　18－36立

「製法」將炭酸銅溶解于阿母尼亞水中，再以定量之水稀釋之。又調製濃厚之原液。盛於罎中密閉貯藏之。俟使用時。稀釋亦可。

適用之病害與阿母尼亞博爾液同。

五　硫酸鐵加用石灰博爾多液

「配合量」硫酸銅　450瓦

硫酸鐵　450瓦

生石灰　450瓦

水　36－72立

「製法」將上各藥劑。各溶解於一定量之水中。先將硫酸銅液及生石灰液混合之。然後再入硫酸鐵液充分攪拌之。

六　硫化鐵硫黃合劑

「配合量」硫酸鐵　450

石灰硫黃合劑（博買濃底計30度）　0.63立

水　18立

「製法」用三斗桶。放入水11立上下將硫酸鐵以布包之吊於水中。溶解時。注入大部分之石灰硫黃合劑(約殘18c.c.)攪拌時。則生黑色之液。此為硫化鐵合劑也。暫時放置時。黑色物則沉澱而上浮。將此上浮之物汲去後再將殘留之石灰黃合劑滴下。再放置二三時間後。加入十倍之水攪拌不斷，而撒布之。此劑對於白澁病之豫防最有效力。

七　銅石鹼液

「配合量」　硫酸銅　22.6—30瓦

石鹼(硫酸銅之3倍至5倍)

水　18立

「製法一」　用小量之開水將酸硫銅溶解之，加入水合為全水量之九成。再用別鍋將石鹼切為薄片以殘水量賷沸溶解之。投入前製硫酸銅液中攪拌之即得。

「製法二」　用一成水將石鹼賷沸溶解之。加入九成之水再將硫酸銅粉碎。投入石鹼水中，激烈攪拌時即得。

又先製為濃厚之液。使用時隨時稀釋亦可。

八　弗爾馬林(Formalin)

本劑一磅用水9 立至36立稀釋撒布。普通用於苗床之土壤消毒。消毒部以蓆等掩盖一晝夜後。將土壤時時拌動至臭氣消滅止時。方可播種。種苗塊莖果實等消毒時。用 1—2 %之液體分間。用氣體時。對於一千立方尺以300 乃至500cc 需四點鐘之燻蒸。

九 硼酸銅液

硫酸銅 450瓦溶解於54立乃至72立水中冬期果樹類之樹皮爲防除病菌。可用此液洗滌之。又2—5%液使樹木吸收時。可以防其腐敗。樹木創口消毒時。可用 2%液。種子消毒。可用 0.2—0.5 %液浸漬三時間乃至六時間。

十 硫酸鐵液

用非金屬之器。放入硫酸鐵液938 瓦，加硫酸 45cc 後。再漸次加水一斗。所成之液。用於冬期樹木葡萄蘋果樹等樹皮之洗滌。又 1%之液。對於松柏科植物之萎黃病撒布甚有效。

十一 硫化加里液

將硫化加里3.75乃至11.25瓦以360cc之開水溶解後。加1.24立之水。用于苗床發生病害之預防。

十二 昇汞水

普通常用一千倍者(即水18立昇汞18c.c.)木材之腐朽部

及細菌病部之消毒多用之。

十三　石灰硫黃合劑

「配合量」

方法 原料	普通式	濃式厚	曹達硫黃合劑	鳳化石灰硫黃合劑
生石灰	375 瓦	2250瓦	苛性曹達 937瓦	106瓦
硫黃	450 瓦	4500瓦	1870瓦	212瓦
水	18立	18立	18立	18
	博買 4 —45度	28— 32度		casein 石 22.5瓦 灰

「製法」　備釜二或石油罐亦可。一個放入硫黃華。以少許之水。充分拌粘糊狀。其次加入石灰。使之溶解。然後再注入4.8 立開水或滾水。攪拌煮沸約四十分乃至一點鐘。初呈淡黃色漸次變赤褐色終成爲赭色。硫黃華完全溶解不浮于上面時。再加入定量之開水合爲16立。使用時以水稀釋用 Beaumeu 博買濃度計測定濃度用之。普通多用于桃之病害。又加入鳳化石灰之鳳化石灰硫黃

合劑。即鹽化石灰與硫黃之混合物。最易沉澱故撒布時。須時時攪拌。此劑用于桃之炭疽病。頗有効力。

十四　石灰及木灰

石灰作爲土壤及種苗之消毒用，甚有效力。且能中和土壤之酸性。故對植物之生理上亦有效果。木灰與石灰有同一之効。同時可俱給加里于土壤。

病害發生地之消毒，一畝用消石灰200斤至600斤種苗消毒時用水18立生石灰6.5乃至13斤之液浸漬之。

又木炭溶液消毒時常用二倍水之液。

十五　硫黃

硫黃多以成爲硫黃華之形狀者用之。發生白澁病時撒布有效。撒布時在朝露未乾前爲最可。又可與生石灰粉末混合用之。

十六　石灰窒素

石灰窒素。雖爲肥料。但其主成分爲 Cyannamide。因對于生物有害。故對于土壤之消毒有効。但施置土壤時則無害。畝可用80斤。

十七　二硫化炭素

在常溫之下。容易變爲氣體。發出惡臭。用以驅除倉庫之害虫時。對于一千立方尺之空間。用3—5磅。密閉二晝夜。其氣體甚重。故在上層。各處配淺碟注木劑於庫內可也。此氣體。有爆發性。不可近火。人畜宜遠避之。

圃地消毒時。六平方尺注入一磅乃至二磅。注入之法。小用竹筒四。各僅留一節。節傍穿四孔。節底穿一孔。將穿孔有節之端插於適當之四處。由竹筒口注入藥液。注入此藥。僅可在冬季晴天相繼之時行之。

十八 Casein石灰

Casein石灰爲牛乳蛋白質之主成分 Casein 及石灰之混合物。粉狀而色白。單非殺菌劑但溶解于水中與殺菌劑混合時。液則成爲浮游性。且有增加粘着性之力。故易沉澱之藥劑叉附着力甚弱之藥劑。加入此劑時。甚有効力。 Casein 不溶解於開水及水中。但易溶解於鹼性溶液中。

十九 石炭脂Coal·tar

塗抹於枝之切口或樹皮之剝落部。石炭脂中加入少量之粘板岩細粉或木灰時。雖炎熱之夏日。亦不易溶解而污樹皮也。

叉石炭脂1 立上下。徐徐煑之。約經四點鐘時。加入獸

脂 4溫司及蜜蠟一磅。充分攪拌後。再加乾燥粘土粉末一磅。充分攪拌。成爲粘重之物。亦可供塗抹之用也

二十　接蠟

獸脂一磅蜜蠟二磅樹脂 4磅溶解後充分混合之。可供塗抹切口及傷痍部之用。

第十四章　虫害之預防及驅除

爲害吾人農作物之昆虫。極其繁多。故其習性及經過。亦極複雜。如害虫種類不同時。其食物有異。固不待言。其攝取食物之位置。及方法有種種之差。其生息之處。或捲葉而爲居。或穿樹而安居其內。其性質。或在夜見燈而集。或嗜蜜而來。或嫌煙而逃。或畏光而隱。各不一致也。故吾人欲驅除害虫時。對於各害蟲發生之囘數及時期。如何經過。如何性質。均非詳細調查。難奏驅除之効也

第一節　害蟲之驅除法

一、藥劑驅除法

害蟲之驅除法。頗多。但其中最重要者。爲藥劑驅除法。藥劑之種類頗多。依理論上。可分爲下列三種。

A　接觸劑

B　毒劑

C 燻蒸劑

接觸劑者爲液體劑。本劑不接觸於害虫之體。則無効力。再切實言之。非附着害虫之氣門。以閉塞氣門或由此侵入體內。不可也。故此等藥劑。粘着性及浸透性。甚爲必要。又使用時。非使之變爲細霧。强射於體面。則受毛及粘液之故。不易附着於體上也。故使用本劑。噴霧器甚爲必要。

毒劑者。使害蟲與食物吃入體內而使之致死者也。故不如接觸劑無氣門無甚關係。因之此藥劑非毒强不可。但其毒對於吾人亦有害。故食用之部或收穫前。則不可使用。又使用時。非平均撒布於作物之上。則害蟲喰害不附着藥部不能奏效。又爲雨水洗去時。則失其効力。故撒布本劑時。固須平均撒布。爲使藥劑附着植物。時有加入附着劑之必要。毒劑可分液劑及粉劑二種。液劑宜以噴霧器撒之，粉劑宜以撒粉器撒之。

燻蒸劑殺虫之法。略與接觸同。其氣體由害虫之氣門侵入體內而殺虫者也。惟須注意者。燻蒸劑之氣體。對於害虫須有効而對於人少害。同時使用非便不可也。

以上各種藥劑之製法及使用法當另節述之。

二 採卵法

此法適用於塊狀產卵之害蟲。如二十八星瓢虫大二十八星瓢虫梅毛虫等。就中大二十八星瓢虫。均在馬鈴薯伸長三四寸時產卵。故同時可捕殺其成虫。又夜盜虫亦產卵多而成塊。故每數日實行此法時。爲効甚著。

三　潰殺法

此法適用於羣生之小形害蟲。如蚜虫等。可直接用指潰殺之。又夜盜蟲之初齡時。亦爲羣生。可與採卵同時行之。

四　燒却法

此法雖稍粗暴。但甚簡易。有時甚爲必要。如金毛虫等羣生而其毛刺吾人之膚時腫痛異常。用報紙等物俟其集合燒却時，於樹無害。可簡便驅除也。又如梅毛虫在枝之基部張以天幕。而居其內者。因此法甚爲便利。

五　粘取法

此法。頗費勞力。但無須如藥劑撒布時準備。故有時亦可利用。如對於猿虫蕪菁蜂等。放粘土於壺中加入水及油充分煉爲糊狀。附於小棍之先端。能將害虫一一粘取殺之。

六　搔落法

此法應用於介殼蟲。當發生之時。用竹篦搔落後。再不能昇上而爲害。就中如介蠟虫者冬季以成虫越冬。體面覆以厚蠟。無論何種藥劑。均無能爲用。此時，惟本法始可生効也。

七　刺殺法

此法應用於喰入樹幹內之害虫。如驅除鐵砲虫（即天牛虫之幼虫）時。以小刀。將蝕入口。稍爲削大。用鐵絲刺殺之。又梨之綠天牛其喰入口。直道不曲。而必向上方。故本法。較之其他驅除法。最便而有効也。

八　網捕法

此法。即用捕蟲網捕殺害虫者也。使用雖不甚多。但對於夜間襲來桃及葡萄之木葉蛾類。用網捕殺。甚爲必要。

九　拂落法

多類之甲虫類。有縮收體軀落下之性。故在樹下墊以廣布。拂落後最易捕殺。又用洋鐵作一直徑二尺之漏斗。漏斗之下口處。附一布袋。樹於胸前。拂落甲虫甚便。各種果樹之甲虫驅除。多用之。又甚低之作物如蔬菜等。以箕代漏斗可也。

十　誘殺法

誘殺法有三種。一用燈火者。一用糖蜜者。一用潛伏所者。

用燈火者。謂之燈火誘殺。用以捕殺梨蘋等之各種捲葉虫之成虫者。其法用直徑一尺五寸乃至二尺之洋鐵盆。盛以水。注入石油少許。置於果園之各適宜之處。其上設角洋燈一。若有電燈之處僅利角洋燈之外廓。將電燈球置於其內。蓋因外廓無玻璃時。害虫飛來無撞當之處故不易落於水中也。用糖蜜者。謂之糖蜜誘殺法。用於驅除夜盜虫及果樹之喰心虫。捲葉虫等。其方法有二。

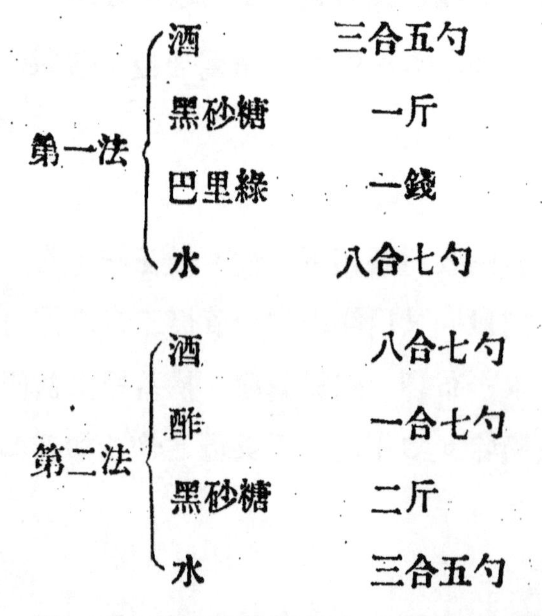

第一法
- 酒　三合五勺
- 黑砂糖　一斤
- 巴里綠　一錢
- 水　八合七勺

第二法
- 酒　八合七勺
- 酢　一合七勺
- 黑砂糖　二斤
- 水　三合五勺

第一法　將砂糖及巴里綠加入水中煮沸約三十分鐘。加入酒成爲飴狀。

第二法　先將砂糖加入水中。煑沸溶解之。再加入酒及酢。製好後。盛於鉢中。鉢上設一傘狀之物。以防降雨。或在野外作臺置于其上。或用鐵絲繫於果樹。可也。又對於梨之姫喰心虫。僅用梨之果汁。盛于碟中。亦有同等之効。惟施行時。恰當梨缺乏時。故非先年預爲貯藏不可。

用潛伏所者謂之伏潛所誘殺法。如對於夜盜虫之成虫。將櫻葉密生之枝。採集束之。繫置於圃場之各處。爲產卵而來之成虫。日中潛伏於此。由下方用捕虫網可捕殺也。又如梨之姫喰心虫及桃之喰心虫。常在老皮下結繭。故預在樹幹東以綿。俟其來此作繭時。可取出而燒却之也。以上各種誘殺法。雖各有効。但僅賴此不能完全驅除。故有與其他方法。併用之必要也。

十一　塡充法

本法應用於鐵砲虫之驅除。用固形之藥劑如除虫菊粉及百分根等。塡充虫口之法也。百分根爲我國產之一種藥用球根。用時以原形塡入或以水泡脹切斷塡之亦可。又用市上販賣之殺鼠劑以綿粘之塡入亦可。

十二　塗抹法

用各種接觸劑以毛刷塗之。普通濃度甚稀之藥劑。固以用噴霧器撒布爲可。但濃厚之藥劑。撒布不易。而不經濟。故以塗抹爲有利。

十三 注射法

用各種接觸劑。注射於鐵砲虫之孔內之法也。用此法將須用特別之注射器。但無注射器。用醫療用之 spout 亦可。

十四 益虫利用法

爲害於吾人農作物之昆蟲固多。但害虫自身。亦有其他昆虫。爲其敵害。此類加害于害虫之昆虫。對於吾人謂之益虫。亦無不可。保護此類之益虫。雖不能依爲唯一之防除害蟲之法。但能滅殺害虫有益吾人。自無疑義也。利用益虫除去害蟲。其起源頗早。我國在12世紀之時。已有利用蟻驅除柑橘類害蟲之記載。較此更早之記載。尚未之見。故謂利用益蟲除去害蟲之舉。起源於我國亦無不可也。其他爪哇亦云其地利用蟻驅除檬果之象鼻蟲之事。

現今最有名最實用之例。爲害蟲吹綿介殼蟲或伊塞利亞介殼虫 (Icerya purchase Mask) 之天敵白他利亞瓢蟲。因伊塞利亞介殼虫。一年僅生二三回。益蟲白他利亞瓢虫。每年發生七八回。而專食伊塞利亞。故爲効甚著。

十五　寄生菌利用法

人類依菌類或原生動物之傳染。有所謂傳染之病。同時昆蟲亦有種種之病。故保護或繁殖此類寄生菌。亦可爲驅除之一助也。寄生菌最著名者。松毛蟲之白殭菌。介殼虫之猩紅菌。及灰色菌。姬粉蝨之褐色菌等。均能使寄生害虫殺害也。

第二節　害虫之預防法

一　品種之選擇

蔬菜果樹等。依品種不同其抵抗害虫之力有大小之分。故務選抵抗力之大者爲可，但抵抗力大者。品種槪不優良。不可不善利用之也。就其最著之例言之。如葡萄之根蚜蟲。爲害頗烈。但利帕利亞（Riporia）盧白斯特立斯（Rupestris）等抵抗根蚜虫之力甚强。利用爲砧木可免其害。又丸葉海棠對于蘋果之綿虫抵抗力甚强。故利用丸葉海棠作爲苹果之砧本時。可不受其害也。

二　土地之選擇

土質地形與害虫之發生甚有關係。如種蠅多生於重粘之地。地形不宜。空氣不流通、光線不充分之果樹。害虫之多。勢使然也。又猿葉虫等。在段多之山圃。石垣草叢甚多之處。其潛伏所自多。而易繁殖。較之平地爲多。可知土地與害虫之發生大有關係也。

三 輪作

此法雖不能適於果樹。但蔬菜等短期作物。自可利用輪作。以擾亂害虫之生活。而抑制其繁殖也。

四 栽培期之變更

蔬菜可選害虫發生甚少之時期。使之生育。或在發生之前。使之早達收穫之目的。果樹可選擇其成熟期與害虫之發生期不一致。之品種栽培時。可減輕其害自不待言也。

五 施肥之注意

果樹等使用窒素肥料過多時。徒長枝最易發生。而利於蚜虫之發生。又蔬菜使用不腐熟之人糞尿時。其臭氣易誘招種蠅白紋蝶之成虫襲來而產卵。因之幼虫多而爲害特烈也。

六 圃場之耕鋤

耕鋤圃場。可使居於地中之害蟲。攪亂其生活場。而防止其繁殖。就中冬季之耕鋤。可使之凍死。爲効甚著。

七 除草與清潔

圃地雜草繁茂時。不獨吸失有用之養分。害虫易於潜伏而繁殖。又果園落葉枯草亂雜不潔時。亦足以隱匿害蟲。故除草清潔亦爲防預害虫發生之重要方法。

八　整枝剪定

自然狀態之果樹。樹形高大冗枝密注。自便於害虫之發生。且除驅頗費勞力。故施以適宜之整枝及剪定時。空氣日光之透通自良。驅除亦甚便利。

九　燻烟

害虫概有嫌煙之性質。就中夜間襲來之金龜子及木葉蛾之類。嫌煙特甚。故夜間用鋸屑混以硫黃少許燻煙時。害虫不敢襲來也。

十　掛袋

掛袋多用於果樹。俟果實至相當大時。用紙袋罩之。其袋之材料。用報紙以荏油八石油二之混合物塗之。俟乾用之。最經濟而耐久。

十一　遮斷

對於由他方襲來之害虫。可用遮斷之法。以防其侵入。如對於夜盜虫等。可在圃地之周圍。掘以明溝。對於猿葉虫。可在圃地周圍。以砂作一小堤時。則不能越此而侵入也。

第三節　藥劑之種類及其製法

(甲)　接觸劑

一　石油乳劑

「分量比」　石油　中一升

石鹼　七錢三至九錢

水　五合

「調製」　用石油空罐放入水5合。將石鹼薄切投入。煮沸溶解之。再用別罐放入石油。熱至七十度(攝氏)爲止。然後將二液混合。用攪拌器充分拌之。即得牛乳狀之液。是爲原液，

「注意」

1. 石鹼宜用純良無滓之物。
2. 石油之加溫不得過八十度以上。否則易引火。
3. 稀釋後之原液。宜在當日用之。不能久貯。
4. 稀釋時先加三陪開水。然後加入所要倍數之水量。
5. 開花中不能撒布。
6. 又不可無石灰博爾多劑同時撒布。

「適應疾病」

1. 介殼虫　夏期十倍至十五倍。冬期五倍至七倍。

2. 綿虫及蚜虫類15倍—20倍

3. 螟蛉類　　25倍乃至35倍

4. 食葉甲虫及其他之幼虫15倍乃至20倍。

二　除虫菊加用石油劑

「配合量」　石油　一升

石鹼　七錢二分

除虫菊粉　九錢至一兩四錢。

水　五合

「調製法」　將除虫菊粉混入石油中。充分振盪密閉二晝夜以上。濾過之。得浸出之石油。其後與石油乳劑同法製之

「注意」　有急用之必要時。如製石油乳之法。惟先將除虫菊投入石油中。加熱數分鐘。以布濾之。然後依前法製之。

「適應病疾」　1. 蚜虫　40倍乃至七十倍

2. 介殼虫幼蟲　三四十倍

3. 甲虫類　20倍乃至30倍

4. 螟蛉類　三四十倍

5. 椿象類　三十倍乃至四十倍

三　機械油乳劑

「配合量」　機械油　　一升

　　　　　　石鹼　　　二兩九錢

　　　　　　水　　　　一升

「製法」　先將石鹼薄切。放入水中。煑沸溶解之。然後將機械油放入加熱。以攪拌器充分攪拌後則得帶黃色而稍有粘性之原液。

「注意」　石鹼以用能以低溫溶解者爲便。原液可以貯藏稀釋時用水亦可。降雨後，不可即刻撒布。開花中不可使用。

「適應疾病」　矢根介殼蟲。粉赤壁蝨。龜子蠟蟲，綿介殼虫及其他介殼虫。均可應用。撒布時冬期25倍。

四　石鹼合劑

此即石鹼水也。其分量　開水一升　石鹼二錢三錢。普通施用於弱軟之蚜虫。

五　除虫菊石鹼合劑

「配合量」　除虫菊粉　　九錢至1兩八錢

　　　　　　石鹼　　　　九錢至十一錢

「調製」 將石鹼薄切放入二升水中。煮沸溶解之。加入除虫菊粉。拌匀煮數分鐘。然後加入一定之水。

「効用」 蚜虫，螟蛉，毛虫類，尺蠖類，食葉甲虫類。

六 得利斯(Derris)石鹼

得利斯爲南洋特產之植物Derris由其根取出之粉。用酒精浸出者，近時販賣之得利斯石鹼。即以酒精浸出之得利斯用50乃至100 倍水稀釋。再加入石鹼一兩六錢乃至二兩一錢製成者也。

用時 得利斯石鹼九錢乃至二兩四錢 水一斗之比例溶解攪拌之撒布可也。

本劑之用途與除虫菊石鹼水同。對於蚜虫類用得利斯石鹼九錢乃至一兩二錢。對於螟蛉類得利斯石鹼之分量一兩八錢乃至二兩四錢。本劑無藥害而使用簡便。

七 硫酸尼可陳(nicotin)

本劑爲烟草中之nicotin用硫酸製出者。普通販賣品。爲暗褐色之油狀體。含有nicotin百分之四十。

用時上記藥品以七百倍乃至二千倍之水稀釋。再對每一斗之水量。加入石鹼一兩二錢使用之。本劑不獨對於害虫之成虫幼虫有効。並有殺卵之効。惟使用時。對於吾人雖免有多少之毒害。故使撒布者。不可不用口蓋（mask）將鼻口掩之。

八　石灰煙草液

有種種之害虫如木蝨等。其性頑强且分泌一種粘液。以保護其身體。故普通藥劑不易驅除。

本劑之主要成分爲 Micot nee 加入石灰之目的。在使 Nico'inee 之揮發性佳良。使毒分容易接觸於虫體。兩者相依。可使毒性。溶解作用。乾燥作用。完全奏其効也。

「配合量」

生石灰	五兩七錢
純煙草	一兩五錢
水	二升

「製法」　將生石灰及煙草粉。置於木桶中，徐徐注入一定量之開水。依生石灰之水酸化熱。煙草之猛毒成分。可以浸出。經三十分鐘用布濾之是爲原液。用時加四倍之水稀釋用之。

本劑効力顯著。一度接觸害虫。大概均能致死。且價廉而調製便。有効之驅虫劑也。

又加入鹿角菜時可增加其粘着力。對於梨蚜虫軍配蟲之驅除甚有効力。

「分量製法」 生石灰　　　　　　三兩

烟草粉　　　　　　二兩四錢

鹿角菜(精製品)　　一兩二錢

水　　　　　　　　一斗

用一升五合水。將洗清之鹿角菜(放入布袋中)煑沸約三十分鐘。停止加熱。再用他器放入生石灰散煙草粉於其上，注入五合之開水作成石灰乳。濾過後。加入前液中攪拌之。則得帶粘性之石灰烟草液也。用時以四倍之水稀釋之。

九　石灰硫黃合劑

已在殺菌劑部叙過故略

十　松脂合劑

石灰硫黃不適于常綠樹。故本劑因此而產生。其分量如次

原料	第一法	第二法
松脂	6兩3錢	6兩3錢
苛性曹達	一兩六錢	5兩—3兩3錢
魚油	4勺至1合	——
水	1斗	一斗

先將水煑沸。溶解苛性曹達於其中。其次將松脂碎爲粉末。加入後再加熱溶解之。第一法時。再加入石油即得。使用時無須稀釋。但第二法。不加魚油。而其液濃厚。故使用時。冬季加十倍乃至十五倍之水。夏季加三七倍之水稀釋之使用可也。

「効力」 魯必蠟蟲，矢根介殼虫，粉赤壁蝨及其他各種介殼虫之孵化期時。用原液25倍乃至30倍液撒布之。

冬期將原液十倍乃至十五倍稀釋之可也。

「注意」 1. 苛性曹達。須用無夾雜純良之工業用者。

2. 本液不可粘附身體及衣類。

3. 稀釋時。初加入四五之開水。然加入一定量之水。

4. 使用時以布濾之。

(乙) 毒劑

十一 砒酸鉛液

「分量」 粉狀砒酸鉛1 磅

水(或其他殺菌液)7斗至1石。

「製法」 先將砒酸鉛用小器以水捏爲泥狀。然後加入一定之水或殺菌劑。攪拌使用之。

「注意」 1. 撒布本劑時。宜時時攪拌之。

2. 砒酸鉛合劑一斗加入Casein石灰二錢三分時。可增加附着力。而減少沉澱。

3. 砒酸鉛合劑每一星期乃至十日必撒布一回。使之附着於作物之莖葉。

4. 本劑對食害莖葉果實之有咀嚼口器之各種害虫均有効力。

5. 葡萄梅桃，杏，李，大豆小豆等易蒙藥害。故對此等作物。以不撒為宜。

十二 巴里綠 Paris green

本劑含有砒素甚多。故對害虫。甚有効力。但其中水溶亞砒酸之含量不少。故常生藥害。不能普通使用。但馬鈴薯，葡萄等為防除病害。用博爾多液時。此時對於博爾多液1斗加入本劑七錢時。最有効力。

(丙) 粉劑

十三 除虫菊木灰

「分量」 除虫菊粉 1兩

木灰 十兩

將上二物充分混合後。密閉一晝夜以上。使用可也。惟在朝露未乾前撒布容易附着而効力大也。

十四　烟草粉

本劑即煙草之粉末。有强大之殺蟲力。惟粉宜細。否則不易附着虫體。難發揮其效力。且不經濟也。製此劑。用完全之大葉固可。惟以殘碎之破片細滓製之。較為經濟。又紙煙工場。殘棄此類廢物頗多。可以賤價購得。而紙煙工場之粉。含有石灰百分之十六。硫黃華百分之四。更可助其殺虫之力也。

十五　砒酸鉛，粉，

砒酸鉛除供製液劑治虫外。即以粉末撒布。亦有同樣之效。此劑加入石灰及Casein時。可減輕藥害。而便於使用也。

（丁）燻蒸劑

十六　青酸瓦斯

本劑主要用途為驅除介殼虫之由。對于圃地之立木多用覆蓋之天幕。對於苗木時。多用燻蒸室或燻蒸箱。其分量對於容積一千立方尺如次。

	冬季	夏季
青酸加里	250—300瓦	200 瓦
硫酸	250—300瓦	200 瓦
水	750—900c.c.	600c.c.

用時。以數個之磁器。放入定量之水。將硫酸滴入。然

後將青酸加里。碎爲大豆大之塊。以紙包之。投入硫酸水中。即可發生瓦斯。故投入後即宜出外。密閉之。燻蒸時間。約四十五分鐘乃至一時間。夏季驅除綿虫時。以十五分乃至二十分可也。

十七　二硫化炭素

本劑多爲驅除穀物害虫之用。對於園藝害蟲甚多。惟驅除豌豆象蟲。可以利用。用時一千立方尺。用本劑 4磅。燻蒸二晝夜，

本劑置於淺碟時。即可發生氣體。用法極簡。但本氣體最易引火。此宜注意者也。

第四節　藥害

上叙各種藥劑。固能除治種種疾病害虫。但使用不當。製法不良。或濃度過大。均能引起藥害。反招不測之憂。如現在之毒劑。對於豆科植物。用之則枯死。石油乳劑製法不良。石油游離時。足以傷害植物。石灰硫黃合劑一般常綠之柑橘類。不能使用。但三度以下可無防碍。夏期0.5 度者可安全使用。

又同一作物。同時發生二種以上之害蟲，或病害時。爲圖同時驅除。有混合他劑之必要。但二種以上之藥劑混用時。其間易發生種種之變化。惹起藥害。此不可不注

意者也。

今將各種能混合及不能混合之藥劑。列記如下。其中不能混合者。即不能同時撒布。或在一定時期內不能用者也。

原藥劑	可混合者	不可混合者
石油乳劑	除虫菊粉	曹達博爾多液
	的利斯石鹼	石灰博爾多液
	硫酸 nicotin	石灰硫黃合劑
		砒酸鉛
		砒酸石灰
		casein 石灰
		松脂各劑
石灰硫黃合劑	砒酸鉛	的利斯石鹼
	砒酸石灰	石灰博爾多液
	casein石灰	銅石鹼液
		石油乳劑
		松脂合劑
		石鹼

松脂合劑
- 除虫菊粉
- 的利斯石鹼
- 硫酸 nicotin
- 煙草粉

- 石灰硫黃合劑
- 銅石鹼液
- 石灰博爾多液
- 砒酸鉛
- 砒酸石灰

石　鹼
- 除虫菊粉
- 烟草粉
- 硫黃華

- casein 石灰
- 石灰硫黃合劑
- 砒酸鉛
- 砒酸石灰

石灰博爾多液
- casein石灰
- 砒酸鉛
- 砒酸石灰
- 硫酸煙精

- 石灰硫黃合劑
- 松脂合劑
- 石油乳劑
- 銅石鹼液

曹達博爾多液
- 除虫菊粉
- 硫酸精烟

- 砒酸鉛
- 砒酸石灰
- 石灰硫黃劑
- 石油乳劑
- 松脂合劑

原藥劑	可混合者	不可混合者
銅石鹼液	除虫菊粉 煙草粉 的利斯石鹼 硫酸煙精	砒酸鉛 砒酸石灰 石灰博爾多液 石灰硫黃合劑 松脂合劑 casein　石灰

第十五章　收穫及其處理法

第一節　收穫

收穫最重要者。爲決定其適當之時期也。此適當之時期。依種種之條件。始可决定。簡言之。吾人所欲之部分。生產量最大。貯藏養分或主要成分最多及生產物組織成熟之度最合于吾人之目的等項。固爲主要之條件。但此等條件。難期盡如人願。故能適當調和。得最大之利益時。即收穫之最適時期也。

但生產物含有之成分及組織之老熟程度。對於吾人之使用價值上。甚有差異。又對于加工調製包裝運搬貯藏等項亦有密切之關係。其他成熟後所生之障碍。與後作物之關係天氣感於市場之關係。均須參酌。方能達最大之利益也。

第二節 選理包裝

園藝生產物。收穫後。必先整理選別。依其大小優劣良惡。別爲若干等級。以便運搬販賣或貯藏。能選理不慎。良惡混雜。品質不一。有損全體之品位。難得善價而沽也。

選理後。欲運往市場時。須調查市場之習慣。運搬之方法。包裝爲適宜之形狀。包裝物。固須求其安全固結。但外形美觀。附以鮮麗之商標時。更易引人之購買。可爲宣傳之資料也。

第三節 貯藏及製造

園藝品當收穫時。若遇生產物過剩。不利於販賣。或運輸不便。不易供給於市場時。自以設法貯藏或加工製造。以便相機出售。待價而沽。爲得策也。

貯藏之法。或掘地爲穴。爲窖。或另建貯藏室以貯藏之。惟須注意者。

1. 擇完全無傷者貯之。否則由傷部徽生物易侵入。而易腐敗傳染於其他良好之果也。
2. 未熟及過熟者。質不緻密。易于腐敗。宜在適期採收之。

. 疏菜類之貯藏。過於乾燥則萎。過濕易腐。宜與以適當之濕氣。而貯藏之。

4. 葉菜類等之多汁者。甚易醱酵。不可厚積。

5. 貯藏乾燥品以清潔低温。而乾燥之處爲宜。

6. 貯藏新鮮品。以清潔低温而有適度濕氣之處爲佳。

加工製造。可減輕分量。便於運搬。且耐久藏。故對於經濟上頗有利益。普通所行之製造法。爲乾燥糖漬鹽漬。罐頭等。宜視其物之性質與販賣之關係。善爲利用之。

第二編　果樹栽培

果樹之種類極其繁多。性質各殊。單就其適宜之氣温分之。有宜於熱帶者。有適於温帶者。故有熱帶果樹與温帶果樹之別。本編擬專就温帶果樹之最普通者。略叙于後。茲爲便利計。分爲左列各類

（第一）仁果類…………如蘋果，梨，枇杷，等

（第二）準仁果類…………如柑，橘，柿，等

（第三）核果類…………如桃，李，杏，梅，櫻桃等

（第四）漿果類…………如葡萄等

（第五）殼果類…………如栗胡桃等

（第六）雜果類…………如無花果，石榴等

第一章　仁果類

第一節　蘋果

一，蘋果之類別

蘋果廣佈於世界各地。栽培歷史甚久。品種極多。致各種系統莫由而明。然就大體言之。可別爲二種如左。

A. 中部歐洲種（European or sweet apples）

B. 俄羅斯種（Russian or sour apples）

前者概自 Pirus malus 之系統而來。後者則自Pirus baceata 之系統而來。現今栽培之優良品種以屬於歐洲種

者爲多，

二，氣候

蘋果所適之氣候。固依品種之特性。與其他外界狀況而有差異。然在我國則以北方氣溫稍低地方。爲其主產地。即就外國觀之。有名之產地若美之 Oregon 日本之東北地方及北海道。亦在北部低溫之地。依此等事實推測之。可知蘋果概適於稍高緯度之地方。惟春季開花期間。氣溫須在華氏二十八度以上。即未開花時其花芽在春季如溫度降至華氏二十度以下。亦大受損害。此外開花期間一日中氣溫之急變超過二十度者。對於結實亦大有防碍。是以蘋果栽培地春季氣溫之激變宜少。而自芽開始萌動後。氣溫須在華氏二十度以上爲要。

夏間果實發育之時期。亦須有相當之適溫。此適溫固依品種微有差異。但其最適之平均溫度。概爲華氏五六十度。如寒地當發育期。溫度較此低。則果實常不克發現其品種固有之色彩。形小而味酸。澀味較强。而不甚充實。難於貯藏。

反之氣溫過高。亦與低溫蹈同一覆轍。即產於高溫之地者果形小。而不顯特有之色彩。香味頗劣。熟期不一。不堪貯藏。

蘋果在冬季休眠時。能耐之最低温度。固依樹齡及其他空氣之濕氣等外界狀態而有差。然據試驗之結果。最低限度。得在華氏零下四十度。故冬季極寒之地亦得栽培蘋果也。

三，土質及地勢

栽培蘋果適宜之土質。依其地方之氣温。與土質而有差。但概言之。氣温高。則樹之發育過盛。花芽不易發生。是以在暖地。宜選土質不甚肥沃。且高燥之地栽植之。藉以抑制樹勢。反之在寒地。枝條不克充分發育者。宜擇肥沃而稍濕之地。以助其生長之勢力也。

蘋果在平地固可栽種。然爲節省費用。利用土地與圖樹之發育康健。常以選山麓之傾斜地爲可。蓋傾斜地空氣暢通。日光普照。樹之發育自能健全。且病虫害亦得以減少也。此外傾斜地空氣不至停滯。冬季凍害亦較平地爲少。傾斜面之方向。依氣候之寒煖而異。但一般言之。向東南者。温度高而激變少。凍害之患亦較少。最爲佳良。向東者往往遭凍害。向南者温度雖高。而氣温之變化頗激烈。向北者温度低。不宜栽培。惟春季晚霜多之地方。栽植於向北之地則開花期延遲。得免其害也。此外其地每年烈風之方向亦有關係。是以欲定適宜之方向。其地之外界狀況。亦宜調查以資選擇也。

四，苗木

蘋果之繁殖概用接木。枝接，芽接，俱易癒活。其砧木在我國用海棠或實生砧。在日本則除三葉海棠而外。盛用丸葉海棠。以其能免綿虫 (Woolly apple aphis) 之害也。三葉棠梨與丸葉海棠。均可依扦插繁殖之。在西洋得矮性之樹常用Paradise 及 Doucin 爲砧木，此二者可用壓條或扦插繁殖之。

蘋果若購入一年生苗。即可栽植於園圃。或購入後。培養於苗圃二三年。作成一定之樹形後。再栽植之。優良苗木。應具備之條件固有多種。但其主要條件。則爲發育充實。樹皮滑澤。樹幹正直粗大。細根充分發達。不罹病虫害等是也。苗木普通秋季落葉後掘取。自秋至春隨時販賣。欲栽植者可于適當時期購入。即行栽植之。若因事故不能即植。則宜先爲假植。其法先相一溫暖之處。掘溝深約一尺。將苗木約四十五度之角度。傾斜密列溝中。然後將溝填滿。再掩土厚五六寸。任其自然。至適期取而栽培之可也。

五，防風設備

凡果園無防風設備。一遇强風。往往枝折。果落。甚而至於全樹倒下。受莫大之損害。然此尚爲明顯之害。此外隱暗者尚不少。玆舉果園風害之主要者如左。

一，自有水雪之處吹來之寒風。因溫度與冰雪相同。概較普通氣溫爲低。常致枝及芽等受害。

二，自乾燥之處吹來之乾風。能吸奪枝芽花等之水分而損害之。

三，風強之處。冬季地上之木葉或雪爲風吹去。地表因而失其保護。致表土深層冰凍。頗有害于樹勢。

四，冬季因風雪或暴風。折斷枝條。屆成熟期則吹落果實。

五，開花期遇強風。花粉被其吹散。遺誤受精。致開花雖多。而不結果者。往往有之。

六，遮風之處各種小鳥營巢而居。滋生繁殖。捕害虫以爲食。對於果樹頗有利益。風強之處。不能享此利益。

七，剪枝時如遇強風不但作業維艱。且傷口乾燥。枝條之先端輒枯死。

強風有上述諸害。故經營果園者常栽植樹木以防避之。植樹之位置固依其地之地勢與強風之方向等而異。但概宜西方及北方。一列之樹能遮禦之地積。固依樹之高與樹種而有差。然大低能及三百尺許。故在廣大之果園必須設多條之防風樹。始能奏功。

防風所用之樹如松杉檜等。此外無花果，胡桃，杏，（實生的）等亦多用之。要之擇各地易於發育。枝條不甚鬱閉。且對於所種之果種。無傳染病虫之害者。用之可已。

六，栽植距離與間作或間栽

蘋果之栽植距離。依品種或經營方法而有差異。但除低矮整枝者而外。普通自然形整枝者。概自二十尺至二十五尺。其間依樹性之發育旺盛與否。土質之肥沃與否。可以畧爲伸縮廣狹。

蘋果之栽植距離。既須如是甚廣。當初樹尙幼小時。不空免廢土地。故宜以間作或間栽以補之。

間作（Companion crop）者。以同種或他種之果樹。栽植於永久樹之間之方法也。使用於此目的之樹有用同種者。如蘋果樹間仍植蘋果是也。然亦有用相異之樹如桃，葡萄者。惟不論用何種果樹。凡間栽之樹。必須選結果較主作物果樹早。且樹勢較弱者。俟果樹漸次繁茂。即間栽樹尙能結果。得畢相當之利。亦當卽行伐去。不可姑息。

七，栽植之時期與方法

蔬果苗木之栽植適期。或爲晚秋。或爲早春。晚秋栽植者。冬期因雨雪使根與土壤密接。翌春之發芽狀態。較早春栽植爲佳。惟在寒地因表土凍結。或寒氣過甚。秋植者。往往枝芽被其損害。是以寒地宜春植。暖地宜秋植也。

植栽時樹之行列。務求其井然不紊。栽植前須先測量。定樹之位置。然後用栽植定規(planting board) 將所定之位置之兩側。表記暗號。以免掘穴後失其植樹之點。定規之形狀固不一。以板製成等距離之孔穴。其用法先宜以繩測定苗木栽植之位置。而插一棒標識之。乃取定規置地上。將其中央凹處與所插之棒接合。另用小棒二。插於定規二端之凹處。乃取去定規掘穴。穴之直徑約三四尺。深一尺至二尺五寸。掘畢。再置定規於原處。使其二端之凹處與前所插二棒接合。於是植苗於穴中。使苗之幹與定規中央之凹處密合。則苗卽在原定處所。毫無更動。然後掩土踏緊。其表面再以膨軟之土掩蓋之。

苗木之梢端宜稍向强風吹來之方向傾斜。若苗已二三年而有枝者。栽植時最强之枝宜向北側。强根亦然。細根則向四方平布。以免深入地中。强枝强根所以宜配置於北側者。因南側日光直射多。溫度較高。枝與根之發育。較北側佳良。若强枝或根配置於南側。則樹勢必失其均衡而致樹姿錯亂也。惟如其地方土地乾燥日光强者。南側因過於乾燥其根及枝之發育。有反不若北側日蔭部之佳良者。如斯之地宜置强枝强根於南側。是在栽培者因地制宜耳。

七、修剪及整枝

蘋果固可用矮小之幾何學的整枝。但在大面積之營利栽培。概用矮幹或長幹之立木整枝。而立木整枝中。尤以杯形狀（Vaseshape）與尖椎形（Pyramidal shape）為最多。然近年歐美各國之蘋果園。多用短幹之杯狀形整枝。蓋以此為蘋果最適當之樹形也。茲將其造成之順序與方法。述之如左。

（苗木之修剪）苗當栽植前。必須修剪根部。使其四週一樣齊整。因根之發育與枝幹相關綦切。根之發育整齊。則將來枝幹。亦易得均一也。根羣中之直根。常於掘木時剪去。此外之根。尚有向土壤深層伸長之患者。亦宜剪去。又掘起時。如有損傷之根。亦宜酌量剪去其一部或全部。剪根時。最宜注意者。即凡剪去粗大之根。其剪口必須向下。切不可向上。因剪口向下者。新根發生。能保水平之位置。向上者。新根常深入地中也。

苗木之根。修而後。其地上部之枝幹。亦必須酌量修剪之。使地上地下二部保持均衡。而遂健全發育。地上部修剪時。其所留幹之高低宜一定。此幹之高。依短幹長幹而異。短者凡一尺五寸。高者達四五尺。此二者各有得失。但概言之。樹高管理不便。除特別情形而外。高幹用之者少。普通栽植後。約留二尺五寸修剪。使其自距地約一尺五六寸處。開始發生主枝三個乃至五個。而向四方平均配置之。

栽植後之修剪與管理　苗木照上述之方法。栽植修剪而後。乃立一支柱。以防爲風動搖。發芽時。檢視主枝之位置與數。其有無用之芽發生。悉宜除去。而所留之各主枝。宜使其向四方平均配布。無偏倚之弊。

夏期修剪　此次修剪之主要目的。乃使主幹粗大。凡蘋果之芽。春季萌發。開始伸長。繼續至五六月。暫告休止。然後再開始生長。直至秋季停止。故至秋季落葉後檢視其枝。可分爲春枝與秋枝二部。此二部分界處之節間。必較爲短縮。因此爲夏季乾燥。一時伸長休止之部分也。如是枝之任其自然發育者。秋枝（即上部）

之芽頗充實。而下部之芽不甚發育。且枝亦常不克肥壯。而當冬期修剪時。必須剪去上部而留下部。是乃去強留弱。不甚得策。故吾人當夏季。務將春梢剪爲適宜之長使養集積於下部。以助其枝梢之充實也。此剪除之梢之長。不能一定。約爲四分之一。

第一回冬期修剪 栽植後如上所述盡心管理。則秋季落葉後乃將各主枝留長約二尺修剪之。第一回冬期修剪而後。至翌春。自各主枝發生多數之枝。乃留在適當之位置者二三本。餘悉除去之。然後行夏期修剪。使枝之下部充實。至其年秋或翌春。乃行第二回冬期修剪。

第二回冬期修剪 以次修剪與第一回同。各主枝上擇發育略等之枝二本。此二枝約留二尺五寸許剪之第二回冬期修剪後。至第三年春發生多數之枝。此等幼枝不必如第二年之悉行除去。任其自由伸長。惟生長過盛之枝。夏季稍爲之行摘心或剪梢。則至冬季[illegible]以行第三回冬期修剪矣。

第三回冬期修剪 此次修剪。僅注意各部勢力之均等。除去不良之枝並剪去主枝之先端而已。

第三年春季新枝發生後。其爲主枝者。則任其自然生長。其下部所生之枝。則爲促進側枝基部之芽。變爲短果枝。將其先端所生之枝。已生十三四葉時。行夏期修剪。使其生長暫時停止。節省一部分之養料。供給下部之芽。其後自摘心處。發生數枝。乃再爲夏期修剪。如是多次摘心。務使側枝基部之芽變成短果枝。

第四第五年照上述方針同樣修剪。作成樹之骨格。其後務使各枝勢力平均。除去交叉或過密之枝。大半任其自然生長。則漸次結果。至十二三年即達盛果期矣。

八，蘋果之結果枝

蘋果之結果。枝有長果枝短果枝最短果枝三種。凡蘋果之花芽。概在枝之頂端。不如桃，櫻桃等之花芽。生葉腋也：例如就長果枝言之，春季不過一葉芽。發芽後漸次伸長。達一定之長後。生長發育停止。多量養分積集於先端。頂芽遂得肥大發育而爲花芽也。花芽之形成時期。固依種種外界狀態。與枝之強弱而異。然大抵早則六七月。遲則八月頃。漸見其發育充實也。凡蘋果花芽之生成。必藉多量養液之集積。養液之集積少則葉芽。其集積雖稍多。而欲其芽變爲花芽尚有所不足時。則爲中間芽。中間芽翌年不生花。而亦不如葉芽之生長爲一長枝。（惟受刺激時亦能發而爲長枝）僅爲極微之生長。其周圍以數葉圍擁之。其頂芽如營養得度。則至秋季變爲花芽。否則仍爲中間芽。故有繼續多年。而仍爲中間芽者。

短果枝最短果枝及長果枝。其頂端蓋爲花芽無稍差異。惟其枝之長短有不同耳。就此三種結果枝在栽培上之價值言之。以長果枝爲最劣。因其果實發育時。枝長下垂。易罹風害。且果實稍小。而略帶長形。品質常不甚佳良。反之短果枝及最短果枝所結之果實發育佳良。品質亦佳。且在一定面積內所得保持花芽之數。留長果枝者較留短果枝及最短果枝者遙少。故欲使樹形不甚膨大。而最經濟的利用土地面積者。務宜使近於主枝或副主枝。生多數短果枝及最短果枝也。

凡枝任其自然生育。則其枝先端之芽常發生而爲枝。其基部之芽則不克發育。是以欲使近於主枝或副主枝多生果枝。宜適度剪去枝之先端。使其基部變爲短果枝或最短果枝也。

九，成長樹之修剪

成長樹 (Matured tree)似無須修剪。但任其自然則樹冠漸次密生。內部及下部之結果枝衰弱。外界狀態佳良之年。固頗豐產。而以結果過多。無力再生花芽。蹈所謂隔年結果之弊者。往往有之。即幸而有少數花芽。而以枝幹中貯藏養分缺乏。翌年常開花而不結實。是以成長樹。欲其發育佳良。年年結果。宜除去無用之枝。防樹疑之寄生。且行適度之修剪。使樹循環佳良。分配平均。俾得發生新枝。以免樹勢之衰退。修剪之程度。依樹勢之强弱。花芽之多少等而異。樹勢强者。僅除去錯雜之枝。及擾亂樹液分配之枝已足。其樹勢稍衰弱者。則宜剪去各枝之先端。並除去一部分之結果枝。以防開花結果過多。俾其有餘力恢復樹勢。則剪枝不妨稍烈也。

十，冬期修剪之適期

冬期修剪之適期。依樹之特性。與外界狀態而異。然概於秋季落葉後。至早春發芽前。即休眠期間行之。惟因勞力分配上之關係。多行於十一月十二月間。就樹之衛生上觀察之。嚴寒期修剪者。枝之先端常枯死。即不枯死。而其切口因寒氣乾燥。不易癒合。往往因此罹種種障害。反之春季發芽前修剪者。不久即行發芽。切口亦同時漸癒合。受障害較少。是以就大體言之。春季發芽前。當爲冬期修剪之最適期也。

十一施肥

蘋果之施肥。普通在春季二三月施行一回。然寒冷之地。春季積雪遲融。宜於秋季落葉後。卽施大部分之肥料。（如遲效性之廐肥堆肥油粕木灰等）至春季再施於速效肥料如人糞尿。硫酸亞莫尼亞。過燐酸石灰等可也。普通果實生長期中。不必施肥。然如土質瘠薄。因結果而樹勢甚衰弱者。則七八月間亦可施一回速效肥料以補之。施肥方法即以樹幹周圍之長約三倍許爲半徑作圓。沿圓周掘溝深約一尺五寸。幅約六七寸至一尺。溝中施肥。與土養混合之。而後覆土耙平之。但速效之液肥宜將其根頸周圍之土淺耗鬆之。然後澆肥覆土可也。

十二，疏果

蘋果之大小色澤。與價値有密切關係。故栽培者。常期其所產之果形狀色澤品質俱屬優良。然任其自然結果。則數多而劣果多。不僅果實之品位低降。且常致隔年結果之弊。不克每年舉一定之生產。而樹勢亦日衰弱。是以吾人宜依年之豐凶與樹之狀況。行適度之疏果。藉以防患於未然也。

疏果之法即將不要之果一一摘去之可也。此手續有於果發育至直徑一寸乃至一寸五六分時。一次行之者。亦有於開花時。先行摘花一次。更於果實達五六分及一寸五六分時各舉行一次者。亦有於果實稍發育時及至直徑一寸餘時舉行二次者。此三者均無不可。可隨各人之便宜行之。就理論言之。疏果愈早愈妙。因早則可節省樹之養液也。但因勞力之分配與害虫發生之時期。有不克行之者。故宜定適當之時期行之。

蘋果之花芽。每個能開多數之花。一芽中之花中央者先開。順次及於四周。其先開之花常善能結果。故摘花或摘果時務宜留中央者。惟摘果時更當注意擇無虫害病害者留之。

十三，收穫

收穫方法在果樹栽培中頗屬重要。其時期與方法不得其宜。則栽培中之千辛萬苦。不免空歸泡影。收穫適期依市場之遠近與品種之特性等而異。我國北方常失之於早。致品質不佳。易於腐敗。但過於遲採。則果液減少。肉爲粉狀。亦爲所宜。其適度之熟期固難一定。概言之。果達其品種特有之大。皮面發現固有色彩。卽可收穫之。此程度當依經驗定之。

採收概以手行之。其盛器以籠或袋掛於頸上。採時所最宜留意者。卽勿使果面受損傷也。

十四。花粉之交配

果樹常有開多數之花而終於不結實者。此不結實之原因固有多種。而列其主要者如左。

一，花芽之營養不良。不克充實發育。

二，冬季受寒。雌蕊已受摧傷者。

三，花爲病菌所侵害，

四，開花期內遇暴雨被害。

五，開花期內遇乾燥之强風而被害。

六，受虫害。

七，不克行適當之花粉交配。

以上諸原因中以犯第七項而不結實者爲最多。蘋果有自花交配善能結果者。亦有不然者。如 Red astrachan, Ben Davis, Smith Cider, Olderburg, Rhode, Island Greening等概有忌自花交配之特性。故此等品種單獨栽植時常不克豐產。必須與他品種混植。使其行他花交配。俾得多結果實固無待言。然其他品種 能自花交配結果者，若能混植使與他花交配。則其結果亦常較多而果實大。是以栽培蘋果者不論何種品種。决不可單一栽植。宜隔一列或三列混合植他品種。俾其交配完全。多產佳果也。

第二節 梨

一，梨之種類

梨有東梨（Sand pear）及西梨（Pear）之別。此二者之性質互異。而梨果肉柔軟。不如東梨之有砂粒（Stone cell）香烈而味濃。食之頗適衛生。反之東梨之大部分硬而多砂。食之頗感不快。然佳良品種亦殆無砂粒。肉質之脆爽。漿液之潤澤。遠非西梨之所及。惟味稍淡泊耳。是以此二者不能遽判其優劣。當以需要者之嗜好以為為斷。就目下中國之情形觀之。西梨之栽培較難。且須經一定之後熟期。始可供食。栽培者較少。僅煙台一部稍有其蹤跡而已。反之東梨有中國梨日本梨之分。到處栽培。散布甚廣。中國梨細為觀察。亦可別為二。一為寒地所產。果肉緻密。砂粒少而皮色色淡。味優美者。如北方之鴨梨（即雅梨）萊陽梨等是。一為暖地所產。肉粗而皮色濃。味稍劣。如南方之黃砂梨之類是也。日本之梨大多數似我國之黃樟梨。其優良品種。汁多味佳。正如江蘇碭山所出之碭山梨。

西梨之學名為 Pirus Communis, Lind, 東■本為 Pirus Sinensis, Lind 近年 Rehder 氏就我國 Pirus 屬植物研究之結果。而知其非 P.sinensis 乃為 Pirus serotina, Rehd 也。

二，氣候及土質

梨在極寒極熱之地。生育俱不佳良。而以溫帶地方。氣候溫和之地爲最適。我國著名產地悉在長江以北。南部所產者品質較劣。此蓋氣候使然也。西梨較東梨發育旺盛。不喜暖與濕。在我國亦宜北部較寒之地。俾樹勢受自然抑制。而易於生花。在暖地如欲栽培。則宜用榲桲砧。或選擇瘠土。或用其他特別方法。使其易於結果也。梨在各種土質俱能結果。然依土性其栽培有難易。果實之品質有差別。土質過鬆而表土深時。根深入土中。樹之發育旺盛。修剪既難。而花芽少。落果多。果實之品質外觀俱粗陋而不緻密。反之在粘質壤土者枝條之發育適度。易生花芽。而果實之外觀品質俱佳。而尤以粘質壤土表土之排水佳良地下水面稍高處。最能得到佳良之結果。

西梨與東梨稍異其性。枝之伸長較盛。而不易生短果枝。宜於稍瘠薄而排水佳良之地。地下水高而濕潤之地。非其所宜。

三、苗木

梨苗木之養成與蘋果大概相同。砧木用野梨或普通之梨之實在砧。西性之矮性砧則常用榲桲。接木法用枝接芽接均可。枝接時可以掘接。亦可居接。居接者苗之發育佳良離較掘接者爲佳。而根羣之發育不佳。移植後之生長反不如掘接者。故吾人常常採用掘接者也。

四，樹形與栽植距離

梨爲整枝最容易之果樹。各種幾何學的樹形或近於自然之樹形均可應栽培者之目的作成之。惟營利栽培者常用自然圓頭形棚整枝形。圓錐形及杯狀形茲將此四者之栽植距離示之如次。

自由圓頭形……………………一丈五尺

棚整枝形……………………一丈二尺乃至一丈五尺

圓錐形及杯狀形……………二丈二尺

以上所述之距離乃爲一般標準實際上宜依土質砧木之種類栽培之目的而量爲增減之也。

五，整枝

如上所述梨爲最易造形之果樹。故整枝之形式極多。惟在此不克一一舉述茲僅上述四種言之。而此四種中杯狀整枝與蘋果畧同。不復贅述。茲僅分述其三者如下。

1 圓頭狀整枝　此爲我國最常見最簡陋之方法。於數尺高之樹幹上任其自然分枝。惟過密生之處。則去其一部之枝。以矯正其分枝之不規則而已。但在稍精密管理之果園。則最初三四年間。以人工支配其分枝。而定樹大體之形狀。其分枝每年一段。向幹之四方射出。其方與後述之圓錐形整枝大略相同。其所異者圓錐形整枝始終以人工支配分枝。而主枝上僅使其生小側枝。此形則三四年後即任其自然分枝。而此所分之枝上非僅生小側枝。亦有再出大分枝者也。

2 棚整枝　此爲日本對梨樹特有之整枝法。可以免去風害。其法宜搭高五尺許之棚。材料用木柱及竹桿。木柱在地上高五尺許。每柱相距一丈二尺。其桿縱横加竹桿。使成格子狀。此格子眼約二尺占方。梨之欲爲棚整枝者。其苗須養二三年高達五六尺。乃於四尺許之高處剪去頂端。使發生四枝。向棚之四隅伸長。然後由此四枝分歧重分歧。務使滿布棚面。此乃最簡單之棚整枝法也。此外尚有爲規則整正之分枝者。四主枝分出後。再使之自此主枝斜出主枝。如是主枝距離相等。且完全滿布棚面。其形狀極合理。惟各主枝爲水平姿勢其生長不甚强。欲如斯規則整正分枝。頗非易事。故爲經濟栽培者僅能略照此形分枝。不能規則井然。絲毫不紊者也。

3 圓錐狀　此整枝法中央有一主幹。自此主幹有規則的分出若干段主枝數爲三至五告成後全體樹形爲圓錐形者也。造此形時，將苗木約留二尺許修剪之。使自其先端發出六本或四五本之側主枝。一本爲主幹。使其正直向上生長。側主枝與主幹之角度約爲四十度乃至五十度許。

新梢漸次伸長達二尺二三寸即可行夏季修剪。先端梢爲摘心。俾基部之芽受刺戟而充實。

冬季修剪時三本之主枝凡留一尺二三寸乃至一尺五寸剪之。主幹則留二尺許剪之。

至翌春新梢發生。乃留主幹之延長枝。與一定數之側主枝。使其漸次發育，與上年爲同樣之夏期修剪。

第二回之冬季修剪以一枝爲側主枝之延長枝。故留一尺五六寸乃至二尺許之部分剪去。其以下之枝悉作側枝。用適宜之修剪法。使其近於側主枝生成結果枝也。如主幹之延長枝則與第一年之冬季爲同樣之修剪。是每年使生成一段之側主枝。至達一定之高。圓錐形即告成功。

圓錐形之高依種種事情而異。常自六七尺至一丈二三尺。側主枝之長。以自其枝發生之部至樹之長約三分之二爲適度。

六，側枝修剪

梨之習性與蘋果略相同，其果枝亦與蘋果相似。故其夏期修剪與冬季修剪亦頗相類。

七，疏果

梨每一花芽中發生多數之花。若任其自然結果。則一花芽開展後。生數果而漸次生長。惟一處生果多。則果當然小而品質劣。且大部分之養液爲果實之發育所消費花芽不克生成。致翌年收穫大減。即俗所謂小年者是也。故梨亦宜如蘋果行疏果法人爲的限制其結果數。俾樹有餘力。每年交互發生短果枝。而每年結果勿絕也。

疏果分數次行之。其最精密者則先摘去一部分之花。即將自一芽所發之花叢中去其中央之三四花。花謝後約一星期。其所生之果中。有被虫害者。有因生存競爭而劣敗者。此時擇完全者二果留之。餘悉除去。如有花芽相接過近者。則將一花芽之果實悉摘去之。俾果實在樹上各部。分配均匀。其後經一二星期幼果達一兩四五錢時行最後之疏果。對於一花芽留一果。使其成熟。疏果時所宜留意者爲除去罹病虫之果與形狀惡劣之果。並勿損傷花芽是也。

對於一樹應使之結果之數。依品種與樹勢而異。然十四五年生之樹。大抵以四百個乃至六百個爲適度。惟果實生長中尚有種種原因。使之受損害而落果。此損害數約爲一〇%乃至二〇%。故欲收穫果實六百個。最後疏果時須留六百六十個乃至七百二十個也。

八，包袋

凡多雨之處。果面易染種種寄生物。損害外觀。而虫害亦較多。欲防此患。宜袋包裹之。袋可用堅牢之舊報紙製之。粘合料宜用蕨粉糊。以免因雨水而折開。袋製成後當於天晴之日以刷塗柿澁水（柿澁一升以水二合稀薄之）或桐油。就日光中晒乾之。

包袋常與最後之疏果同時行之。掛袋後果實之發育固無妨碍。而色澤難免不良。故宜於採收前約二星期取去紙袋。使受直接日光而現特有色彩與光澤。

九，肥培

梨亦猶蘋果。在土地肥沃之處。最初數年間得自土地攝收各種必要養分。而爲相當之發育結果。但在同一土地。一定面積中生育。則土中養分必漸減少。決不能獲預期之結果。故每年欲得多量佳果。必須使用肥料。維持地力。俾樹勢長能健全。其每畝所施之分量。固依土質及其條件而異。但普通一畝十二年生之梨所用之肥料量如左。（每畝四十株。）

肥料名	一反步總量	一株之量	窒素	燐酸	加里
大豆粕	一〇六斤	二，六斤	七，七斤	一，二斤	一，七一斤
人糞尿	一五二，八斤	三八，二斤	八，七斤	一，九八斤	四，一二斤
堆肥	一二一，七斤	三〇，六斤	六，一斤	三，一七斤	七，七斤
過燐酸石灰	一二一，七斤	三〇，六斤	——	一八，三斤	——
木灰	九一，六斤	二，二二斤	——	——	一〇，七斤
合計			二二，五斤	二四，六五	二四，二三

十，東梨西梨之異點

梨如前所述有東梨西梨之別。此二者不僅果肉內砂粒之有無而異。此外尚有相異之特性在焉。特先分舉之如左。

一，樹勢　東梨樹勢中等。新梢帶綠褐色。斑點大。西梨樹勢一般强健。枝頗能伸長。新梢黃褐斑點小。

二，葉　東梨葉大而鋸齒深。西梨反之。

三，結果　東梨三四年卽開始結果。西梨較遲。須五六年或六七年始結果。

四，果形及色彩　東梨形狀整正。果面平滑。概爲黃褐色。梗窪一般深。果梗爲木質而大。無蒂者居多數。西梨常爲瓶形或卵圓形。果面有凹凸。在樹上時綠色。後熟時變爲黃色。梗窪一般淺。果梗常爲肉質而短。有蒂者爲多。

五，果肉　東梨質粗而有硬粒。漿多而甘。惟少芳香。味淡泊。西梨質緻密。無硬粒。頗柔粘。甘味强。味濃厚而富芳香。

六，成熟　東梨大多數在樹上成熟。屆熟期採收後卽可供食。西梨不在樹上成熟。採收後。須使其營後熟作用。而後可食。

七，病害　東梨易罹赤星病。不罹腐爛病。西梨易罹腐爛病而罹赤星病者少。

統觀以上各條。不能判定其孰優孰劣。當依人類之嗜好以爲斷。中國人日本人嗜爽脆多汁如東梨者。歐美人則嗜柔粘而味濃厚者。故吾人栽培時以販賣於普通市場爲目的者。宜以東梨爲主。反之以販賣於特別市場爲目的者。當以西梨爲主也。

第三節 枇杷 Loquats

一，特點與來歷

枇杷冬季開花。初夏成熟較桃爲先。而與櫻桃齊趨爭美。誠爲南方初夏不可少之珍果也。其果除生食而外。可以製酒。可以製罐頭。用途頗廣。其樹常綠。可爲庭園之裝飾。其花開於冬季。閑雅而富芳香。

枇杷之學名爲 Eriobolrya japonica 。驟視之。似爲日本原產。其實我國自古栽培。日本反自我國輸入者。西人不察。故有此學名也。我國南部栽培頗盛。珍品不少。日本至近來始稍重視。西洋諸國昔殆不見栽培。至近年始自東方輸入苗木。在南部意大利及美國加里福尼亞得稍見其蹤跡耳。

二，氣候及土質

枇杷好溫暖氣候。漸至寒地。則生育必生障碍。故在我國北方。殆無營利栽培之望。就江蘇浙江言之。最著產地。當推洞庭與塘棲。此蓋洞庭濱太湖。塘棲多河流。冬季溫度較爲溫暖故也。枇杷花開於一二月。在此時期雪多霜烈之處。即春夏有高溫。亦難期其充分之生產。反之氣候稍寒之地方。如因地勢或其他關係上。能得在一二月氣候比較的溫暖之處。亦可得美滿之成績。要而言之。枇杷栽培選高温之地。而對於風害與雨害。亦宜略爲顧及。冬季有强風之處。花易受害。務宜避之。而其果實成熟適逢梅雨期。輒因連日降雨。使果實生裂或腐敗。此雖爲天禍。不能完全受我人之支配。然選地得宜。亦未始不可略爲左右之也。

枇杷性强健。土質不甚選擇。惟欲其產生佳果。則須選粘質土壤。常含有適度濕氣者栽植之。

三，苗木

枇杷常就實生砧行枝接或依根接以圖繁殖者也。性常綠。厭移植。宜以二三年生之苗木栽植於園地。若更長大則移植漸生困難。惟能帶土掘取。愼爲運搬行移植之。則雖經數年之樹亦不至於枯死。

枇杷栽植後須經多年始能結果。而就大樹行高接者。經二三年即能開始結果。故如有劣品種之樹可以春期行高接以改良之。則樹易於長成。結果亦較速也。

苗木之栽植時期與柑橘類同。宜於春三月下旬至四月。栽植距離狹則一丈五尺廣則二丈四尺。

四，修剪整枝

枇杷枝條之生育緩慢。且頗整齊。而剪口不若蘋果梨等之易於癒合。故自來殆不行修剪。然欲爲周到之栽培使樹形不至十分擴大。與欲矯正隔年結果之弊。則必須行適當之修剪。固不待言矣。

枇杷如上述枝條之發育整齊。新梢外方生長。自然能成圓頭狀。故在苗木時代不必多行修剪。樹除擾亂樹姿之徒長枝可已。俟經四五年。漸次稍剪其枝之先端部。務使樹不十分擴大。而略爲半圓形。則整枝之目的即達。

除整枝外。普通修剪於三四月頃行之。此修剪之主要業務乃將秋梢（即秋季伸長之新梢）之生長頗長者剪切之。使其自基部發生新梢是也。凡經一二年之枝如在無新芽之部分修剪。往往不克自修剪處發生新梢。故無用之枝必須自基部全剪去之，如欲將枝條縮短。則宜就先端留有新芽之處剪之。

枇杷之枝生長發育。故自然放任時。則春季發生之枝。至秋季均生花芽。同時在基部發生新梢。故翌春固頗豐產。但此新梢所生之春梢因其基部結有果實。至秋季不能發有花穗發生。隔年結果之弊。即肇於斯。吾人欲免此患。每年春宜將秋梢修剪之。則春季發生之枝位置稍異。此枝至秋季常不生花芽。至翌春梢爲生長。則秋季即生花穗。如是一樹上枝條交互結果。即無隔年結果之弊。且樹形亦不致過於擴大也。

除剪切秋梢而外。凡枝密生之處俱宜適度疏枝。俾各枝小頂芽得充分享受光線。抑止徒長而爲肥大發育。俾其易於生花芽也。

枇杷之根。較梨易于伸長。善能自土中吸取養分。故不施肥料。亦能開花結實。惟欲行經濟栽培時。欲自狹小面積舉多量佳果。則亦猶他種果樹。每年須施用相當之肥料。

施肥之方法可照蘋果梨等。但開花期與蘋果等完全不同。宜於冬季施用速効液肥。以助開花結果。五六月頃。果實採收後。始施用堆肥。及其他持久肥料。以圖春梢之充實。

枇杷所需肥料三要素之量。與梨略相類似。故可準梨之肥料量。參加樹齡與結果之多少用之可也。

六、疏果與包袋

枇杷多數之果密集於一處。如不行疏果。則互相擁擠。果小而肉少。是以宜適度摘而疏之。且同時可以除去罹病虫害之果與爲風擦傷之果也。疏果之時期。宜在一二月。若有寒害之患時。更宜較早。於落花後行之。且同時爲之包袋。以免寒害與虫害。普通小果之品種。每穗留八九個。大果種至多每穗留四五個。疏果時。見有自果穗附近所發之新梢。必乘便除去之。藉以節省養分。助果實之肥大。疏果可用普通家用小剪刀爲之。

七．採收

枇杷之收穫以果色爲標準。凡果已着適當色澤。即可採收之。其方法依品種而已。果穗內果實密者。宜自穗之基部。以剪刀切取之。果實疏者。則俟其生相當色彩。漸次切取之。

第二章 準仁果類

第一節 柑橘類

一。特點與來歷

柑橘外觀美麗。甘酸得度。且有一種特殊芳香。不問中外莫不嗜之。且自秋冬至翌春。漸次成熟。得供長期之需用。其性堪貯藏。既可供不時之需要。復能作遠地之運銷。每年市場消費。爲數極巨。在果實中。實占重要位置。而以氣溫之關係。世界上出產之地。不能無限推廣。宛若暖地之專利品。栽培者有限。消費者無窮。決不至有生產過多之患。故暖地享有栽培柑橘天賦之權利者。儘可竭力推廣。藉供國內之需要與海外之輸出也。柑橘類爲屬於芸香科柑橘屬之果樹之總稱。其內含多數之種。變種。及栽培品種。範圍頗廣。其大部分之原產地。爲亞細亞之東南。即我國南部交趾支那，印度，台灣，南洋諸柑橘島。均可認爲類之原產地也。

二. 氣候土質及地勢

柑橘類爲暖地之果樹。不適於寒地。如美國 California 州及 Florida 州等世界有名之柑橘產地。莫不在暖地。我國南部氣候溫暖。盛產柑橘。中部如浙江江蘇則以溫州洞庭等溫暖地方爲特產地。此外氣候稍寒之地。即不見有大規模之栽培。此乃氣候使然者也。金橘密柑之類。耐寒力稍強。甜橙梨檬則較好高溫。故此二者多產於廣東福建等處。較寒之處。不多見矣。此外柑橘類。依品種如何。其需要溫度亦略有不同。同一種類依其品種。依其地方溫度之高低。而品質有不同。在適溫之地種植者。外皮緻密而較薄。善耐運輸。其瓤囊亦薄而軟。味亦佳良。在稍低溫之地。則常反乎是。

柑橘類依品種而其適地略有差異。然重粘而有地下水停滯之土地。不論何種品種。俱難得佳良之結果。各名產地之土質。概爲粘質壤土或砂質乃至礫質壤土。而排水俱甚佳良者也。地勢以傾斜者爲佳。因傾斜地空氣流通。病蟲害少。排水佳良。又得利用其反射熱。能促樹勢之發展。果實品質之增進也。

三　苗木

苗木宜選在苗圃善爲管理。樹形與發育俱佳良者。且因較他種果樹。栽植後生活困難。故根羣務求其充分發育。此外苗木。宜求無病無蟲。固不待言。

苗木之繁殖。用芽接或枝接。其砧木可用　子。枸　。橙。文旦等之自播種而生者。接於　子砧者。雖果實較大而甘。然較接於枸　砧者。苗之發育不良。而接木之適合百分率少。故用之者少。接於枸　砧者。耐寒力常強。此蓋枸　之耐寒性。影響於接穗。且樹略爲矮性。枝梢之成熟較　子砧與共砧者。早而充實故也。

砧木繁殖時。所用種子。採集後。不可使之過於乾燥。秋季播於苗床。至翌春發芽。任其生育。其次年春。乃設畦分植之。畦幅三四尺。株間一尺五寸。善爲肥培。如土質良好。生育得宜。則其年九十月或翌年五月即得行芽接。枝接則須再培養一年至其翌年四五月行之。接木之高。以距地六七寸爲適度。

苗木接活發芽後。一二年間。須栽植於苗圃培養之。並爲之行相當修剪。造成樹形之基礎。然後始叮嚀移植之於園地。

苗木之移植時期。與落葉樹異。宜於春三四月。且以其爲常綠。樹移植較蘋果梨等爲難。故自苗圃掘取。運諸園地時。宜留意勿振落其護根之土。且不可使根乾燥。當用藁或粗布包裹之。栽植時。當取去藁或布。但不可振落其土。

栽植後如乾燥而苗萎枯時。當爲之澆水。冬季溫度低之地方。如有罹寒害之患者。當以藁席等掩蓋。但勿宜以藁厚包裹之。

苗木在苗圃時。互相隱蔽。驟移諸園地使之獨立時，常因強烈日光。幹部爲日曬傷。所謂Sun burn者是也。欲防此患。宜以厚紙或布類卷幹。或以White wash(即以石灰溶解於脫脂乳或稍加粘質物之水中者)撒注附着於樹幹亦可。此 White wash不但可以防日曬。或以可防天牛(其幼虫即鐵砲蟲)之產卵。此蟲多之地方。不僅苗木宜塗抹。即大樹之主幹根際等亦宜撒注以防之。

四。樹形及修剪

柑橘類發育緩慢。其樹形概宜從其自然之姿勢。即吾人所常見者悉爲自然圓頭狀也。主幹之高宜依品種之特性定之。如金橘或日本紀州蜜柑之矮性者。主幹可稍低。文旦類之枝幹粗大長伸而爲大形樹者。則宜稍高。普通低則一尺。高則四尺。而如蜜柑。甜橙則以二尺五六寸爲最適當。

柑橘類自來不加以修剪，但目下栽培進步。修剪亦屬必要。惟不必如梨蘋果等之周到耳。

最初苗木栽植後。留主幹二尺五寸修剪。使其生三四本主枝，其後此主枝。再留一尺二三寸修剪。漸次使其整正發生枝條。如各部見有密生之枝或擾亂樹姿之枝。務宜除去之，使樹之各部發育整齊。

以上所述者。爲整枝時之修剪，其側枝固無須多行剪切。但樹長大後。盛行結果。能爲之行合理的修剪。不僅對於發育有利。且能促進結果。使年年不絕生產也。惟欲行側枝之修剪。當先明其結果之習性焉。

柑橘之花芽。生於當年春季發生之新梢頂端。及其下附近一二節。而此開花之新梢(即結果枝)。必出自上年度所生成勢力適度旺盛之枝之頂芽。或其下附近之數芽。故豐產之年。當年所抽之新梢殆全爲結果枝而結果。而本年之結果枝。次年無力再抽結果枝。所抽者必爲發育枝。是以豐年而後。常繼以凶年。遂呈隔年結果之現象。所謂大年小年者是也。惟能善爲修剪及摘果。則此弊自可免除也。

柑橘類發育緩慢。剪枝切可不如桃梨之烈。惟同類中如甜橙檸檬。不妨較普通之密柑類稍烈。因柑橙檸檬。非強壯之枝。不克抽結果枝。而行開花結果故也。柑橘類修剪後。傷口之癒合。較梨蘋果等爲難。故大枝務宜避剪切。如不得已。而欲剪稍大之枝。則剪後其傷口必以小刀削滑。塗以白油(White Paint)或石炭脂(Co altar)否則木質都乾燥。必致深向內部枯入。或病菌自傷口侵入。遺莫大之害也。茲將柑橘類之修剪法條舉如左。

1.密生枝刪剪之　柑橘之枝。易於密生。使光線空氣不暢通。宜刪去一部以疎之。又自一節能生數枝。此謂之駢生枝。宜留一強健者。餘悉除去之。

2.內部薄弱之枝宜剪去之　柑橘之枝。羣向外方生長。其內部所生之枝。因太陽不足。不克強健。往往不能開花。即幸而結果。其果亦甚瘦小。故薄小枝常剪去。以節養分而通光線。俾他枝得健全發育，

3.凡結果枝當採果時。留一二芽剪去之。本年結果之枝。次年不能再抽結果枝。故採收果實時。留一二芽剪之。使養集注一二芽。得發強健之枝。而爲其翌年結果之母枝也。

4.徒長枝之修剪　柑橘當夏秋之際。必有徒長之新梢自各部發生。此類枝稍任其自然生育。越二年。固亦能

發生結果枝。然以其生長旺盛。錯亂樹姿。且使樹液之分配。大爲不均。故夏秋之際。即宜剪去其全長二分之一或三分之二。使其下部充實。至冬季剪時。再留適宜之長度剪切之。其生於不適宜之位置者。則全除去之。

5.根之修剪　柑橘類如前所述。概忌根之剪切。然枝之伸長過盛者。春二三月枝條修剪後。同時掘根之周圍。切斷徒長之根。則可抑制其枝之盛生長也

五。疏果

柑橘類如發育得當。每年能生多數結果枝。而一結果枝。復能生數花芽。而生數果。是以常致結果過多。此時不僅果劣小。且使樹勢衰弱。翌年雖開花而不克結果。故結果過多時。必須摘去若干以疏之。疏果有在花期行之者。亦有至果實發育達如豌豆大時行之者。此二者均屬可行。而以結果確實後。行之較爲安全。

六。肥培

柑橘類需多量之肥料。其收量及品質。與施肥之多寡。本肥料之種類。大有關係。但實地栽培上。欲決定肥料之分量與肥料之種類。尙依種種外界事情而異。茲示日本對溫州蜜柑一反步(合中國一畝六分)所用之三要素。

分量示之如左以供參考

温州蜜柑一反步量（五年生之苗定植每反步六十株）

樹齡	窒素	燐酸	加里
	兩	兩	兩
六年	九〇	九〇	九〇
七年	一二〇	一二〇	一二〇
八年	一五〇	一五〇	一五〇
九年	一八〇	一八〇	一八〇
十年	二一〇	二一〇	二一〇
十一年	二四〇	二四〇	二四〇
十二年	二七〇	三〇〇	三〇〇
十三年	三〇〇	三三〇	三三〇
十四年	三〇〇	三三〇	三三〇
十五年	三三〇	三八〇	三八〇
十六年	三三〇	三八〇	三八〇
十七年	三六〇	四二〇	四二〇
十八年	三六〇	四二〇	四二〇
十九年	四〇〇	四六〇	四六〇
廿年	四〇〇	四六〇	四六〇

廿一年	四三〇	五〇〇	五〇〇
廿二年	四三〇	五〇〇	五〇〇
廿三年	四六〇	五四〇	五四〇
廿四年	四六〇	五四〇	五四〇
廿五年	五〇〇	五八〇	五八〇
廿六年	五〇〇	五八〇	五八〇
廿七年	五四〇	六〇〇	六〇〇
廿八年	五四〇	六〇〇	六〇〇

以上所述者爲柑園施肥大體之標準三要素量實際上當視各種形狀斟酌損益施用之也

柑橘施肥概分爲三回第一次在三月前後其二次在十月前後果實漸變黃色之時其三次則自十二月至一月作爲冬期肥料施用之

七　樹齡及樹勢之更新

柑橘類達結果之年數依品種而有差異。最早者爲金柑類。接木苗栽植後。二三年即開始結果。蜜柑類須五六年橙類須七年至十年柚子之播種者不易結果早者須十年遲者須十四年。

達結果之最盛時期。金柑類須十五年乃至三十年此外則概須三十年乃至四十年全盛期而後之壽命依修剪肥培及病虫害之有無等。而大有差異。但概言之。其壽命頗長、每年能得相當之收穫。

柑橘樹。因外界之狀態。不得當。或管理不得法。往往致樹勢衰弱不克結佳良之果實。此時欲使樹勢轉弱爲强。宜行强烈修剪。各枝俱短剪之。使更生新枝稍。則樹勢得以恢復。此修剪程度。當依樹姿品種及土質等量爲斟酌。切勿過度。致生理上起變化而受大害。

八，收穫

其收穫期。依品種與用途而異。但除特別之時與檸檬而外。概至發現其品種特有之色彩及香味時。收穫之。然欲運輸至遠地。或貯藏時。宜略較適當之熟期早採收之蜜柑常于十月下旬至十二月頃採收甜橙類翌年二三月採收。遲者至六七月始可採。檸檬之採收。不依熟期。而以其果之大小斷定之。如達適度之大。即尙帶綠色。亦即行採收。而用人工的方法。使其着色。

採收宜用剪刀。採落後。盛以袋或草籠。切勿使果面受傷。果實以剪去帶果枝之一部（此時即擧行果枝修剪。留基部一二芽剪下）剪下。再用剪刀自果剪去果枝。採果剪普通剪刀亦可然亦有用特殊之柑橘採收剪者。此剪曰曲邜採果剪 (Curved point clipper) 便於自果剪去果枝。作業較爲方便也。

九，凍害豫防

柑橘類易罹凍害。在稍冷之地。宜設法豫防之。其最簡單者。則以草蓆或粗蓆之類遮蓋全樹。而用草繩縛之。以免爲風吹去在美國則用一種温暖器名Orchard heater者。配置於園內。器內盛火油夜間温度降至華氏二十六度以下時。則點火放暖。以預防之。此種暖温器每點鐘須用火油約五合。一園內配置之個數。地方與其温度而異普通一英畝（Acre）設置六十個。如其地方之氣温欲降至華氏二十度以下者。則需八十個。此法須費較多。僅美國盛行之。

十，品種

柑橘品種較多。而其種類亦不一而足。茲先將吾人常見之種類表示之如左

一，橙　類　Orange. Citrus Aurantium

二，柑　類　Tangerine Orange, C, nobilis

三，枸橼類　Citron, C. medica

四，檸檬類　Lemon, C. medica, Var, Limon.

五，文旦類　Grape-fruit, Shaddock or pomelo, C. Decumana

六，金橘類　Kumquat, C. Japonica

七，枸橘類　Trifoliate orange, C. Trifoliate

玆將柑橘中在世界最有望之品種略舉述之如左。

1. 温州蜜柑

此爲中古時代。自我國温州地方傳入於日本之橘。依芽條變異或雜種新生之橘。與今日浙江温州所産之甌柑。完全不同。切不可混視。日本到處栽培。年産額達二千萬元以上。良種繁殖於海外。而在國内却未能見。但近年亦有從日輸入栽植之者。

樹性强健。極豐産。果大爲扁圓形。果面濃澄黃色。稍滑澤。油胞稍大而凹入。果皮薄。瓢囊之數普通十一乃至十二。無核子。沙瓢短大。漿液多。酸味稍重。風味佳良。自十一月初旬至十二月採收。可貯藏至三月。

2. Washington Navel, or Bahia 、

樹性强健。豐産。果稍大形。平均重半斤許。形狀圓形乃至短橢圓形。頂部有臍。故有 Navel 之名。果面橙黃色。稍滑澤。果皮薄。瓢囊數九乃至十三個。其皮極薄。無核。肉質柔軟多漿。甘酸適和。有芳香。香味較前者爲優。熟期自十二月至翌年二月。可以貯藏至五月。

自本種之芽條變異而生有一品種。曰Thompson's improved navel 者。爲美國加利福尼州人 Thompson所選出。其與普通種異者。樹性稍弱。入結果期稍早。果實之熟期亦稍早油胞小。果面甚滑澤。

3. Valencia Late

樹性强健豐產。果實中等大。爲倒卵圓形而梗果部稍小。果面橙黃色。稍滑。果皮薄。果肉稍橙黃色。多汁。甘酸適和。香味優等。雖有核。而其數少。不過三乃至六個。亦間有無核者。自四月始得以採收。而以六月爲其最適當之熟期。如至期不採。任其在樹上。可直至十一月隨時供食。

4. 蜜柑俗名暹羅蜜橘

樹性不明。果大爲不正之球形。果面爲橙黃色。甚粗糙。果皮中等厚。與瓤囊極易分離。瓤囊約十個。汁多。而甘。酸味少，核不甚多。品質優等，十二月成熟。

5. Ruby blood

樹勢强健。豐產。果中等大。正圓形。外皮薄而滑。肉質軟。頗甘而多汁。漸屆成熟。皮色現殷紅。而肉亦現同一色彩。頗美麗。

6. 金橘

金橘果形甚小。外皮甘可食。而剝離甚難。瓤囊四個。有核子。有長圓二種。長者曰牛奶金橘。圓者曰圓金橘。

第二節　柿

一，來歷及用途

柿在我國及日本自古栽培。我國之南部有野生之柿。其原產地亦當在我國。此柿之學名爲 Diospyros kaki, L. 與北美所產之 Date plum 完全不同。其學名爲 Diospyros Virginiana。果小。而澁味極强。不堪供食者也。近年歐洲南部諸國及美國始自日本輸入苗木。漸次栽培。然尚局於一隅。未見其普及也。

柿既可以生果供食。復可製爲柿餅。或作糕餅之原料。其需用甚大。且柿澁在工藝上用途亦頗多。

二，氣候及土質

柿宜於溫帶地方溫和之氣候。寒氣强裂之處。不克生育。反之高溫地方其樹固亦能生育。而果實之品質常不良。我國分布頗廣。自南而北。無處不見其蹤跡。惟北方所產者因氣溫稍低。品質不免不良耳。

柿各種土質俱可栽培。而其中最適當者。則爲稍帶粘質之壤土。常含適度濕氣而乾濕相差之度不甚懸殊者。表土深而過於鬆軟之土。樹之生育過盛。往往有隔年結果與落果之弊。

三，苗木

柿固有播種繁殖者。然欲繁殖佳良品種。而欲其確實不變。則仍宜用接木法。砧木主用君遷子之依播種殖者。接木法概用切接。而芽接亦易癒活。柿之接木依時節而癒活有難易。其適期在樹液幾分開始流動芽稍膨大之時。故與梨或蘋果同時接木。癒活甚難。又以其樹液中含Tanin 質。以刀切傷後，易於變黑色。施術宜極迅速。柿依接木而得之苗。一般發育不甚佳良。而其實生砧。往往僅其直根發達。而細根甚少。移植易於受傷。故柿栽植後發育比較的緩慢。欲作成一定之樹形。所要年數較多。如欲其樹速於成形。則宜先植實生砧木於園地。培養一二年。然後施行高接（Top grafting） 此高接時固可用切接法。而用皮接則癒活力最多。

四，樹形及栽植距離

柿普通任其自然生育。無一定樹形。然栽培佳種而以營利爲目的者。亦宜爲相當之整枝。以求管理之便利。普通行之樹形爲短幹或長幹之放任杯狀形。大半任其自然生育。使其結果而爲一半球形。則其一定面積能得最大收穫。

栽植後距離，依土質而異。矮性樹形一丈五尺乃至一丈八尺即可。普通爲一丈八尺乃至二丈四尺。

四，肥培

柿自來栽培於階前屋隅。不爲施肥。亦能相當結果。但以之爲營利果樹。栽植於園地時。則亦猶他果樹施肥亦屬必要者也。關於柿之施肥。大體照梨蘋果等之肥料以同一方法施用之可也。

五，修剪

柿爲營利栽培者。亦宜爲之行修剪。但欲行修剪。不可不先知其結果之習性。以免遺誤。柿之結果枝。亦如柑橘爲自發育得度之枝之頂芽或其下一二腋芽所發生之新梢。而於此新梢上之葉腋生雌花或雄花者也。

柿上年度結果之枝。因養分爲果實所吸收。結果部以上之芽。發育極不充實。春季即發生而爲新梢。亦不生雌花。此自小弱之枝。所生之新梢。亦常不生雌花。惟多生雄花之品種。則在此類弱小之枝常生雄花者也。

以上爲柿一般之習性。若豐產之品種。自稍弱之枝。或自上年度結果之先端所發生之新梢。除勢力極弱者而外。亦善能生雌花。此爲例外也。

自一本之結果母枝。所發生新果枝之數。依品種或母枝之強弱而異。少則一二本。多則常爲三或四本。

柿有上述之習性。故樹齡幼小時。年年能發生結果母枝。繼續勿絕。但樹齡漸老。則樹之發育生長力漸減。遇氣候適順之年。生多數之結果母枝。翌年各枝悉行結果。固甚豐產。而因結果過多。所抽新梢悉爲結果枝。結果母枝之生成減少。致次年結果大減。甚或無之。是爲小年。小年所抽之枝。固非結果枝。而至秋季發育充實。大多數變爲結果母枝。翌年復得結果。即爲大年。如斯大年小年相繼而來。即蹈所謂隔年結果之弊。實非果樹栽培上所可喜之現象。因小年無果可收。固非吾人之所願。而大年卽頗豐產。其果過多而形小。品質不良。亦不克得高價而博最大純利。是以此類弊端。宜用相當之修剪法。以矯正之。

欲修剪柿枝。若有二本結果母枝。一本宜自基部留一二芽修剪。使自基部發生不結果之新梢。而爲次年之結果母枝。其他一本則留之。使其抽枝結果。至果實採收時。再自基部留一二芽修剪。使翌年再生結果母枝。如是每年得以結果。且樹不至十分生長。而一樹一次所結之果數。亦因而減少。果實得肥大而品質佳良。

此外密生之枝。與幼弱之枝。亦宜適度剪去或剪短。固不待言矣。

如上述剪法。在向來不行剪之大樹。固不易切實施行。而自始即行整枝之樹。則應用頗易。而效果亦甚著。

修剪時期。亦如普通果樹。在休眠期行之。所宜注意者。其傷口之癒合。較他種果樹爲難。故粗大之枝勿宜切剪。如不得已而行之時。其切口宜塗接蠟。以防木質部之乾枯也。

六，防落果法

柿開花後。常均等發育。落下者甚少。及果漸次肥大。一屆梅雨。落下者頗多。甚有一樹上之果。悉行落下。無一能留者。此爲吾人所常見之現象也。此落果原因甚多。其主要者爲左列之五項。

一，因蒂與果肉之發育不調和而落果者　此原因之落果。概爲花後。晴天繼續。果實漸次發達。而一入梅雨期。根壓急大兩方之發育失其調和也。

二，因生理上起變化而落果者　此爲當果實發育初期。雨天連綿。其後忽晴而致落果者也。其原因雖不甚明瞭。然大抵當與前項所述理由相同也。

三，因樹勢之衰弱而致落果者　因上年結果成熟者過多。樹之勢力。大部分消費於果實之發育。而於幹莖中不克貯藏養分。供翌年結果之需。遂致落果者也。凡依此原因而起者。常於開花後漸次下落。

四，因肥料缺乏或過多而致落果者　肥料缺乏。則如第三項所述之理由樹勢衰弱。落果必多。而柿對於鉀成分需用尤殷。若幹根中貯藏之養分缺少鉀。斷難期其豐產。故既施以適度之肥料。復當注意鉀成分。勿使其缺乏也。柿養分缺乏。固以使其落果。而養分過多時。其弊正復相同。蓋養分過多則枝條之發育旺盛。養液集中於枝條。果實反不能充分吸收之。遂現同一現象也。

五，因害虫而落果者　柿因蒂蛀虫或其害虫而落下。爲吾人所屢見不鮮者也。柿當發育中。途依上述五種原因而致落果。故欲以簡單的方法防止此弊。勢有所難能。惟有了解上述各項理由。對自己栽培之柿樹探究其落果之緣因。如爲第一或第二原因而起者。則設法使土地乾濕之差減少。如爲第三或第四原因而起者。則行適度之修剪以防結果之過多。且同時施適當之肥料。使樹勢得度。又如爲害虫而落果者。則努力驅除。並撒布藥液。以避其侵害。如是加意防範。雖不能完全阻止落果。而其效當甚偉大也。

七，疏果及樹齡

柿欲防止隔年結果。並使其果豐大而品質佳良。則一結果枝上。切不可使之結多數果實。如一枝着生太多。宜依枝之强弱。留一個或二個。餘悉摘去之。而尤以對果實欲包袋保護之者。疏果更不可不行。

諺云桃栗三年。柿八年。蓋言柿之結果。較桃栗爲遲。實生苗。須八年始能結果也。但接木之苗。結果較實生苗爲早。惟較桃栗終不免稍遲。普通至十四五年。始達盛果期。結果數漸增。其後隨樹之發育。收量漸增。如管理得當。其樹勢不若他種果樹之易於衰弱。能繼續數十年。而產佳果勿絕也

羅馬至西歷紀元後始由波斯傳入歐洲之桃則由羅馬傳入者也

第三章 核果類

第一節 桃

一，緒言

桃(Prunus persica, S, et Z. var. Vulgaris, Maxim) 熟於初夏。色香味三者兼而有之。不問中外。時無間古今。莫不推爲仙品。嗜之維殷。且結果極速。生長旺盛。栽培較易。我國南北各地。無處不有其蹤跡。栽培之盛在我國果樹類中當首屈一指。其果實生食既佳。而製之

爲罐頭。爲糖醃。爲果汁或乾果。莫不相宜。原產於我國南部。自此傳諸東西各國。我國數千年來對於桃之栽培。一任老農之手。墨守成規。鮮有進步。而外人得此珍果後。旦夕孜孜。研究奬勵。栽培靡精。大有青藍之概。願吾輩急起直追。補此亡羊之牢。或尚可保原有之資格也。

二，氣候

桃出諸暖地。愛溫和氣候。極寒極熱之地非其所宜。在冬季休眠者耐低溫。但依品種至華氏〇下五六度。新梢端有枯死者。又春季近於開花期。如氣溫下降至華氏二十八度許。則花芽必大受害。不克開花。或開花而不結果。在我國極北極南之地俱不適於其生育。而以中部爲其最適地。此外桃當開花期。有罹晚霜之害。雌蕊之柱頭及子房枯死而不結果者。故設桃園之處。宜選無霜害之地勢。如其地方氣溫不甚高者。更宜選向陽之地。使其充分享受日光。增高溫度也。

三，土質

桃植於濕地。枝條徒長。不僅芽難生。即幸而開花結果。其果往往半途落下。甚有流樹膠。樹幹衰弱而至枯死者。故桃栽培地之第一條件爲排水佳良也。排水佳良之土地。土質不甚選擇。惟腐植質太多之地。與濕地蹈同一轍。亦非所宜。又桃喜石灰質多量含有之地。是以能得排水佳良。自花崗巖風化而得之土。最爲佳妙。此外腐植質少而高燥之地。桃之新梢爲其抑制。僅能生長一尺許者。栽培容易。而善結果。而桃與植於肥地。不如植於瘠地。得以增減肥料量。而左右枝條伸長之爲得計。現今栽桃之處。多利用山坡荒地之砂質乃至礫質壤土。其理即在於斯

四，苗木

桃之播種苗。易於變性。除育成新品種或砧木外。概不用之。而其繁殖專藉接木者也。

砧木普通用共砧。即以毛桃或山桃之核播下養成者也。然在稍肥之地。共砧之桃。生育旺盛。枝條徒長。結果非易。反之以李爲砧木者。樹形矮化。發育衰弱。栽培上有種種利益。故美國常用其地野生之李 (Prunus american) 以爲砧木。而 Myrobalan 與 St. Julien 亦常以之爲砧木。惟接於此者樹命稍短耳。

砧木之核子採收後。宜即播之。或貯於乾砂中。至翌春就苗圃播下培養之。大抵至當年秋即可行芽接。然欲得根羣佳良之苗。宜於秋季行移植。至第二年秋行芽接。

或第三年春行枝接。則接穗與根之發育俱甚佳良也。

接木有枝接芽接二法。桃之芽接極易活，枝接則較難。故以用芽接爲有利。

桃苗以一年苗無病虫害而根羣發達。主幹下部有多數充實之芽者爲上選。如幹上有多數二次枝。於適當位置無充實之芽存在者。其幹雖粗。亦非良苗也。

五，樹形

桃不僅新枝之生長旺盛。且樹液常有向先端部聚集之性。故任其自然生育。則伸長頗速。忽成大樹。而下部則不克生成結果枝桃此類大樹管理不便。故精密栽培者。常用矮性之樹形。其中對桃最適宜者爲杯狀形。主幹之高一尺五六寸乃至三尺許。如園地欲用馬耕者則宜稍高。否則以短者爲宜。然過短則施肥及其他作業不便。亦非所宜。又如欲使桃之收量增加。與其增加其樹之高。無甯使之向四方擴張之爲有利。

六，栽植距離

桃之栽植距離。依土質或品種而異。然普通以一丈二尺或一丈五尺占方爲最多。如欲行間栽。則植間栽樹於其間。每株使保七尺占方。數年後過於密茂時。將間栽樹掘去。仍使保一丈五尺距離可也。凡間栽時宜注意者。

即間栽伐採時期切勿延遲。如以一時不忍。遷延多年。必致永久樹發育不佳。遺莫大損害也。

七，修剪

凡欲修剪。必明其枝之特性。故先述其大要如次

桃之枝與蘋果梨不同。近於枝之先端部之新梢。發育旺盛。下部之新梢。發育常弱。且能自新梢於當年生二次枝。甚繁茂。在下部之新梢不僅勢力弱。且其芽往往不克發生而枯死。故發生後。經二三年之枝。如將其側枝悉剪去。即不能如梨蘋果之再發新梢。惟偶然發生不定芽而爲新梢者。固亦未始無之。

以上所述者。爲其枝之特性。故任其自然發育。數年後樹形忽膨大。下部之枝悉行枯死。結果枝漸次向高處發生。卒致管理不便。欲預防此弊。宜行冬期修剪。促下部之芽得以發生。而爲結果枝又無結果枝之主枝則剪短之。使多生新枝。務使在一定面積內能結多數果實。則修剪之能事畢矣。

桃之結果枝。有長果枝短結果枝及花束狀短果枝之別。此等果枝春季發生之際。俱爲葉枝。其後營養得度。至秋季其上之葉芽變爲花芽。其枝即變爲結果枝。至翌年春乃開花結實。桃之結果枝。概以生長一尺內外之長果

枝爲最佳而能結最優良之果實。栽培者務宜使其枝適度發育。而多生此類結果枝也。

桃之結果枝。既爲當年發生之新枝所變成。而此新枝之發育。必須强壯得度。始生花芽。故任其自然生育時。其先端發育强壯之枝。變爲果枝。其下弱小之枝。則不克變爲果枝。漸至枯死。遂至結果部遠離主枝。不但樹形廣大。管理不便。且養液之輸送不便。決難得佳果也。欲預防此患。主枝上一經發生結果枝後。當每年在同一位置。使其生更新之結果枝。此手段全藉夏季修剪。爲桃樹修剪中最重要技術之一也。兹將其方法略陳述之。

結果枝冬季修剪之長以能刺戟基部之芽。發生爲度。此修剪所留部分之長。固依枝之强弱而有差。但大約剪去其全長三分之一乃至二分之一。如是修剪後至春季乃開花生芽。若自然放任之。則僅先端之芽得優勢而發育旺盛。基部之芽遂劣敗而不克伸長矣。欲消除此弊。則惟夏期修剪是賴。

桃之夏期修剪。當芽伸長至有葉七八枚時。將無用之芽悉除去之。而自結果之節所發生之新梢。則留三四葉摘心。以俟再爲第二回之夏期修剪。促基部一枝與果實之發育。至秋季剪定時一部分須留爲翌年之結果枝。一部分作爲預備枝。留二三芽修剪之。

次年自結果上生果實。而自預備枝發生二本充實之枝。以其一本爲結果枝。他一作爲預備枝。與上年度同。則結果枝每年殆在同一位置得以更新矣。

八，疏果及包袋

桃依上述之方法修剪後。一枝上。往往仍結有多數之果。若任其自然。固亦能成熟。但結果過多時。不僅果形小品質劣。且易蹈隔年結果之弊。故宜應樹勢與結果枝之勢力決定應留之果數。而將過剩之果悉摘去。應殘留之果固難一定。但大體言之。大果之品種對一結果枝留一個。小果之品種留二或三個。則定能充分發育成熟也。

疏果在花謝後。約經十日。果實稍發育後即行之。同時更行夏期修剪。並用紙袋包裹果實以防蟲害。桃之包袋除免虫害而外。且能使果實之色澤鮮麗。而較受直接光線者。各部熟度亦得齊一也。包袋之法與梨蘋果等不同。須將袋口稍剪開。挾枝於其間。折疊袋口。而縛於枝上。其作業較梨等稍爲困難也。

包袋後放置之。任其自然成熟。固無不可。但能於採收四五日前除去其袋。使其得直受光線。則急生色彩。外觀得以增進也。

九·收穫

採收適期當依用途而定。按桃之性質與梨不同。成熟後。果肉忽柔軟而易腐敗。故宜預算採收後。達需要者之手之日數。而較適期稍早採收之。以便運送。惟品質佳良之品種。不達適期不生香味。早採非其所宜。究難輸送於遠地。僅如天津水蜜桃之肉硬者得以早採而遠送耳。

十，肥培

桃之枝條。易於生長繁茂。若栽培肥沃多窒素之地。枝之伸長極盛。不僅樹形徒然增大。結果枝之生成少。且易於半途落果或罹虫害。殊非得計。桃園之所以必選砂地或礫質地者其理即在此。然則一定面積之地。栽培多數桃樹而欲每年多穫佳果者。亦宜審察其特性。而爲適度之施肥。

桃一年中吸收三要素之比例據美人 Slyke 氏之研究計算。自一樹生產一百二十斤之果實者。窒素七兩五錢餘。燐酸一兩八錢餘。加里七兩二錢。我國桃樹生產量較少。其三要素量亦可以此類推核減。又南方氣候濕潤。枝條易於徒長。窒素成分亦可減少。

桃所需肥料之全量。常於冬期或早春悉施用之。但依土質或樹勢與結果之多少。有於果實核子尚未硬固時。施以極速效之肥料者。是爲果肥。果肥失之於早。則窒素過剩。必釀落果。失於遲。則不但無效果。且枝條之老熟遲延。在寒地易罹凍害。又雖在適期施用。如分量過多。則果實之成熟遲延。市價低減。亦非所宜。故宜審察各種情形而善自決定之。

第二節 李（Plum）別名嘉慶子 又雅曰休

一，李之用途及種類

李在我國自古栽培。惟多數品種所產果實。纖微少。食之不甚衛生。故多賤棄之。但輓近中外各處佳良品種發現。其果實漸引起人之注意。其果不僅可供生食。且可以製爲果乾果膏等。供給之於市場。

李之種類頗多。現今栽培良種概屬於左列三種中。

中日種 (Japanese types) (Prunus triflora)

歐洲種 (European or domestic types) (P. Domestica)

美國種 (American types) (P. americana)

中日種樹勢強健。發育頗佳。達結果期早。且甚豐產。但品質概不及歐洲種。其原產地爲我國。至日本則往古我國輸入者也。

歐洲種出自西部亞細亞。輸入歐洲而後改良者也。果肉之色彩爲青，黃，鮮紅等。外觀頗美。品質亦佳。爲中日種與美國種所遠不逮。但樹勢在三者中爲最弱。易罹病虫害。非空氣流通。日光充分之處。生育結果俱不佳。栽培稍難。

美國種爲北美北部之野生種改良而來者也。樹勢強健。罹病害者少。達結果期早。頗豐產。但大抵果實小而果皮厚。核子難離。酸味强。不適於生食。而以之爲罐頭頗佳。此種大多數不喜自花受精。

以上三種而外。尚有中日種與歐洲種或中日種與美國種所作成之數雜種。概能發揮各種優良之特性者也。

二，苗木

李用共砧。或桃之實生砧。而行芽接。或枝接。在歐美則以該地之野生種。稱爲 Cherry Plum 或 Myrobalan 者。以爲砧木。表土深而肥沃時。宜用共砧。但乾燥地則桃砧較共砧爲佳。

苗木以一年苗。供定植或在自己園地培養二三年。作成樹形之基礎後。定植之均無不可。栽植距離。依樹形及其他種種事情而異。但一般約二丈正方植之。若土肥沃或樹形大時。則須三丈。栽植時期宜秋或春。

三，樹形及修剪

李爲經濟栽培者。其樹形以略似杯狀形。而半任其自然者爲最佳。苗木栽植後留二尺四五寸許修剪之。使發生數主枝。至秋季各主枝。留一尺六七寸修剪。使再分出主枝二三本。三四年間如此修剪。作成樹形之基礎後。其後不復爲强裂之修剪。任其自然而爲大樹可也。

李之結果習性。固依品種微有不同。然大抵於一枝上能生多數短果枝。或花束狀短果枝。而開花結果者也。凡果枝之頂芽悉爲葉芽。故短果枝之頂芽。能再伸而爲短果枝。繼續結果。李之短果枝或花束狀短果枝。極易發生。故不必行特殊之修剪。惟細長之枝上結果過多。輒致枝裂或折斷。且不爲之修剪時。枝之先端生多數結果枝。而其基部則空虛。欲免此等弊患。宜施適度剪短。使側枝上自基部即着生短果枝。且適度剪去短枝。以免結果之過多。此外枯死與有害樹形之枝。宜隨時除去之。固不待言。

照上述之方法管理。早者自第三年即開始結果。但歐洲種則須經四五年始能結果。

四，肥培及疏果

肥料大體可與下述之櫻桃同一處理之。其施肥不必如蘋果梨等之宜十分注意。但欲使其年年產佳果。則亦宜依樹勢之强弱。而於冬春二季爲相當之施肥。

李在一處能生多數花芽。如無特別障害。頗能結果。常致結果過度。不但果小而品劣。且能惹起隔年結果之弊。欲防此等弊患。宜於果稍發育時。即行疏果。疏果之程度因其果實甚小。雖稍多留之亦無妨。但欲得最佳良之果實。則以每隔四五寸留一果爲最合法。

第三節 杏(The apricot)

一，來歷及用途

杏樹之性狀似梅。而果實之外觀性質。亦頗似梅。惟杏之核子扁平。離核。暗褐色與梅有不同耳。但亦有外觀完全爲杏而核子則全似梅者。就此等事實觀之。杏與梅當有極親密之關係。然植物學上定杏之學名爲 Prunus armeniaca, L. 與梅爲完全不同之種也。其原產地爲我國。

杏果不僅可作生果食之。且可製爲果乾或罐頭。北方常以糖醃而製爲杏脯。味頗佳美。

二，氣候及土質

杏性似梅。而較梅能耐寒。在北地梅之生育不佳之地。

而杏卷能生育結果。是其明證也。開花期氣候喜溫和。然較他種果樹受寒氣之害較少。

土質不甚選擇。在各種土質殆俱能結果。但粘質土而表土深且濕之地則不宜。如必欲植於如斯之地。則宜以李爲砧木。惟粘質土終難得好結果。可避務宜避之。

三，苗木及栽植距離

杏普通以李爲砧木接之。但用共砧桃或巴旦杏均可。接於桃及巴旦杏砧者。較接於李砧者果實之形狀大。品質亦較佳云云。美國各處以 Myrobalan 及桃爲砧本。杏之栽植距離當以一丈五尺乃至一丈八尺之正方形植之爲最宜。

四，樹形及修剪管理

樹形與李相同。以半自然之杯狀形爲最佳。

樹形告成後。其修剪法與李梅略同一。但杏較梅枝稍粗大。而不如彼之密生。故無用之枝少。修剪上費勞力較少。杏之結果習性位於櫻桃與桃之中間。惟其最良之果實。不在最短果枝。而在稍長之短果枝。故宜將枝之先端稍爲修短。促其發生。此外修剪上。惟有除去密生枝枯枝及有害枝而已。

肥培大體可照桃行之。病虫害較多。園內宜力求清潔。

第四節　梅 (The Ume or Japanese apricots)

一，梅之來歷及概況

梅 (Prunus mume Sieb et Zucc) 爲東方原產。西方無之。當栽培之初。無非爲賞其秀麗之花。與馥郁之香氣。實爲一種觀賞植物也。其後知其果實。可以製漿供食。漸有以採果爲目的而栽培之者。今則陳皮梅銷路推廣。栽培之者更日漸增多。

二，氣候及土質

梅極寒極熱之氣候。均非所宜。以温帶地方温和氣候爲最適。

土質不甚選擇。不論何地均能發生多數短果枝。盛行結果。惟依土質收穫不免有豐凶。過於輕鬆之地枝易伸長。果實半途落下者多。過於濕潤或乾燥之地均難得預期之豐收。故理想上之適土。爲稍帶粘質排水佳良而微有濕氣之地。

三，栽植及樹形

栽植之苗宜一年苗。或在自己苗圃培養一二年。樹形略定後植之亦可。梅之幼樹移植頗易。枯死者極少。移植季節春秋俱可。惟梅春季樹液流動較他種果樹遙早。故春季移植亦宜從早。切不可失時。

栽植距離依土質樹形及品種而有差。但普通自然形整枝者。以一丈八尺乃至二丈四尺之正方形植爲最適。樹形與李相同。

四，修剪

栽植後四五年間。欲使樹爲規則整正之發育。每年宜充分修剪。使其主枝肥大。又徒長枝常多發生。宜適度修剪。以免樹形之錯亂。與下部結果枝之枯死。

梅與李同。上年度。生長之枝之葉腋。極易發生多數如刺狀之短果枝。而於其葉腋生花芽。以資翌年開花結果者也。是以欲使其生結果枝。不必行特殊之修剪。驟觀之似無修剪之必要。然任其自然發育。結果枝年年在枝端發生。致樹形擴大。結果數少。且易蹈隔年結果之弊。故宜每年剪切枝端。使樹勢充實而生佳果。同時更促側枝之發生。以資翌年之結果。

梅樹各部最易生徒長枝。不僅徒費有用養液。且妨空氣日光之流通。爲害甚大。除發生於需要部分而外。宜於發生初期即除去之。

五，肥培

梅生花芽極易。故以賞花爲目的者。殆不施肥料。但每年以得佳果爲目的物者。則施肥亦屬必要。肥料以堆肥骨粉過燐酸石灰木灰等。擇相當者配合用之最佳。速效肥料能使枝條伸長。阻花芽之生成。宜避忌之。施肥量大體與桃相同。

第五節　櫻桃 Cherry

一，櫻桃之種類與用途

櫻桃可別爲三種如左

一，中國櫻桃　Prunus Pseudo cerasus.

二，甘果櫻桃　P. avium

三，酸性櫻桃　P. cerasus

中國櫻桃我國各地有之。惟果實較小。爲一極大缺點。酸果櫻桃我國栽培者極少。甘果櫻桃北方栽培者不少。果大而甘。將來北方頗有推廣之價值。

櫻桃除生食外。可以製罐頭。可以製櫻桃酒。或糖果。用途甚大。

二，氣候及土質　高加索　小亞細亞

櫻桃所喜之氣候。與蘋果相同。宜於稍寒地方。惟不耐嚴寒。且開花期早。輒罹凍害。故以稍寒之地。而在開花期氣候不甚寒之地方爲最適。

櫻桃栽培地。如土質鬆軟而表土深。則樹極易長大。枝條伸長過度。達結果期遲。又土質過肥。則枝伸長盛。雖開花亦不結果。又如表土過濕。往往罹樹膠病或根爛而枯死。故以表土不過深。且混多量砂礫。有機物含量少。排水佳良之地栽植之爲最佳。

三，繁殖及樹形

中國櫻桃爲半灌木性。能自根邊發生萌蘖。故可分此萌蘖以供繁殖。即所謂分株法者是也。此外各種櫻桃。則常用接木法。其砧木在日本則用砧木櫻。歐美諸國則用 Mazzard 及 Mahaleb。櫻桃移植後生活較難。故常用一年苗栽植之。然假植於苗圃內一二年。略成一定樹形後移植之亦無不可。

櫻桃之特性不一。常依品種而其所成之樹形有不同。但甘果種之枝條。頗能伸長。似有向四方展開。而不直立之性。反之酸果種枝之展開下垂性少。故造樹形時。有前種之特性者。則宜近於圓錐之樹形。使有一主幹向上直伸。自此分出側主枝。而有後者之特性者。則使於主幹一定之高處分生數主枝可也。主幹分枝點不宜過低。低則施肥耕耘等不便。是以苗木最初宜留二三尺許剪切之。樹長成後不宜使之過高。高則採收困難。普通以一丈二尺乃至一丈五六尺爲度。

四，栽植

櫻桃之栽植距離。依土質與品種而異。惟過密時。下部之枝常忽枯死。反致速於減小結果面積。故宜以二丈五尺乃至三丈占方栽植之。而於其間栽植間栽樹。以免多費土地。

櫻桃自花受粉。不能結果之品種較多。故不宜以一品種而爲廣大面積之栽培。而尤以如 Black Tartarian, Elton, Napoleon, May Duke 等之品種。依試驗之結果知其自花受粉之結果較難。故必與他品種混植之。至與何種混植。其成績最爲佳良乎。此問題尙未聞有深切之研究。但據北美大栽培地之實驗成績。知 Napoleon 種受 Black Tartarian, Black Rigarreau, Bing. 等品種之花粉時。結果最佳云。又 Lambert 種受 Napoleon 種之花粉時。結果亦最佳云。故栽培上述之品種時每隔三畦混植他品種一畦。最能得佳良成績。

據上述理由。栽培櫻桃。能混植授粉種 (Polynizers)。則其結果必較佳良。可無疑義。是以凡新設櫻桃園。宜每隔三畦。植一畦或二畦之 Black tartarian, Black Republican 等之授粉作用旺盛之品種。則大足以增進其結果能力也。

五，修剪

櫻桃剪之過烈。易流樹膠。故常有以修剪爲害者。其實剪之得度。勿操之過烈。無甚大害。苗木栽植後。留二三尺修剪。促其芽之發生。但上部之芽如相互過接近。或位置不得當時。數年後往往自然裂開。宜擇配置佳良之芽殘留之。其後如無用之芽發生。則宜六月頃悉除去之以助有用之芽之發育。至秋季乃將所留强盛之新枝。留二尺許修剪之。

如是三四年間。爲同樣之冬期修剪。造成樹形之基礎後。自後僅剪除無用有害之枝。即任其自然發育繁茂。則早則五年。遲則八年。均平七年達結果期矣。

櫻桃成大樹後。不必多行剪枝。僅去密生之枝或枯枝。以求日光空氣之流通足已。

六，肥培

櫻桃如前述枝條易於伸長。故當初爲造成樹形。固須充分用窒素肥料。但既長成後不宜用之過多。視土質之如何。酌量施之。此外燐酸加里及石灰成分爲樹體健全發育上必要。宜應樹勢年年作爲冬肥。以堆肥木灰等充用之。春季發芽前亦宜應於必要施以人糞及過燐酸石灰。

此外如樹勢衰弱。當於果實採收後施腋肥以助翌年結果之花芽之形成。

第四章　漿果類

第一節　葡萄 grapes

一，葡萄之用途與來歷

葡萄爲珍果之一。生食旣佳。而製爲葡萄酒白蘭地酒（Brandy）又復膾炙人口。風行一世。此外更可製爲果乾，果汁，果膏。供各種之需要。在歐美各國其消費量之大。果實類中當首屈一指。推我國之葡萄栽培。以供給生食爲主要目的。作爲釀造原料者極少。出產之數量。與歐美相較。誠屬微細。然我國北方天氣乾燥。爲葡萄栽培之大好適地。若能推廣種植。則不難遠駕歐美。成一世界葡萄之中心地也。

葡萄種類甚多。系統互殊。但目下世界各地所栽培之著名品種。悉出自歐洲種（Vitis Vinifera）與美國種（Vitis Labrusca）之二系統。歐洲種本生於亞細亞之西南部。其後入歐洲爲歐人所漸次改良者也。美國種則自美國之野生種漸次改良而成者也。歐美諸國其栽培槪起自往古。年代無從稽考。我國上古不聞有栽培之者。至漢通西域。始自彼處攜歸試植。因風土適宜。遂至徧布各地也。

二，氣候

葡萄本喜温帶地方之温和氣候。然依品種。有其性能耐寒。而善能抵抗寒氣者。在我國自南而北。處處皆可栽培。惟欲得佳品。則對氣候之選擇自不能不苛。其最適氣候。則爲當開花期。及成熟期降雨少。空氣燥。且當成熟期氣温高得以充分進行成熟作用者是也。當開花期如多雨則受粉作用不完全。果實稍發育後。即多數脫落。因之不能得豐大之果穗。即幸而不脫落者。亦難免種種病害之侵害。此外新芽發生時期（即開花期前後）如降雨頻繁。空氣濕而氣温高。則各種可畏之病害。常猖獗蔓延。侵害新芽與新稍。而使其萎枯以終。或屆成熟期。即如多濕低温。則果實即不克生品種固有之香味。照此種特性觀之。我國北方風土乾燥。無梅雨期。冬雖嚴寒。而夏秋氣温尚高。實爲葡萄之適地。南方則風土潤濕。優良之歐洲種。如不慎選土地。善爲栽培。難期其有美滿之成績。惟如美國種性質之强健者則隨處處可以生育美滿也。

三，土質及地勢

葡萄依種類其適地略有差異。但概言之。以礫質壤土。

乃至砂質壤土。含多量石灰質之土地爲最上選。而尤以釀酒葡萄。更宜選富於石灰質之地栽培之。葡萄性忌排水不良之濕地。若栽植於濕地。果品惡劣。病害亦多。然近來依種種研究之結果。已育成各種砧木。其中有適於濕地者。有適於乾地者。亦有適於其他各種土質者。擇適於某土之砧木。接以所欲之品種。則不論輕鬆土粘重土或乾燥地或稍濕地。亦俱可得相當之成績。惟不如栽培於適地之管理容易。果品佳良。固不待言矣。

葡萄喜傾斜地。以其空氣流通。排水佳良。且可利用反射熱。得以增進果實之品質也。是以一般以向西南或南面之傾斜地爲最上選。平坦地固未始不可栽培。但不如傾斜地之佳。故多山之區自以利用山地爲最有利也。

四，苗木

葡萄繁殖。有扦插及接木二法。以其生根易。扦插極爲廣行。但如有 Phyloxera 虫猖獗之處。則不可不依接木以繁殖之。此虫寄生於根部。而爲根瘤。在其內繁殖。至春季自土中出。在葉之背面造虫癭。奪葉之生活力。並侵害幼果。其害頗著。終必至於全樹枯死而後已。其驅除法。當初經法國種種研究。知其非易易事。故一時法國之葡萄危機四伏。前途頗敢悲觀。其後發現有某種品種。能抵拒之。而不爲所害。以之爲砧木而養成苗木。則此虫冬季無潛伏繁殖之所。自可無形消除。此誠爲葡萄栽培之一大福星也。近來外國之葡萄栽培家。對於歐洲種及其他易爲此虫所侵之品種。莫不施用此免虫性砧木。藉以防患於未然也。

近來研究進步。對於砧木與土質之關係亦多所闡明。乃作成種種可作砧木之雜種。不僅可以防虫。且兼能利用其特性。使葡萄得栽培於各種土壤而得相當結果。歐美各國依此目的所育成之砧木種類頗多。目下廣爲利用者爲左列五種

(一) Rupestris st. george 此砧木適於稍濕之粘質土與山岳地方之乾燥地。

(二) Riparia × Rupestris 3306 此種適於礫質土。特宜於有濕氣之地。

(三) Riparia × Rupestris 3309 此種適於山岳地方稍乾燥之地。

(四) Solonis × Riparia 1616 此種適於巖石地或稍濕潤之土地。

(五) Morvedre × Rupestris 1202 此種適於表土深而肥沃之地。

此外尙有各種特殊目的適用之砧木。玆不贅述。我國對於砧木尙未聞有相當研究。今後葡萄栽培推廣進步。研究各種風土適當之砧木。實爲一至要之事也。

繁殖法有接木，扦插，壓條等各種。接木常用割接舌接插木接（Champin grafting）等。不論用何法俱可。而以插木接（砧木亦爲一無根之枝。與接穗爲舌接後。扦插使生根而癒合者）扦插與接木同時並行之方法。爲最實用。

栽植於園地之苗木爲一年苗。或在苗圃培養一二年後定植之亦可。一年苗如根過於伸長者。宜修剪之。枝梢亦宜留數芽修剪。乃着爲栽植之。栽植畢暫時將土厚培於根際。待苗已簇生。將所培之土除去。否則接合部埋入土中。則自接穗生根。失去接木之效果也。

五，栽植距離

栽植距離宜依整枝法及品種之特性土質等斟酌變通。普通棚架整枝。當初一丈二尺乃至一丈五尺之距離栽植。其後樹漸長大而至密生。則將中間之樹除去。使保二丈四尺乃至三丈之距離。

Kniffin 式整枝弓形式整枝。及其他株作整枝（stump training）等樹形。宜以八尺之正方形植之。或株間七尺畦幅十尺植之亦可。惟生食用種。宜使之受充分光線。株間至少八尺。畦間至少一丈。畦之方向宜自南而北縱設之。以便果實得充分之日光。一般過於密植。病虫之侵害必多。

栽植適期固依地方而稍有不同。但概以早春爲最適期。暖地秋期植之亦可。

六，整枝法

葡萄整枝法甚多。得大別爲三種如左

一，上向式　使結果枝向上之整枝法屬之。

二，下垂式　結果枝任其下垂之整枝法屬之。

三，水平式　使結果枝向水平方向者屬之。如棚整枝等是也。

七，間作及鉛絲支架之建造法。

苗木栽植後。不能一時繁茂。數年間其地甚寬裕。可種菜豆。豌豆等豆科之蔬菜。既可使土地肥沃。且可得相當之收入。以爲園地之維持費。誠屬一舉兩得者也。惟過高或成熟期晚之作物切宜避之。

支架之建造法。依整枝方法而異。但以拉鉛絲二段乃至三段者爲最多。木柱在各株間或隔三四株打入土中。木柱以末端口徑二三寸者用之。支架之兩端木柱。宜較粗大。其中間可用較細者。若一柱縱鋸為二個用之則更經濟。木柱以栗材為最佳。但如塗以防腐劑。則松材頗能耐久而不腐敗。

鉛絲如為二段或三段。其粗細宜用十四號線或十六號線。

木柱之高。依整枝法而異。但普通在地上約四五尺。其打入地中之部。依土質或二尺或三尺。故柱之全長為六尺乃至八尺。

支架兩端之柱。宜另設一木柱。斜撐住之。或以鉛絲向外牽住之亦可。

八，修剪

葡萄為講述之便宜。對於其蔓梢（Shoot）當附以一定名稱。凡春季所發生開花結果之蔓。曰結果新枝（Bearing Shoot）。結果新枝所自出之老蔓。曰結果母枝。（Cane）。乃上年所生成者也。結果母枝所自出之蔓曰主枝（Arm）。而主枝所依附之蔓曰幹（Stem）。此外當年所生新梢之不開花結果者。曰發育枝。（growing Shoot）。葡萄僅自結果母枝發生結果新枝。自此而外。所生之新梢。概為發育枝。即間有生花者。其花穗亦甚小。決不具品種固有之形狀。

以上所述特性。各品種俱相同。故栽培葡萄者當先明此特性。使每年發生結果母枝與結果新枝。俾得多收佳果也。

結果母枝。究自何部發生結果新枝乎。此依品種不免有差異。然一般自結果母枝之基部第一二節所生之蔓。概爲發育枝。而自第三四節迄八九節乃至十五六節之間則生結果新枝。但修剪時。依品種之特性及整枝法。有短梢修剪 (Short prunning) 。(結果母枝留二三節修剪者)。長梢修剪(Long Prunning)(留十五六節修剪者。)半短梢修剪(Half short prunning) (留五六節修剪者)之別。栽培者當預探知其所種品種之特性。而次決定用何種修剪之爲有利也。

自結果新枝生花穗 (Cluster) 之位置。亦依品種與樹勢而略有差異。然以生於第二節乃至第六節之間。爲其常例也。花穗之數以二個爲最多。然亦有少至一穗多至五六穗以上者。

葡萄生長勢力旺盛。當年所生新枝。至五六月常有副芽發生爲枝。此爲二次枝。(Secondary lateral)更有自二次枝發生三次枝而至甚繁茂。此等二次三次枝夏季可將先端摘去。如再自所殘之一節生三次枝。則再殘留一節反復摘至冬季剪定時均從基部剪去可也。

翌年之結果母枝生長時。常使其蔓向先端直伸。其勢力集於先端。務使二次枝勿得發生。以免妨碍腋芽之發達伸長。然吾人縱使精密管理。而勢力旺盛時。二次枝之發生終不能免。此時宜先留三節摘心。其後更生之枝。則留二節摘之。其後若再有發生更留一節摘之可也。

九　除芽疏果及包袋

葡萄照上述之方法修剪後。春季多數之芽發生。自幹及其他不要之部分發生者。生一二葉時悉摘除之。又生結果新枝之節。如有數芽發生時。則留强壯者一個。餘悉除之。

葡萄欲其果穗大而品質佳。則對於一結果新枝。不可使之多結果。宜視全體之樹勢與結果枝之强弱。留一穗或二穗。而將形狀不佳之花穗除去之

疏果以花謝後果實稍發育。得以明白鑑定其良否時行之最爲安全。

生食用葡萄宜求外觀與品質之佳良。但果實發育達其固有之大四分之一時。將發育不完全者或果粒過密之部分酌量摘去之。以期果粒顆顆發育長大也。疏果宜用先端尖細之疏果剪。

葡萄一般不爲包袋。然害虫或病害盛時則宜包袋以防之。而尤以黑點病蔓延盛時侵害果粒。有受大害者此時宜先撒硫黄華於果穗全面。然後以袋包之。頗有豫防之效。防病之袋無底亦可。故常用無低之長袋。

十、收穫及簡易貯藏法

葡萄依利用之目的。收穫期畧異。然一般以其不能如他果實之能依後熟作用而增進香味，故宜於生特有之色彩與香味後採收之。而欲遠地輸送者。或成熟後果粒自果梗易於脫落者。則宜稍早採收之。又釀造用葡萄則宜充分成熟。糖分含量增加後採收之。

收穫當用剪刀或先端曲之採收刀 (Pic King Knife) 自果梗部切下之。生食用葡萄以果粉 (Bloom) 充分附着爲貴。故宜善爲處理。勿使脫落。而盛器務宜用淺者。

北美加洲葡萄採收之盛器用木箱或格子底之箱。每箱只盛果穗一列。勿使重疊。而以木箱重疊之。以便運搬。如製葡萄乾者即將此木箱盛葡萄後放置於樹間。曝諸日中乾燥之。

葡萄欲行貯藏當先擇適當之品種。果皮薄。果粒易於脫落者。貯藏中易腐敗或脫粒。貯藏法有多種。其最簡單者則爲箱中少入乾砂。撒布少量食鹽。而將叮嚀採收之果穗列置於砂上。其上再入乾砂。安置果穗二三層。乃將箱置於溫度低且無變化之處。或埋入土中。則堪久貯。

十一，肥培

葡萄果實中所含之三要素量於果實六百斤。有窒素十六兩燐酸十九兩加里二十兩三錢餘。以之爲標準假定一畝地收三千六百斤果實則必有窒素九六兩燐酸一一四兩加里一二二兩自土中吸收。以資果實之生長。欲生產三千六百斤之果必有相當之量之蔓與葉。此蔓葉發育所需之三要素量至少約爲果實所需者之二倍。是以生產三千六百斤果實大抵共需窒素二八八兩燐酸三四二兩加里三六六兩以此三要素量換算爲普通肥料量則須堆肥一八七五斤過燐酸石灰六二斤大豆粕八七斤木灰九三斤。此爲大約之標準數。實際上更當參酌外界情狀而加減分量也。此等肥料大部分於冬季作爲寒肥施之。其一部則於春發芽前與之。

十二，種類

我國北方爲葡萄最適之地。自古栽培。優美之品種甚多。自海禁洞開。洋種葡萄流入。致品種之數益增多。但普通所栽培者概可大別爲歐洲種與美國種之二者。歐洲種爲西部亞細亞之野生種改良而來。美國種有三類。(一)爲自北美原產之野生種直接改良而來者。(二)爲依野生種相互間之雜交而生者。(三)爲野生種與歐洲種交配所生之雜種。一般歐洲種之品質較美國遠優。惟性質虛弱。南方氣候多雨濕潤不甚適宜。北方則生育甚佳。因天氣乾燥也。故在我國之情形言之。南方宜美國種。北方宜歐洲種。因地制宜。可免失敗也。

第五章　殼果類

第一節　栗 chest nuts 殼斗科

一，來歷

栗 (Castanea Vulgaris)廣布於世界溫帶地方。各地俱有野生之栗樹。但目下栽培之品種。則自地中海沿岸及中國日本之野生種漸次進化而來者也。栗適於各國人之嗜好。需要頗大。惟自古以來。作爲林木。以果實爲其副產物。鮮有作爲果樹栽培之者。至今日栗價昂貴知其有利可圖。始有以採果爲目的而栽培之者。

二，氣候及土質

栗喜溫帶地方之溫和氣候。在我國南北。皆有蹤跡。但如作爲果樹栽培。在暖地害虫多。栽培較難。而北方寒地則虫少而栽培易。我國河北省之良鄉栽培頗盛。而栗亦著名於世。

栗對土質選擇不苛。無論何地俱能發育。惟濕地則結果不佳。在乾燥之地。發育鈍而結果亦少。其最適之土質雖依氣候而略有差異。但大概以微帶粘質之土質排水佳良。且略混有石礫之地成績最佳。

地勢平坦之地。固可栽植。而以向南稍傾斜之山地栽植之。樹之發育最佳。向北之地或蔭地常不豐產。

三，繁殖法

栗較他種果樹種子之遺傳力爲强。播種育苗。亦無甚大變化。且接木之癒合較他種果樹爲難。是以多用播種育苗而栽培之。然此等苗既由種子繁殖。難免無絲毫之變異。或頗豐產。或結果較少。或其果實有大小之差。間亦有甚退化者。作爲果樹栽培而欲其品種一定者。自以接木繁殖爲最合宜。

砧木可用毛栗播種。一二年後就地行居接。時期宜春三四月芽稍萌動時。故接穗宜三月頃切取貯藏。待適期而行切接。栗之樹液含有多量丹寧質。如接木時施術緩慢。則生黑色之薄層。妨碍癒合。故手術宜迅速。

四，栽植及管理

栽植時期依地方而異。但宜以秋季落葉後或春季行之。其苗細根少。移植較難。宜慎爲之。

栽植距離宜一丈二尺正方。數年後密生時乃行間伐。或一丈八尺正方栽植之。使其樹冠充分發展。

樹形宜取自然形。苗木留三四尺修剪。使生主枝三四本。翌春將此主枝留二尺許剪之。使各分出二三本。以此爲大體之骨格。其後任其自由生長。僅將枯枝弱枝或過密生之枝修剪之而已。

五，肥培及收穫貯藏

樹性强健。根善伸長而吸收養分。不必特行施肥。但在同一土地多年栽培。有養分缺乏之感時。可以堆肥施之。苗木栽植時必施少量堆肥。以期速於成長。果爲毬果。待果毬裂開落下。即可採集之。販之於市場。或貯藏之。貯藏時蛀虫之害甚烈。宜先就日光直接曝之。以殺果中之虫。或以二硫化炭素燻蒸殺之。又無虫者以乾砂與食鹽混合藏之。埋於土中亦可久貯云。

第二節　胡桃 Walnuts 別名 核桃 羌桃

一，用途及氣候土質

我國各地採野生之實（如杭州市場上自昌化等處來之沙核桃（或山核桃）以供食用。其材則供鎗臺。與各種器具。樹皮可供染料。用途頗廣。而栽培之者頗少。反之歐美諸國除利用野生者而外。同時更栽培良種。取其實以供食後之果實。且以之爲餅餌之原料。消費量頗大。故吾人選擇良種栽培之。以供世界市場之需要。

胡桃爲溫帶地方之原產。極熱極冷之地俱非所宜。我國南北各地山間多產之。

胡桃不喜過濕之地。以表土深而肥且含有適度濕氣之粘質壤土爲最適。而鹽基性之土亦非所宜。

二，繁殖及栽培

自來常用播種繁殖。但以之爲果樹。宜依接木繁殖之。其砧木在美國如英國種胡桃(English Walnut)用 Northern California Black 。然近以用英國種與美國種之雜種名 Paradox Hybrid 與 Royal Hybrid 者作爲砧木。其成績最佳云。

胡桃較他種果樹根深入土中。宜深耕之。如園地不克全部深根。則於栽植處至少掘一徑二尺深二尺五六寸之穴。俾苗木之根易於繁茂。

胡桃不喜移植。自苗圃掘取後即宜栽植之。栽植前其直根可留一尺五六寸乃至二尺剪切之。其側根亦可用銳利小刀適度修剪之。

胡桃之枝修剪後切口遲遲癒合。往往有自切口枯入者。故有人謂不宜修剪。但剪切後將切口削滑之。且塗以接蠟。則毫無所害。其幹可留一尺二三寸剪之。使其强健之芽發生。

栽植時不可使肥料直接觸於根部。栽植後立五六尺高之支柱。發生之芽縛之於支柱。使其正直伸長。又栽植期遲延者當澆水。使其易於生新根而蘇生。

胡桃不必行特別之修剪。僅除枯枝與密生之枝可也。

三，採收

我國普通之胡桃至外皮稍帶黃色。即採收埋諸土中。或堆積地上。俟外皮醱酵腐敗。以水洗淨之。英國種在樹上外皮自行裂開。果實落下。即可收集之。攤於席上曝乾後。乃以選別機區別大小。再浸於水中。使其略受水分。乃以硫黃燻蒸陰乾而漂白之。即可販賣或貯藏之。

第三節 扁桃 (The Almond) 別名巴旦杏 八擔杏

一，來歷

扁桃 (Amygdalus Communis, Linn.) 爲地中海沿岸地方之原產。自古歐洲亞細亞及亞非利加洲等沿地中海岸之處廣爲栽培。且亦有野生者。有人謂此爲桃之原種。實不足置信。

扁桃之性狀似桃。但其果肉不堪食。種子中之仁肉則可供食或製油。近來以此爲果樹栽培之主要地方爲地中海沿岸之諸國及北美加利福尼亞洲。我國尚不見有營利栽培者也。

二，氣候土質

扁桃喜温和氣候。故極寒極熱之地不能栽培。又當春季開花期多雨之地方。難舉佳良成績。其開花期早。有晚霜之地宜避之。

土質宜砂地或礫質及砂質壤土而排水佳良者。其性殆與桃相同。宜避低濕之地。而選排水佳良之傾斜地植之。

三，苗木及栽培

扁桃用共砧或桃砧而行枝接或芽接。以李爲砧木者無之。在砂土或礫質土而夏季稍乾燥之處栽植者。宜用共砧之苗木。反之稍粘質之壤土而稍有濕氣之地栽植者宜用桃砧之苗木。定植之苗以一年生者爲最佳。

栽植距離不宜過密。密則亦如桃下部之枝枯死。不僅結果面積減小。且病虫害易於發生。故以一丈八尺乃至二丈四尺之正方形植之爲宜。苗栽植後距地約二尺修剪之。使出數本主枝可也。

四，修剪

■桃與桃同。亦以杯狀形爲最合宜。栽植時修剪之使出四五本主枝。自距地一尺以內之部分所出者悉摘除之。冬季此等主枝約留一尺五寸許剪之。其後三四年間春爲修剪。至樹長成。不再行强烈之剪枝。僅除其錯生之枝與妨碍光線之枝而已。如是經十四五年樹勢衰弱。收量減少。如欲其恢復。則將主枝自距地五尺處剪切之。而於剪切處宜留一小枝。使其發長而爲主枝。則可轉弱爲强也。

五，收穫及精製

果實成熟即採收之。將果肉剝去而行漂白。果實如留置樹上稍久。待果肉稍乾自然裂開時採集之。作業■容易。惟過乾則剝肉反難。如有多量果實剝肉則可用機器。但以機械剝肉。種子不免略受損傷耳。

果肉剝去之種子攤席上曝諸日中。使充分乾燥。然後以水使其外皮略帶濕氣。以硫黃熏蒸二三十分鐘。就日陰風乾之。即可入袋或箱包裝以供販賣。如果實曝之不乾。仁肉尚未十分乾燥。則以硫黃薰蒸。仁肉吸入硫黃氣常致品質變劣。故宜俟其十分乾燥而後燻之。燻後如直射於日光。則種皮呈暗色。而色澤不佳。

六，品種

扁桃有苦扁桃（Bitter Almond）與甘扁桃（Sweet Almond）之別。前者仁肉苦而不堪食。後者味佳而甘。栽培品種屬悉後者。

甘扁桃更有硬殼種（Hard Shell）軟殼種（Soft Shell）及薄殼種（Paper Shell）之別。硬殼種主供砧木用。茲舉二三名種如左。

1. Ne Plus Ultra 種子大。稍長橢圓形。屬軟殼種。生長速而豐產。
2. Nonpareil 此種樹枝有垂下性。屬薄殼種。品質佳。豐產。
3. J.X.L. 此種樹强健。枝粗大。直立。屬軟殼種。種子圓而大。品質佳。豐產。

第六章 雜果類

第一節 無花果

一，來歷及氣候土質

無花果（Ficus Carica）出自地中海沿岸地方。栽培紀元遠在數千年以前。其詳不得而明。我國自古有之。何時輸入亦無從稽考。然未聞以之爲果樹栽培之。至近來歐美品種輸入。始知其價値。而有開園栽培之者矣。

無花果既可供生食。復可爲乾果。（Dried fig）味佳美。亦可製爲果漿。用途頗多。

無花果爲暖地植物。柑橘不克栽培之處。不易發育。我國宜南部暖地。北部不甚適宜。暖地自初夏至秋得順次採收。寒地僅在夏季得採收一回而已。

無花果喜多量水分。故沿溝或小河之地栽植之。最能得佳良成績。一般喜稍粘質肥沃且表土深而常有適度濕氣之地。鹽基性之地非其所宜。

二，栽植　樹形與修剪

無花果容易生根。苗木主用扦插繁殖之。插穗以上年所生之枝擇節間之短者。長五六寸切斷用之。扦插後。經二年即達適度之大。可以栽植。栽植距離依土質與品種而不同。但無花果之枝向四方開張。務宜保有充分之間隔。如北美加洲以三十三呎乃至四十呎之正方形栽植之。如樹形矮小時。則常以一丈五尺乃至一丈八尺栽植之。

無花果之苗木根頗細。曝於日光或強風。易乾燥枯死。故栽植時將苗木掘出後。宜包裹之。勿使多觸日光與空氣。

樹形有多種。然普通先作一幹。高一尺七八寸乃至二尺。自此出主枝三四本。任其自然生長者也。

修剪不甚緊要。然整理樹形。不可不適度修剪之。其順序第一年主枝長約留二尺剪之。第二年留一尺二寸剪之。第三年留全長三分之一許剪之。大體之樹形既成。其後任其自由繁茂。每年僅剪去其無用之枝或枯枝。以助有用之枝之强健發育而已。

無花果之結果習性。與他種果樹不同。上年所生强枝之頂端。春季發展而爲新枝。此新枝之葉腋。連續生花序。最初之數節上所生者固能成熟。然五六節以上所生者。因稍發育後即遇寒氣。不克成熟而凋落。然在枝之先端部。晚秋所成而未發育者。則即以芽之狀態越冬。翌春與頂芽之發展。同時開始成長。較新枝所生之果早行成熟。此謂之夏無花果。夏無花果較秋無花果大而早成熟。市價較昂。

如上所述。枝端既能生夏無花果。則冬季修剪時切不可如桃將枝端修剪。但無夏無花果之枝適度修剪。使生强健之結果枝。爲冬季修剪中所常行者也。

三，Caprification

無花果之果實（即花序）內有數多之雄花雌花。更有所謂虫癭花者。其花粉之交配藉特殊之昆虫而行者也。無花果中多數之品種。概能單性結果。受精問題。不必注意。然而有品質佳良。舉世無雙之一種無花果曰 Smyrna 者。不生雄花與昆虫。而又不能單性結果。是以單獨栽植時。果未達固有之大。即完全落下。北美Fresno地方之 Geo. C. Roeding 氏特至 Smyrna 地方探究不結果之原因。知該地方有 Capri fig 者。乃一種野生之無花果也。其果中有多數稱爲 Blastphaga Grossorum 之昆虫。能運搬其花粉使 Smyrna fig 受精。而生完全之果。 Roeding 氏乃輸入此種野無花果於其地。致向不結果之 Smyrna 無花果。得完全受精結果。而名此受精方法曰 Caprification。

此虫一年三回孵化。亦有依品種一年四回者。第一回在四月。第二回六月。第三回在秋季。其發生順序。當越冬之果之開花期。其雄虫先變爲成虫。在果內活動。探求雌虫所在之蟲癭。穿孔入內。雌虫受精後。擴大雄虫所穿之孔。自虫癭出。更自果實頂端之孔飛出。尋所生之果侵入。於虫癭花之子房各產一卵。此際雌虫體上所附着之花粉即能使所生之果受精。

一果內之虫數與雌雄之配合比例。依品種而異。然普通爲五百乃至三千。其四分之三。爲雌虫云。但此虫在 Smyrna fig 中則不能繁殖者也。

欲行 Caprification 受精法。園之一部宜植 Capri fig。樹數依種種事情而異。然大抵對 Smyrna fig 二十五株。栽植一株可也。受精時期宜在六七月。屆時須常檢視果實。當雌虫欲飛出之時採收果實。約以十乃至十五個爲一組。裝入一小籠中。懸掛於欲使其受精之樹之日陰部之枝。此果之採收宜旁晚。懸掛宜於早晨未明時行之。對於一樹應配置之果數。依樹齡與結果數而異。然少則五六個。每隔一星期換易一回。以三回爲度。大樹而結果數多者宜十四五個。每隔三四天換一次。以七八回爲度。則得以完全受精也。

四，品種

無花果大抵爲小亞細亞地方之野生種。可分爲 (1) Capri Class 。(2) Adriatic Class 及(3)Smyran Class 之三種。

(1) 種品質不佳。果無價值。故僅以爲 Smyr na種之交配種栽培之。

(2) 種不要交配。能自受精。此類中有數多之栽培品種。

(3) 種如前述需交配。栽培上略費手續。但品質優而豐產。其中有重要之栽培品種在焉。

(一) Adriatic Class

Brown turkey 此種中等大。但早熟種中則以此爲大果。形卵圓。紫褐色。果肉暗赤色。藥小。枝之節間短。有立性。豐產。品質佳。

California Black 此種一名 Mission 。爲北美加洲之主要品種。堪運輸並可製乾果。果大爲長卵形。外皮濃紫黑色。果肉紫赤。品質中等。但樹勢强而豐產。

San Pedro White 果形圓而大。外皮黃金色。品質上。枝稍下垂。樹勢强。

White Genoa 果大爲長圓形。帶綠黃色。果肉淡赤色。品質佳。豐產。

(二) Smyrna Class

Calimyrna 果大。扁圓形。外皮帶綠黃色。果肉淡紅色。品質頗佳。而味甘。糖分多。適於製乾果。且乾燥極速。需勞力少而果乾之品質佳。樹稍有開張性。强健而豐產。

Kassaba 果大。圓形。帶黃綠色。果肉赤。味更較前種爲甘。乾燥生食俱佳。樹勢强。有直立性。

(三) Capri Class

此種中僅有 Roeding Capri 種第一號第二號第三號

等最爲賞用。

第二節　石榴 (Pomegranate)

一，來歷及氣候土質

石榴 (Punica Granatum) 原產於波斯之西部及小亞細亞地方。自此傳至於希臘羅馬。其後由羅馬人傳之於法國西班牙等。更由亞拉伯人傳之於亞非利加。最後入南部歐洲各地。我國亦自古傳入。更自我國至日本。

現今地中海沿岸地方。我國及日本之暖地。及北美之南部地方栽培充果實販賣。其花與果俱可供觀賞。而甘味種可供生食或製酒與果膠。其皮可作洋墨水原料或作藥料。

石榴爲暖地果樹。不適於寒地。冬期氣溫下降至華氏六七度即受害。氣溫低處所栽培者果實色澤不良。而酸味强。

土質之選擇不苛。各種土壤俱能生育。但一般以稍粘質而富於石灰之地結果最佳。又鹽基性之地亦能繁茂。

二，繁殖及栽植

石榴易生根。常於春四五月扦插繁殖之。播種亦易繁殖之。但有變性之虞。栽植以一丈五尺乃一丈八尺之距離。

三，修剪及肥培

一般不行特殊修剪。僅除去錯亂之枝與枯枝而已，然至樹老而勢力衰弱時。則宜稍剪枝端。使生新枝。石榴自發育中庸之枝之項芽春季發生而生花。故修剪時切勿剪去此類結果母枝。

性強健。無須特別管理。肥料等可照梨蘋果等冬季一回施之可也。

第三編　蔬菜栽培

緒言

我國幅員廣大。南北氣候迥異。各地蔬菜。種類綦多。晚近東西洋蔬菜種苗輸入。其數更大增多。此多種蔬菜來自寒溫熱各地。形態各有不同。性質互有其趣。故當講述之先。不可不適宜分類。以期眉目清楚。便於記憶。且得舉一反三。以此推彼。於蔬菜栽培之大要。自不難融會貫通矣。惟分類方法，東西學者人各異說。茲擬以喜田氏之分類爲其基礎而依管見所及。略爲變更修正。特揭示之如次。

第一類　根菜類 root crops

第二類　莖菜類 stem crops
- 1. 地下莖菜類
- 2. 地上莖菜類

第三類	葉菜類 Leaf crops	熟食菜類　生食菜類 香辛菜類
第四類	花菜類 flower crops	
第五類	果菜類 vegetable fruits	蓏果類　茄果類 莢果類　雜果類

以下擬就各類中之主要者分別論述之

第一章　根菜類

第一節　蘿蔔Raphanus Sativus L. 別名 萊菔，雹葖，土酥

十字花科

英名 Radish　法名 Radis

(一)來歷性狀及用途　爲我國原產。二年生或一年生植物。春播者。當年開花結子。秋播者。越冬至翌年開花。葉淡綠色或濃綠色。爲長橢圓形。概有深缺刻。觸之甚粗糙。莖自中心出。多分枝。上生白色或淡紫白色之花。結莢果。種子暗紅色。爲歪圓形。其根大而多肉多汁。即爲蘿蔔。可充生食煑食。更可行各種製造。久貯供食。

(二)品種　蘿蔔品種極多。形狀色澤至不一致。以形狀言。有大小長圓之別。以色澤言。有紅黃紫青白黑之分。小者重不過數錢。大者重達數十斤。然依其播種採收

之時期可大別爲四種如左。

A.秋冬蘿蔔　此爲蘿蔔中之最重要者。品種最佳。收量亦最多。乃秋種而冬收者。著名品種在我國有北京綠皮水蘿蔔　心裏美　紅水蘿蔔　太湖白蘿蔔　象牙白蘿蔔　及各地散在之良種。在日本則有宮重大根　方領大根聖護院大根　櫻島大根　練馬大根等。西洋則未聞有此類佳種。

B.夏蘿蔔　此爲春夏播種。夏秋之交隨時收穫者。味概辛辣。小而品質不佳。因其時根菜缺乏。食用之者亦不少。此類蘿蔔各地皆有之。惟不聞其特別著名者耳。

C.春蘿蔔　此爲上年晚秋播種至春季收穫者也。秋冬蘿蔔如至冬季不採。則根生空洞。水分減少。不堪供食。此類蘿蔔則遲至春季採收。亦無是患。此爲其特點。如四川之春分蘿蔔日本之二年子大根春福大根等是也。

D.四季蘿蔔　此種蘿蔔除嚴寒期（須用溫床栽培）外可以隨時播種。不數旬即得採收。根部甚小。而有圓形橢圓形長形等各種形狀。色澤有白紅黃紫黑等。亦有具斑紋者。西洋種蘿蔔概屬於此。我國普通所栽培悉爲紅色種。

(三)促成栽培　僅用於四季種之小蘿蔔。單獨種者甚少。每與萵苣合種。十月間可於冷床種之。十一月至二三月可於温床種之。二三月以後可在普通冷床種之。夜間或寒冷時僅用草蓆覆蓋。播種後三四十日可採收。

(四)普通栽培法　蘿蔔之栽培法固依秋冬種四季種而微有不同。但知秋冬種之栽培。則其餘各種之栽培。可不待煩言而解矣。其性喜輕鬆肥沃且表土深之土地。氣候喜稍冷涼者。播種法小形之種類如四季蘿蔔夏蘿蔔可用撒播或條播。大形種則用點播或條播。茲將秋冬蘿蔔之栽培法略述如左。

秋冬蘿蔔概用夏作物收穫後之地而行栽培。整地宜十分精細。除去根株土塊石礫。然後作寬二尺乃至三尺之畦。於其上條播或點播種子。最後株間自六七寸乃至一尺五六寸。播種量每畝約五合乃至一升。

播種期以八月中旬至九月上旬爲適期。較此早則天氣熱而病虫害多。栽培困難。遲則根部不克發育。收量既少。而色澤亦不佳。基肥宜用堆肥或廐肥及油粕等。

播種後覆細土二三分。更覆藁防乾燥。且爲之行灌水。則四五日即發芽。發芽後宜即疏苗。疏苗宜有經驗。其巧拙與將來之收量有關。凡子葉濃綠。幼根赤色者。俱爲退化之証。宜除去之。疏苗宜分數次行之。疏苗終。幼苗之發育極盛。如有適當濕氣。不數旬葉互相交錯密接。發育中宜淺行中耕。以防乾燥。並施稀薄人糞尿數回。以保其發育。生育中如過乾燥則蚜虫之發生多。品質硬化。往往有苦味。如降雨多。過於濕潤。則根部腐爛或破裂。故宜選適當土質而盡人力之所能調節之。如是充分發達。即可採收。採收期依品種之早晚而不同。普通自十一月中旬始。至一月終。一般失之於早。則收量少而色澤劣。晚則中生空洞。肉質硬化。俱非所宜。收量每畝平均自二千五百斤至五千斤。

(五 採種法　秋冬蘿蔔當採收時選大小適中。形狀佳良者。去葉。埋藏土中。或擇溫暖處即栽植之。如根部過長。不便栽植者。栽植時切去三分之一亦可。埋藏者至翌春出植。則天氣漸暖。即開始抽莖。至六七月種子成熟。可刈而懸諸屋檐下。至需要時打出之。春播之蘿蔔。當年即可採收種子。蘿蔔爲十字科植物。易於雜交。品種多時。採種者切不可接近栽植。以免雜交而生變種。

第二節　蕪菁 别名蔓青，葑，葖，九英菘，諸葛菜學名 Brassica Campestris L.

十字花科

英名 Turnip or Rape 法名 Navet

(一)來歷性狀及用途　蕪菁原產於歐洲北部海岸之砂質地。經西伯 利亞而入我國。爲一二年生植物。根肥大。葉似蘿蔔而缺刻少。根柔軟緻密，較蘿蔔爲堅實。富甘味。有佳香。其形有扁圓，短圓錐，長圓諸種。花黃色。此爲與蘿蔔不同之處也。其根可煮食。鹽漬。及其他製造。更可作爲飼料用之。

(二)品種　有秋冬蕪菁與四季蕪菁二種。前者根肥大。後者根小而如四季蘿蔔秋冬種各地皆有佳種。就吾人所知者如溫州盤菜甯波大頭菜聖護院蕪菁（日本種）近江蕪菁(日本種)乃其中之矯矯者也。四季種歐美日本多栽培之。

(三)風土　好涼冷。　土質以適度濕潤之壤土或砂壤土爲最宜。惟過輕鬆之地。根雖肥大而味不佳。

(四)栽培法　蕪菁之根較蘿蔔爲短。栽培時土地稍淺耕亦可。普通秋冬種初秋播種。四季種則於春夏播之。初秋播者可較蘿蔔稍遲。以九月上旬爲適期。畦幅約二尺。於其上行條播。如爲大形種則以一尺乃至一尺五寸之距離點播之。小蕪菁則可於四尺寬之畦上行撒播。漸次間拔之。播種量每畝約四合至六合。

蕪菁之肥料宜多量之堆肥及糞尿。略加以加里及燐酸成分。種子播下後與蘿蔔同樣管理之。二三日即發芽。順次疏苗。最後距離小形種數寸。大形種一尺二寸。生育中耕除草及補肥爲最重要作業。對於虫害如蚜虫黑虫青虫宜努力驅除。至十一月即可順次採收。收量小形種約三千斤。大形種約六千斤。採種照蘿蔔行之。

第三節　胡蘿蔔 Daucus Carota, L 红萝葡

繖形料

英名 Carrot 法名 Carotte

(一)來歷性狀及用途　原產地或謂英國。或謂中央亞細亞。尙未確定。我國元時自胡來。故有胡蘿蔔之名。爲一二年生草本植物。葉爲根出葉。細分裂。根長圓錐形。亦有爲球形紡錘及短圓錐形者。其色以紅爲多。六七月抽莖。高達三尺。密生小白花。爲複繖花序。其根可煑食可鹽漬。可生食。

(二)品種　可大別爲早晚二種。晚生種宜夏播早生種宜春秋播種。供終年之需要。早生種歐美。如 Rouge courte Hative, Rouge Tres Courte a Chassis, Rouge

Demi·Longue Nantaise 等是也晚生種如南京胡蘿蔔杭州胡蘿蔔東京大長人參(日本)金時人參(日本種)等是也。

(三)風土　胡蘿蔔雖爲高溫作物。但其性稍好凉。夏季久旱。有損品質。降雨過多。根部易腐。故乾濕務宜得度。土質宜輕鬆肥沃。而尤以含多量腐植質者爲最佳。

(四)栽培法　溫暖地方隨時可以栽培。寒地僅夏季栽培之而已。溫暖地方第一回在二月下旬向面南之地以一尺許之距離條播。疏苗一二次。使其二三寸距離。施稀人糞尿促其生長。至六月頃即可收穫。此期播種者以早熟品種爲最宜。

第二回播種期在六七月。宜中生晚生種。土地宜耕深粉碎。設畦寬一尺五寸乃二尺而行條播。以堆肥油粕爲基肥。更加以木灰人糞。施肥畢乃做播種之條。待降雨後土地尙未十分乾時即行播種。種子發芽甚慢。宜隨時澆水促其發生。種子甚小。宜與土砂混合。增大其容積而後播之。播後覆細土二三分。以麥稈或麥芒覆之。以防降雨時土砂流入。妨種子之發芽。每畝播種量條播者除毛種子約四升。有毛者倍之。播種後善爲管理。二星期許發生。自後隨幼苗生長疏苗二三次。並爲之施補肥。

至冬季結霜期前宜行採收。暖地如土地無結冰之患者則刈葉覆土。可越年漸次採收。一畝地收量約一千四百斤至二千二百斤。

第三回播種在八九月。須擇溫暖地位。且專用早熟種與第一回相同。

第四節　菾菜根Beta Vulgaris

藜科

英名　Beet　　法名 Betterave

(一)來歷性狀及用途　原產地不明。而以地中海沿岸爲最近似。爲二年生作物。其葉似我國之菾菜。而根部發達肥大。有紅色者。有黃色者。形狀有球形，扁圓，卵圓形。紡錘形圓錐形等不一而足。可供生食。爲西洋菜上之種附綴品。

(二)栽培法

菾菜根所喜之土壤爲表土深輕鬆而稍含濕氣。且富於有機質者。至氣候以其生育期短。不甚選擇。播種期依品種而異。普通早生種生長期極短。隨時可以播種。即以自春三月至夏季七月下旬爲適期。亦有可遲至九月頃者。播種過早在瘠薄土往往致早抽花莖。又晚播者以發芽需多量水分。須充分行灌水與耕耘。畦幅依品種之大小而異。普通一尺五寸乃至二尺。先施基肥。稍覆土。而條播種子。覆土厚約五六分。發芽後隨時間拔。最後使距離爲四五寸。一畝地播種量約五升。採收期早生種播種後經七十日。晚生種九十日許。成熟後不即採收。雖不免有損於品質。然無空心疏鬆之患。可至降霜期止。任其在圃地。隨時掘取供用。如欲其在圃地越冬者。則刈去其葉。上蓋埃塵或藁。壅土其上可也。如已採收者而欲貯藏之。則擇寒冷之處埋於土中。可至四五月不壞。

第五節　山蒿菜 Cochlearia armoracia, L 十字花科

英名 Horse Radish, 法名　Cran

(一)來歷性狀及用途　爲歐洲原產宿根之多年生植物。每年其根株能漸肥大。但閱年不免硬化。故以之爲蔬菜而栽培者。宜作爲一年作物。每年採收之。根爲長圓筒形。外皮稍粗糙。黃白色。肉白色。有强烈之辛味。故常作爲香辛料用之。葉爲根出葉。長卵形。有缺刻。葉柄長。色鮮綠。有光澤。春季抽花梗。長二尺餘。先端分岐。開小白花。莢小。圓形。而不能成熟。

(二)栽培法　氣候喜冷凉。土質喜極深而肥沃稍多水分者。栽培地宜先深耕。耡入廄肥。畦幅二尺株間一尺。栽

植根株可也。繁殖藉根部之扦插。專用收穫時所得無用之側根。其大如鉛筆或小指頭者爲最適宜。長四寸乃至六寸切斷。下端使爲尖形。束而爲把。冬季藏諸土中。至翌春乃扦插之於圃地。其方法尖端向下。稍爲傾斜。深插入土中。覆土厚二三寸。夏季生育中注意除草中耕補肥。至秋季一二回降霜後。即可採收。其根採收後洗而以六株乃至八株爲一束販賣之。專供香辛。其需要頗大。外國已作爲主要作物栽培之。我國尙未多見。都會附近菜園大可栽植之。

第六節　蕪菁甘藍

學名 Brassica campestris, D, C, B, napus rapifera, L.十字花科

英名Turnip-rooted rabbage.

法名Chou navet

(一)來歷及性狀　爲西部亞細亞及歐州地方之原產。與甘藍出自同一系統。實爲其一變種也。根部頗肥大。爲大蕪菁狀。其形主爲球形或短紡錘形。肉稍粗硬。當其幼嫩未老時可採而供蔬菜。葉短小。濃綠色而有白粉。爲二年生植物。至翌春開黃色花。

(二)栽培法　土質喜稍黏而有濕氣氣者。候宜稍冷涼。

乾燥風土非其所宜。深耕整地。六月上旬至七月上旬之間條播種子。適度疏苗。夏季隨時中耕除草。至秋季即可順次採收。時適根菜缺乏。頗爲可貴。一畝收量約五千斤。

第二章　莖菜類

莖菜類可另爲左列二類講述之。

（一）地下莖類　如馬鈴薯，菊芋，藕芋，慈姑。葱頭，大蒜，之類。

（二）地上莖類　如石刁柏，筍茭白。萵苣筍之類。

第一類　地下莖類

第一節　馬鈴薯 別名爪哇薯，滬州薯

學名Solanum tuberosum, L 茄科

英名　potato 法名Pomme de terre

（一）來歷性狀及用途　據 de candolle 之說馬鈴薯今在智利與秘魯尙有野生者。故認此二地即爲其原產地。自此傳播於東西各國者也。

馬鈴薯爲多年生作物。其莖每年枯死。而地下莖則能越年。幼芽有白。淡紫，黃綠諸色。莖高二三尺。葉互生。爲羽狀複葉。花爲聚繖花序。或白色或淡紫色。果實圓而小。其地下莖之形狀有球形橢圓腎臟形等。色澤有

白，黃，淡紅，濃紅之別。表面悉有小凹。是謂之目。(eye) 目內常有隱芽二三個。此薯富於澱粉。可供飼料用。工業用及蔬菜用。

(三)風土 馬鈴薯寒暖二地俱可栽培。而最適於溫帶北部如我國北方氣候乾燥之處。土壤宜高燥輕鬆之壤土乃至黏質壤土。

(四)栽培 栽培分春秋二期。春植期固依氣候之寒暖而異。一般在不受凍害之限度內以早爲佳。因晚則至夏季莖葉尙未繁茂而已爲病所侵。大足以減其收量也。我國中部地方以三月中旬爲適期。北地須四月上乃至五月中旬。

圃地宜先深耕整地。在乾燥地作平畦。低濕地則設高畦。畦幅依品種之高低而異。平均二尺。畦上每距八寸至一尺栽植一株。肥料以窒素及燐酸之效爲大。而腐熟堆肥亦屬必要。此外爲預防病害。木灰亦宜混用之。

種薯宜就上年所貯藏者選無傷損且乾燥而尙未發牙者用之。但上年夏季所採收者。貯藏中往往發芽。此類種薯栽培後發芽固稍早。然因發育不齊。養分損失。其後之生育不佳。收量不免減少。種薯大者養分多。發芽後勢力旺盛。收量固可增加。但須種薯之量多。殊非經濟營利栽培甯用小者節省種薯。而以肥料促進之較爲得計。普通每畝約需一百二十斤。如用大種薯。宜切爲二塊。用木灰塗傷面。乾燥後栽植之。

馬鈴薯當栽植時宜先曝諸日光。催其發育。然後依一定之距離。將種薯横臥。深二寸許以土覆之。如是三四星期開始發芽。其後即行中耕培土。此二作業爲其栽培上最重要者。可以使土壤鬆軟。塊莖易於發達。但宜於開花前施行完畢。切不可過遲。遲則不僅作業時損傷莖葉。且攪亂土壤足以阻害地莖之發育也。

此外栽培上所宜注意者則爲除蘖及摘心。蓋薯上有多數之目。栽植後能自一株發生多數之莖。互相密生。致頗軟弱。不克產肥大之薯。故宜留强健者三四個。餘悉除去之。及其生長達於極度。枝之先端抽花梗開花。若放任之。有妨薯之發育。宜隨時摘除之。

莖葉枯凋後即可漸次採收。其時期普通自七月上旬至八月上旬。每畝收量小形種平均一千二百斤乃至一千四百斤。

馬鈴薯之秋植期在八月下旬。至九月上旬。栽培後二三星期即發芽。栽植距離可較前爲狹。肥料亦可節減。其管理與前同。至降霜期即枯死。薯之收量不過春植者三分之一。僅爲得次年種藷之目的栽培之。因此次所採收者。已屆寒期。易於貯藏也。

第二等 芋Colocasia Antiquorum, Schott

英名 Taro

(一)來歷及性狀 原產地不甚明。大抵爲東印度及馬來半島等之熱帶地方。我國日本朝鮮廣栽培之。爲宿根性草本。葉大而葉柄長。熱帶地方能自葉叢間抽出肉穗花。爲筆頭狀。作黃赤褐色。芋頭肥大。自夏季生子芋而分蘗。外皮暗褐色。有薄皮毛。肉白色。味淡薄。

(二)風土 凡氣候溫暖之處無論何地俱可栽培之。土質之選擇不苛。而以排水佳良且有適度濕氣之壤土或黏土爲最適用。其生育中需多量水分。如遇旱魃則收量大減。如降雨潤澤。則可舉豐收。

(三)栽培 欲行栽培當先耕起土地。作二尺五寸乃至三尺之畦。至四月上中旬。就畦上以一尺乃至一尺五寸之距離施基肥。然後栽植種芋。深二寸許。大抵每畝需種芋乙百二十斤。

種芋於上年採收貯藏。擇形狀正而大小中等無傷者用之。肥料如堆肥廐肥富於有機質者最佳。燐酸成分亦頗見効。栽植後一個月即開始發芽。如有不發芽之株。則自他株掘萌芽補植之•夏季將屆繁盛以前。施人糞尿一二回。同時中耕培土。此時培土如過淺。則自親芋所生之子芋發芽而爲第二親芋•芋瘠小而品質劣。欲預防之。宜將七月以後所生子芋之莖順次摘除。且爲之培土。則子芋頗能肥大而豐產。

夏季生育中如遇旱魃。則莖葉凋萎。勢力衰弱，芋硬化而味劣。故遇有此患時宜厚蓋藁草，以防乾燥。且宜隨時灌水。

秋冬一二回降霜後。莖葉枯死，即可採收。將親芋子芋分離貯藏之•每畝約可得一千二百斤乃至二千斤•

第三節　藕　别名蓮根　尔雅曰荷芙蕖

學名 Nelumbium Speciosum, Willd 睡蓮科

英名 Indian Lotus法名 Lotus

(一)來歷及性狀　爲印度地方之原產。後傳至我國及西伯利亞。更傳至於西方諸國。歐美諸國，至近年始輸入。但尙作爲一種觀賞植物栽培之耳。爲宿根植物。地下莖深蔓地中。頗肥大發達。自數節而成。基部細。漸至先端漸肥大長達六尺者有之。自各節生葉。初甚狹小。不達水面。是謂錢葉。其後所生之葉漸大浮於水面。是謂浮葉。終生有長葉柄之葉抽出於水面。是謂立葉。不

論錢葉浮葉立葉。幼嫩時悉向內卷曲。至成長則開展。夏季與立葉相並抽出長花梗。開偉大之花。或白或紅。晝開夕閉。至翌日再開。約歷三日而謝。果實如蜂窩。即爲蓮蓬。內藏種子是爲蓮子。

(二)品種　藕有重瓣花單瓣花之別。重瓣者根莖概甚細小。不堪供食。僅足爲觀賞用。單瓣者大抵根莖肥大。可以作水果或蔬菜。有紅白花之別。白花者品質較佳。蘇州之葉葉蓮即白花種也。

(三)栽培　藕所喜之土質爲壤土或黏土之濕潤地。且有多量有機質者。土質如不肥沃。則根莖難於肥大。栽培於砂質土者節間短而根莖屈曲。品質不免惡劣。是以最適當之地則爲肥沃之水田也。

如新作藕田。則周圍宜作高畦畔。以便灌水。其田宜充分深耕。且灌溉之使爲泥濘狀。更對於一畝地約施人糞尿一千斤許。使土壤吸收之。如是至四月中旬田面上稍灌淺水。平其表面。約每距六尺爲一行。行中每株相距三尺許。栽植種藕。此種藕宜用先端部頗發育肥大之二節。向下斜插之。其先端入土之深約六寸。每畝地約需種藕二百斤。栽植後常保水深一尺許。至五月中旬開始發芽。乃施以油粕等富於窒素之補肥。生育中常宜努力除草。但在田中妄行殘踏。必損根莖。故足之踏入能避務宜避之。藕發育期中花與葉多損傷之。有害根部之發育。故受風害及虫害後必大減收量。採收自八月中旬可以開始。直至翌年三四月發芽前終了。採收有二法。一爲全部悉行掘取者。他一則每就寬七尺之面積內掘採。其次殘留二尺幅之面積不採收以爲種藕。至翌年自此向兩側蔓延。滿布全田。依第二法採收者不但節省勞力。且可節減種藕。而翌年之發育旺盛。收量反可增加百分之二十許。每畝收量約爲二千斤。

第四節　慈姑

學名 Sagittaria Sagitifolia L. 澤瀉科

英名 Arrowhead 法名 Sagittaire

(一)來歷性狀　慈姑原產於東亞。爲水生宿根植物。其所食者爲球莖。生於細長地下莖之末端。其形或正圓或扁圓。有一種之甘味與澀味。外皮平滑淡藍或深藍色。主成分爲澱粉。用灰汁煑沸。則皮易剝脫。且可去其澀味。薯發芽時即抽出根出葉。葉柄粗大。長達二三尺。葉廣大。先端尖。夏季自中央抽長花梗。開白色小花。花爲雌雄異花。在下部者爲雌花。不結種子。

(二)栽培法　慈姑之適地爲粘質之水田。與藕相同。欲爲栽培之地冬季宜耕起。施堆肥人糞尿。至五六月栽植。距離普通行間三尺。株間二尺。栽植後經三星期許始發芽。乃爲之除草補肥。肥料喜多量窒素質。以油粕人糞尿爲貴。施補肥時當先排去田面之水。然後全面撒水。攪拌表土混入之。生育中最宜注意者爲灌水除草及蚜虫之驅除。蚜虫發生時葉變黃而至枯死。驅除法惟有多灌水。倒少量石油。以手一一洗落之。或用噴霧機噴水洗落之。別無良法。

晚秋十月間莖漸枯。自此至翌年發芽前可漸次收穫。惟不可使田面乾涸。否則即起腐敗。每畝收量約八百斤。

第五節　菊芋

學名 Helianthus tuberosus L.

英名 Jerusalem artichoke

法名 Japinambour

(一)來歷及性狀　原產地或謂係波斯。或謂係美洲。孰是孰非，不得而知。爲宿根豎立性草本植物。莖粗硬。分枝多。高達七八尺。每年枯死而留薯於地中以越冬。葉大爲尖圓形。九月頃各枝之先端開黃花。塊莖有凹凸之球形或橢圓形。皮色淡脂色之黃色。肉白。質柔而不柔。味尙佳。

(二)栽培　不擇風土。無論何地俱能生育繁茂。故概栽培於他作物不適之地。三四月作幅三尺之畦。株間二尺栽植之。至五月發芽。自一塊莖抽二三莖。夏秋自其根部生多數塊莖。生育中行中耕除草數回。地上莖易爲風吹倒。須建支柱以扶之。又見有花蕾。宜摘除之。此外無別管理。地下莖之發達極晚。至莖葉枯萎。始可着手採收。一畝收量約八千斤。

第七節　地瓜

學名 Apios tuberosa, moench.（美國原產）（荳科）（中國原產）

或 Apios fortunei, maxim.

英名 Tuberous Glycine

法名 Apios tubereux

(一)來歷及性狀　地瓜有二種。一爲美國。一爲中國原產。概爲蔓性多年生植物。蔓長達數尺。葉爲羽狀複葉。自三乃至七小葉成。美國種花淡紫色。中國種花綠黃色。作總狀花序。寒地不結實。至生長末期。根部生如鷄卵大之薯。其風味如馬鈴薯。且富於澱粉。可供澱粉製造用。

(二)栽培法　土質與他之荳科植物同。最宜於乾燥輕鬆土。三四月間將薯切爲適宜大之塊栽植之。生長期頗長且勢力旺盛。畦幅宜三四尺。夏季生育中。設支柱。使蔓纏絡。以免匍匐地上。並爲之行中耕除草。其他無特別管理。如欲得最肥大薯。須繼續生育一二年間收穫之。

第八節 葱頭

學名 Allium cepa L. 百合科

英名 Onion 法名 Ognon

(一)來歷及性狀 原產於中央亞細亞。爲二年生或多年生植物。根爲線狀。細長。葉爲長圓筒形。而一側稍凹。略爲三角狀。其鱗莖依品種而形狀色澤不同。其形有扁圓形球形或紡錘形。色澤有赤黃白及黃褐等。種子黑色。稍爲三角形。發芽期間甚短。不出二年。繁殖主用種子。

(二)風土 不過溫暖。稍冷涼而能抑制生長者爲最佳。過暖時往往莖葉繁茂徒長。鱗莖難於生成。美國以北緯四十五度之地域爲最適地。我國當以北方諸省爲其最適處也。

其最適土質爲充實之壤質粘土或砂土。且須地下水稍高者。若過乾燥或輕鬆之壤土。水分缺乏。生育不振。鱗莖不克肥大而枯死。反之過粘重之土往往成熟遲延。或如普通之葱過於繁茂而不生鱗莖者往往有之。

(三)播種　其法依栽培法之如何及氣候之寒暖等而異。有直播及移植二法。但普通概依後法。先播於冷床育苗。至適當狀態乃定植之。苗床之播種有撒播條播二法。普通多行撒播。對一畝地種子需八合許。播種畢覆土二三分。覆藁澆水。經十日許即發芽。約經六十日即可定植。播種期概在秋九月中旬頃。但寒地亦有春播者。

(四)栽植　苗達適度之大。即可定植。秋播者十一月中可栽植之。先將地耕起粉碎。按行距一尺五寸。株距五寸栽植之。肥料以燐酸之效力爲最大。可以增進品質。增加收量。此外堆肥及窒素肥料亦頗有効力。補肥宜於鱗莖形成之一二月前施了。否則遲延熟期。有妨鱗莖之形成也。

苗床養育之苗達七八寸。即爲定植適期。當拔取之。切去根及葉三分之一。乃栽植之。栽植時在不倒伏之限度內務宜從淺。生育中之主要管理爲除草中耕。近於採收期如莖葉過茂。有誤鱗莖形成之徵時。當將葉之基部捻曲。以助鱗莖之生長。

秋播者翌年六七月。春播者其年九月乃至十一月莖葉枯萎。即可收穫之。每畝收量約自一千四五百斤至二千四五百斤。

第九章　大蒜

學名 Allium sativum, L, 百合科

英名 Yarlic　法名Ail ordinaire

(一)來歷性狀及用途　原產於亞細亞西部。爲葱屬之多年生植物。種子小而黑色。其繁殖不用種子。專用鱗莖。葉綠色扁平。春夏抽長花梗。梢頭開小球狀之花。地中之鱗莖往往自數個集合而成。肥大扁平。外被白膜。此鱗莖卽可供食用者也。

蒜之葉於柔軟時可供食用。謂之蒜苗。其花苗亦可供食。謂之蒜苔。最後鱗莖供食。謂之蒜頭。故蒜之爲物。終其一生。殆無一不可食。全部俱含辛味與臭氣。北人最喜生食而與腥氣之肉類(如羊肉羊血)共煑之。得以除其臭氣。睡眠前食之。得以防寒。腹痛時與飯共煑食之。有治癒之効。

(二)栽培　北方天寒。於二月下旬頃植之。其栽植槪用鱗莖。一鱗莖內包有數個。可剝去其皮。一一分離用之。先墾地施基肥。作三尺許之畦。一畦上栽三行。株間三寸許。發芽後除草中耕努力行之。冬季如嚴寒。當用草蓋之。追肥施用數回。則發育佳良。其嫩葉亦可摘食

。至七八月頃葉枯凋。即可採收鱗莖。晒乾之。縛束其葉。爲適宜大之把。懸諸檐下。可隨時供食用。且留其一部。以爲種用。

第二類　地上莖類

第十節　石刁柏

學名 Asparagus offisinalis, L. 百合科

英名 Asparaqus 法名 Asperge

(一)來歷性狀及用途　爲歐洲及西部亞細亞温帶地方之原產。歐美諸國廣爲栽培。我國至近年始有栽培之者。爲宿根木立性草本。有長大多數之根。葉退化爲膜質。鱗片包於葉狀枝之基部。葉狀枝爲一種變形之枝即普通吾人誤認爲葉者。爲絲狀。叢生於退化葉之腋。莖圓形。分枝多。高三四尺。播種後第二年開花。雌雄異株。花後結漿果。初綠後紅。內藏黑色種子。每年冬莖葉枯死。惟根際能在土中安全越冬。至翌年四五月自土中抽出嫩莖。此嫩莖甚富滋養。即可供食用者也。

其嫩莖軟化後可以煮食。亦可製罐頭。爲番菜中必需之品。我都會上銷路甚大。

(二)栽培法　石刁柏喜肥沃而不患乾旱之地。表土宜深。日照須佳良。繁殖有播種法。先於上年秋收穫種子。

貯之砂中。四月下旬設苗圃。每行距二尺作播條。施少量堆肥及稀薄人糞尿。然後行條播。薄覆土，且覆藁以防表土乾燥。播種後約經十日即發芽。乃除去所蓋之藁。發芽後經二星期施稀薄水肥。並行中耕。以助苗之生長。其後經三四星期再行除草中耕與施水肥。如是漸次發育繁茂。至十一月地上部枯死。即可刈去。以藁或落葉覆蓋其根部越冬。翌春發芽前將根株掘起。移植於一定之地。

石刁柏之根向水平方向繁茂。不如他種蔬菜之深蔓於地中。故畦幅務求其廣。且宜深植之。凡苗一經定植後。數年間頗能繁茂而生嫩莖。其後可以多年繼續收穫。經一定年限後。株之勢力衰弱。嫩莖之發生減少。且品質不良。至此時期宜掘起全部之株。除去老朽之部。將其強健之新株再栽植之。以圖更新。

定植時宜隔三尺或四尺掘深一尺五寸之植溝。其底施堆肥或廐肥。每畝約一千五六百斤。其上入肥土三四寸。乃將養成之苗放入。株間約一尺五寸。將苗根向四方水平配布。株上覆土厚四五寸。而壓緊之。使土與根密接。苗宜較地表低下七八寸。

栽植後五月頃嫩芽發生。至其稍伸長葉開展時。施以少量之人糞尿。更壅土與於其根邊。填滿植溝。使於地表相平。其後努力除草。任其繁茂。至十一月地上部枯死。乃刈去之，將廐肥壅於株上。再以土覆之。則既可以防寒。且兼供給肥料也。翌年再同樣管理之。栽植後第二年春稍收穫嫩莖。無大妨礙。但在此期間內（即栽植後二年內）嫩莖纖細而收量少。往往不行收穫。任其繁茂。

栽植後第三年春將上年各株上所壅之土除去。施廐肥及人糞尿。再將土培壅，高達株上一尺。至四月下旬肥大嫩芽漸次發生。可俟其將抽出地表時即收穫之。收穫宜用長形小刀或石刀柏採收刀。沿嫩芽插入土中割切之。又以手搔去所覆之土。以小刀切採之亦可。新芽非一次發生。故收穫當隨時行之。惟至六月上旬宜停採收。其後所生之芽任其生長。恢復株之勢力。且將所壅之土除去之。至秋季亦如上年刈其枯莖。並爲之施肥。其管理手續與前同。自後每年春季可繼續採收。至株勢衰弱時止。

第十一節　筍

學名 Phyllostachys, sh. 禾本科

英名 Bamboo sprout

法名 Bombou

(一)來歷種類及性狀　竹爲東亞温帶地方之原產。我國自古有野生者。其種類極多。然以筍供食用者。不過左例數種。

1,孟宗竹 P. mitis Riv.

2.淡　竹P. Puberula, Riv

3.苦　竹P. bambusoides, S. Z.

竹爲禾本科多年生植物。其稈直立地上。其高往往有達數丈者。枝互生。每節出二本。然其根部而上之第一枝亦有一本單生者。其地下之根莖曰鞭。每年三四月自根莖生嫩芽。抽出地上。是謂之筍。筍外所包之殼曰籜。乃一種變形之葉也。竹之生育期間甚長。如管理得法。得享壽六十餘年。然如土地瘠薄。養分缺乏。或栽植後業經多年。根莖重積。勢力衰弱。或氣候不適。因此類原因。生育衰弱。促動其成熟機能。使開花結實。而地上莖地下莖全部枯死者往往有之。

(二)風土　竹喜温暖濕潤之氣候。低濕地方如善爲管理。固非完全不能生育。但矮小而不能長大。不適於爲經濟栽培。降雨與竹之生育亦有關係。在砂質土之竹園。夏季降雨潤澤。則根莖發育良好。翌年之收量必多。反之在粘質土降雨過多。則莖葉繁茂。反足以阻根莖之發育者也。

更就土質與地勢言之。竹之莖稈細長。宜擇風少之土地栽植之。否則莖爲風折傷或多搖動之。大害根莖之發育。而減其次年之收量。故以不甚當風之傾斜地而向南或東南。日光充分暢射。且暖溫之處爲最宜。土質以肥沃之粘質壤土爲最宜。砂壤土次之。表土須深。排列須佳。否則不僅不能得肥大之筍。且竹之壽命亦不克久長也。故竹園周圍常掘深二尺餘之溝。以便排水。兼防根莖之蔓延於園外也。

（三）栽植及管理　春秋二期俱可栽植。春以二三月爲適期。秋以九十月爲適期。大抵暖地宜秋植。寒地宜春植。屆時先擇定親竹。親竹以二齡許之幼竹。直經二寸以上者爲佳。將此親竹留下部八尺乃至一丈。切去其先端。務多帶根莖及土掘取之。每畝地約需親竹二十株乃至二十五株。栽植時掘深二尺。大與親竹之根部相當之穴。施基肥於其中稍覆土。而植親竹於其中。充分填土而壓實之。培植宜陰天。而植後能得小雨更妙。植畢宜建枝柱扶之。以防動搖。

上年秋季栽植者。至翌春即充分發根。至五月施以如人糞及油粕之類富於窒素之肥料。每年夏期以廐肥塵埃或刈草鋪蓋之。以防雜草之繁茂。且兼爲冬期之防寒。竹根常向地表淺行蔓延。致其所生之筍日漸短小而悪劣。是以欲得肥大之筍宜時爲之埋根。其法將表土掘起。其淺在地表之根莖。埋入土中。同時切去其錯亂衰老之根。以謀新根之發育。如是三年間專圖親株之繁茂。則自第四年始即可採筍。至第七八年收量最多。竹生筍之力以四五年者爲最旺盛。至七八年桿呈黃褐色而地下莖衰弱。不生肥大之筍。故宜時常留意將老竹伐去而留新竹以代之。欲識別竹之年齡。以標記發生年數爲最簡便。

竹園成長至可採筍後。每年春秋宜各施窒素肥料一回。春肥在五六月筍採收後就園内各處掘穴施之。以圖地下莖之發育。秋肥則助翌年筍之肥大也。

每年筍發生後。將作爲親竹者保留。餘悉掘採之。作爲親竹者高達一丈許。即可將先端切去。以防風害。採收期依氣候與種類而異。普通自四月上至五月下。每畝收量如孟宗竹第四年每畝平均五百斤至八百斤。以後每年增加。至第九年平均一千四百斤乃至二千斤。

第十二節　茭白

學名　Zizania aquatica, L.禾本科

(一)來歷及性狀　原產地不詳。我國自古栽培且野生者各處有之。或即以我國爲其原產地歟。爲淺水中多年宿根植物。春日自舊根生新苗。高達四五尺。葉細長而尖。有平行脉。九十月自中心抽出白苔。長五六寸。大如小兒臂。其外皮淡綠而肉白色。亦有生灰點者。實爲一種之病。非其本色也。栽培品種苔莖發達。花部退化。未見其有開花者。

(二)栽培　氣候不甚選擇。土質以富於有機質之粘壤土之水田爲最相宜。如爲利用土地或非專行栽培者。則種之於池畔池岸均無不可。繁殖概依分株法。四五月頃耕起土地。施廐肥等以爲基肥。閱一星期。灌水數寸。再細爲耕耡耙平。乃自舊株取新出之苗。行距株距俱二尺許。惟每種二行。須留二尺寬之通路。以便採收時之踏入。田之肥沃者距離稍廣亦無妨。種植後隨時除草。至分蘗已盛。即可終止。肥料宜分施人糞，畜糞，水藻等數回。務使土地肥沃。俾其充分繁茂。老葉隨時剝去。至八月分蘗茂繁。滿布田面。開始生茭白。九十月達旺盛期。至十一月即告終。乃清理其莖葉。使翌年之生育良好。至三年必須更新之。如每年更新。則收量雖較少。而茭白甚肥大。故欲得佳品。宜每年取新苗植之。如於其地冬季欲另種作物。則掘起其根株。安放之於河岸。翌春發葉時再取而種之。茭白每畝可收二千斤許。

第十三節　萵苣筍

學名　Lactuca sativa, L. 菊科

英名　Asparagus Lettuce

(一)來歷性狀及用途　原產於歐洲。我國自古栽培。相傳自咼國輸入故名萵苣云。爲一二年草本。高三尺餘。上部之葉無柄而尖。下部之葉廣而長。葉薄而柔軟。色淡綠。亦有紫紅者。葉可隨時採食。莖則肥大後在未開花期前頗柔軟。味如黃瓜。可煮食或生食。更可醃可醬。可乾可糟。其用途甚大。

(二)風土　忌炎熱而喜寒冷。故不宜夏季栽培。冬季耐雪之力亦不强。故多雪之地。秋播者以樹葉藁等覆之。使其在苗床越冬。至翌春始定植之也。土質以肥沃濕潤之粘質壤土或粘土爲最宜。但能施以多量堆肥。亦未始不能產優品。

(三)栽培　萵苣筍宜於十月中下旬播種於苗床。種子微小。覆土不宜過厚。播種後蓋藁澆水。七八日即發芽。乃行間拔。使保適當距離。南方於十二月中旬可行定植。北方則越冬至次年三月定植。其前作物爲白菜，蘿蔔

，菠菜等秋冬作物。畦幅三四尺。其上每方一尺許植一株。栽植時施以堆肥。其後分施人糞尿四五回。則至翌春三月中下旬即可開始採收。至六月頃告終。每畝收量平均約三千餘斤。

第三章　葉菜類

葉菜類可別爲左之三類講述之

(一)熟食葉菜類　如白菜，甘藍菠菜之類

(二)生熟葉菜類　如萵苣苦苣，之類

(三)香辛葉菜類　如葱，韭菜，芹菜之類

第一類　熟食葉菜類

第一節　菘菜類 Brassica sp.　十字花科

英名　Pickled Green

(一)來歷及用途　概爲我國原產。我國各地無不栽培之。其葉大而柔軟。亦有稍硬者。前者最適於煮食。後者最適於醃漬。爲我國普通農家一日不可或缺之副食品也。

(二)分類及品種　菘菜類包括左例各類。分別述之如左。

(第一)　捲心白菜類　B. Chinensis L.此爲最佳良之品種。心葉捲曲。甚柔軟。或爲白色。或爲黃色。如山東白菜，膠菜。黃芽菜等是也。

（第二）普通白菜類（學名同前）此爲不捲心之白菜各地皆有之。可賓食。更宜醃漬。

（第三）塌地菜類（學名同前）此爲塌地而生之烏菜。葉甚柔軟。善耐寒。遇霜雪不萎。如飄兒菜，烏塌菜之類是也。

（第四）雪裏蕻菜類（學名同前）此爲最適於醃漬之菜。甯波出產最多。

（第五）芥菜類 B. cernua Thunb. 此類莖葉有辛辣味。當抽花梗時。其梗與葉俱可醃漬或賓食。

（三）氣候及土質　菜類中雖有少數可栽培於春夏。以應示場之需要。然大多數概爲冬期作物而栽培之。此因菜類概喜凉冷氣候。而不宜於溫暖時期。如欲強種之於春夏。則未遂充分發育以前。即開始抽苔。纖微發達。不堪販賣。且天氣溫暖。病虫繁多。驅除預防。難奏厥功。其失敗多而成功少。可斷言也。至菜類對於土質不甚選擇。幾乎到處可種。但欲其產優良之品。則其非植於稍粘重之土不可。而於結球白菜類爲尤然。又土質以肥沃富於水分爲必要。否則生長遲緩。組織硬化。難得良品也。

(四)栽培法　菜類品種既多。栽培之區域又廣。其栽培法自依地而異。然其要點則未有不同者也。菜類播種之地如爲夏期菜蔬如豆類之跡地。先善爲耕耡。後依品種作寬一尺五乃至二尺五寸之畦。施多量腐熟堆肥與木灰油粕人糞尿等爲基肥。暖地九月上旬乃至十月上旬畦上條播種子。薄覆以土。則四五日一齊發芽。寒地秋季較短。播種宜早。須於八月中下旬行之。發芽後分數次疏苗。令各株保適宜之間隔而後已。又晚生種如芥菜類或播種期已至。而前作物尚未收穫。先播種於苗床。本葉發生數枚時定植於圃地者往往有之。菜類生育中宜屢行中耕及灌水。又須施速効補肥數回。以促其發育。施肥時不可觸及其葉。以免損害而保清潔。捲心種在寒地採收數星期前當以打藁束縛其外葉。以免因霜或風外葉向外方垂下露出心球。傷及品質與外觀也。如是至充分生長。即可採收。採收期早則十二月上旬。遲則三月下旬。收量因風土，品種及管理法而異。每畝概自二千四百斤乃至七千斤許。

(五)採種法　菜類最易雜交。採種時非大加注意不可。其法先於採收期選具備品種固有之特性之株。掘而植於日照良好之暖處（寒地則入窖藏之至翌年春解凍後取出植之）此栽植之處務宜與同科之作物遠隔。至開花期其近旁如有十字花科之雜草亦宜除之務盡。以防雜交。如是栽植後冬季以木葉或藁蓋之。以防寒害。翌春將抽穗頃以利刀將菜之先端爲十字形切開之。或切去先端三分之一許。使其易抽穗。至始開花時殘留强健之枝而除去虛弱者。更摘去其先端使種子之成熟齊一。品質均等。如有强風之地則立支柱以防倒伏。及筴已六七分成熟，乃自基部刈取懸於日蔭乾燥而打落之。一株平均可得種子一合許。

第二節　甘藍

學名　Brassica Oleracea, L.

英名　Cabbage　法名 Chou

（一）來歷及性狀　原產於歐洲。爲二年生植物。葉厚而硬。綠色或紫色。上有白粉。莖不伸長。當初葉數甚少。其後漸次漸加。遂互相抱合而爲球狀。球生長過充實。有自行破裂者。如能以小刀縱切開其球。勿傷其心。則易於抽梗開花。花色淡黃似白菜。結細長之圓莢。

（二）風土　喜冷涼濕潤且溫度變化少之氣候。逢旱魃則葉球小。暖地莖葉繁茂。結球爲難。故必須行秋播。避夏季之炎熱。

土質之適否依地方之氣候而異。寒冷地方其氣候能抑制甘藍之發育過盛。生產大球。殆不必選擇土質。惟欲得佳品。則以稍帶粘質之壤土且排水佳良不過乾燥者爲宜。反之暖地如土質鬆軟則莖葉伸長。宜粘質壤土而排水佳良者。

(三)栽培　甘藍固亦有直播於圃地者。但大概須先播於苗床。此因種子價昂。且不移植。常不克期。其結球完全故也。欲栽培一畝地之甘藍需用種子約自三錢乃至一兩五錢。其播種期依品種之早晚與氣溫之寒暖而異。但可大別爲春秋二期。一般溫暖地方宜秋播。若行春播。則夏期生育中因過度之濕與熱。腐敗枯死者多。即不枯死。而因生育過盛。不克結球者往往有之。秋播適期在九月下旬。過早則易受寒。且至翌春三月往往抽花梗。若過遲則苗之發育不佳。即結球亦不肥大。

在寒地冬季過冷。苗不克安全越冬。故常於四月中旬播之。因寒地夏季雨水較少。腐敗之憂少。

不論春播秋播。播種後照一般方法管理之。至幼苗發生三四葉。當爲之行假植一次。假植次數依土質而異。粘質土一回已足。砂土壤土則須二次。如是秋播者經二三月發生七八葉。即可定植。春播者六月上旬卽梅雨期以苗可行定植。

當定植之前。栽培地宜深耕打碎。施用基肥。基肥宜堆肥木灰油粕之類。栽培距離依品種之早晚與大小而異。畦幅自二尺至三尺。株間自一尺至二三尺。可酌量定之。定植宜選陰天。苗宜帶土掘取。善爲栽植之。植畢即灌水。生育中重要作業爲中耕與補肥。中耕於定植後三四個月內深行二三回。專促細根之發生。其後旱魃時再淺行之。以防乾燥。補肥宜人糞尿。宜結球期一月前施用完畢。否則有誤結球之患。若至結球時期生育尙旺而無結球之望時。當深行中耕。以斷其根。

如是精密管理。秋播者至初夏開始結球。春播者至秋季結球。得以順次採收。收量早生種平均每畝一千五百斤。晚生種平均三千六百斗。

第三節 抱子甘藍

學名 Brassica Oleracea, L Var. Yemmifera D.C.

英名 Brussels sprout 法名 Chon de Bruxelles

(一)來歷及性狀 抱子甘藍與甘藍爲同族同種之作物。西洋自古栽培。其起源不詳。其原產地依其名 Brussels

（爲比利時之省府）一字推譽之。當爲比利時。現今栽培最盛者當推英 法比諸國 。而英國倫敦市場上 此菜尤多。

種子與甘藍無差異。葉較甘藍稍狹而略有皺紋。莖生長甚高。有達三尺者。葉疏而柄長。莖之頂短不結球。惟葉腋生芽。芽不生長。而能增生葉片。形成直徑五分乃至一寸之小圓球。名曰 Sprout 。即供吾人食用之部分也。此球小者品質佳。香氣高。四五月自葉球抽梗開花。五六月種子成熟。

其用途與甘藍無大差異。葉纖微少。柔軟而味美。惟其栽培較甘藍稍難。而收量亦不多。故栽培不能如彼之廣也。

（二）栽培　播種期與甘藍異。不宜秋播。而宜春播。因秋播者易抽花梗。結球反不如春種者之多也。春播期與甘藍同。

養苗移植等與甘藍無稍異。故春季可與甘藍同時播種。同樣管理處置之也。

栽植時早生種畦幅二尺。株間一尺五寸。晚生種畦幅二尺五寸。株間二尺。其他一切與甘藍相同。及漸次生長。矮性種達一尺五寸乃至二尺。高性種達三尺時。即宜行摘心。且摘去下部之葉。所以刺擊腋芽而助其發達也。

春播者自十月上旬（如行秋播則在七月上旬）葉球肥大而漸趨充實。可自下方漸次採收之。春播者逢霜能增進其品質。以稍遲收者爲宜。是以暖地有任其在圃地越冬至翌春收穫之者。然寒地斷不能任其越冬。一畝地之收量約二百斤。

第四款　菠菜

學名　Spinacea Oleracea, L. 藜科

英名　Spinach　法名　Epinard

(一)來歷及性狀　原產於波斯。爲一年或二年生植物。葉爲根出葉。爲膌圓形。濃綠色或褐綠色。葉柄多肉而長。根長數寸。赤色可食。春四月自中心抽一尺餘之花梗。花雌雄異株。紅色。叢生於葉腋。

(二)栽培　不論何種土質俱能發育。但欲望其豐產。則宜深而肥沃富於水分之粘質土。播種期除嚴寒及炎夏隨時可行之。惟其性好低溫。故其中以九十月及三四月最能得佳良成績。

依品種之不同對於氣候有適否。如我國固有之品種成熟早。在溫暖氣候易抽梗開花。一般適於秋播。反之西洋

種則可以春播。

如秋冬行栽培。宜作寬四五尺之畦。施多量堆肥及窒素肥料。畦上每一尺五寸條播種子或全面撒播之亦可。秋播者越十餘日發芽。其後漸次疏苗最後使各株距離爲三四寸。生育中常宜防乾燥。留意表土之耕耘與水肥之施用。則頗能繁茂。如是九月播者自十一至一二月間順次可以就密處採收。每畝收量約一千二百斤。豐產者二千斤。

第二類　生食葉菜類

第五節　生菜

學名 Lactuca sativa, L. 菊科

英名Lettuee 法名 Laitue

(一)來歷及性狀　原產於地中海沿岸地方。爲一二年矮性作物。葉爲根出。有能捲而爲球形者。亦有不捲而直立者。其色有濃綠，黃綠，淡紫及赤綠諸種。質薄而柔軟。亦有一種特殊香氣與苦味。爲生菜中之最高尙者也。

(二)風土　忌熱好凉。夏季不宜栽培。冬季則抗霜雪之力亦弱。土質最喜含腐植質多之粘質壤土，而含有適度之水濕者。

(三)栽培　萵苣當先播種於苗床而養成其苗。種子甚小。覆土宜薄。澆水須勤。播種期宜依品種之早晚與氣候之寒暖。酌量變更。一般言之。其生育期甚短。且市場上之需要四時不絕。當分期播種。俾得順次採收勿絕。惟一年中需要最多時期則在冬春。欲於其時出產。宜先於九十月交播種育苗。此期播種者在寒地苗之越冬爲難。宜就冷床或温床內栽培之，稍暖之地則至發生數葉時即可植之露地。至最寒時期則編藁作簡單之冷床形。以圍護之。則可安全生育。如是早熟種自十一月結球。晚熟種自十二月至一月結球可以漸次採收之。秋季而後順次繼續播種育苗。則可至四月五月不絕採收。其後温度大增。已結球之萵苣。常速行抽花梗。且結球亦較難。故春季而後非需要孔多。不宜栽培。栽培地宜善爲整地。通路一尺。設幅四尺之畦。施多量堆肥。更混用木灰油粕。栽植距離務宜從密。使生產後葉相互接觸。則可促進其結球。普通乃以六七寸占方栽植之。栽植後宜分施稀薄腋肥數回。此腋肥人糞尿固亦可用之。但此菜以生食爲主。爲衛生起見。宜用化學肥料如智利硝石，硫酸錏之類。則可減少不潔之微生虫也。

第六節　野苣

學名　Valerianella Olitoria, moench 敗醬科

英名　Corn salad　法名　mache commune

(一)來歷及性狀　原產於歐洲溫暖地方。爲二年生作物。種子小，色白。葉爲根出。葉匙形，全緣。色綠。冬季頗繁茂。至翌春三月抽梗。高六七寸，開淡藍色之小花。六七月成熟。

(二)栽培法　擇適當濕潤之地。八九月頃整地作畦，撒播或條種。及其發芽。爲之疏苗。使各株相距二三寸。隨時除草。則自十月起即可收穫。其後爲之覆草蓆防寒。則至翌春可繼續採收勿絕。

第三類　香辛葉菜類

第七節　大葱

學名　Allium fistulosum, L.

英名　Welsh onion　法名　Ciboule

(一)來歷及性狀　原產於西伯利亞。其栽培起原不下二千年。我國自古栽培。而以北方爲特多。本爲多年生植物。而常作爲一二年生作物栽培之。葉爲圓筒形。外被蠟質。其下部常軟化供食。所謂葱白者是也。花白色。多數叢生而爲球狀。後結黑色種子。

(二)風土　南北各地四季皆可栽培。足見其不甚選擇氣

候。惟其賦性好冷而不好温。在寒冷氣候下常能生優品也。其最適宜之土質則爲粘質壤土或腐植質粘土。在此類土壤所產者軟白部潔白而柔軟。品質最佳。

(三)苗床及播種期　播種宜在苗床。其方法可照洋葱行之。欲栽葱一畝。約需種子四合。發芽日數。依播種期而異。平均七日至十日。發芽後宜疏苗灌水施肥。促苗之生長。

葱之需要周年不絕。故栽培者可分期播種。以便不絕供給。播種期依氣候及習慣而異。而最普通者則爲春季及秋季。春季播者秋冬採收。秋季播者則供翌年夏秋之需要。春播之適期在三月下旬。亦有至五月始播者。春播宜用上年度所採之種子。秋播則宜用當年所採之新種。三月播者氣溫低。發芽不齊。但生長期長。收量多。五月播者反之。秋播宜九月下旬。過早過遲俱不宜。早則苗之生長促進。至翌春定植前有開花之虞。遲則苗幼弱而易罹凍害也。

(四)栽植　葱栽植之地常用蠶豆豌豆麥等收穫後之空地。其性忌連作。故一次栽植後至少經一二年始可再栽植於同一地。畦幅依品種與土質而異。普通粘性之土自一尺五寸乃至三尺。砂土自二尺乃至四尺。欲行軟化宜於畦中掘溝深數寸。而植於溝底。不行軟化者可作低畦或作高畦植之。苗當欲定植時。可先曝諸日中數日。使其莖葉凋萎。而後栽植之。則發育佳良。收量大增。且翌春抽梗開花較遲。頗爲有利。定植期秋播者普通翌年四五月。春播者七八月。其株間距離每株二三寸。或每隔四寸。二株並植之亦可。栽植後之重要作業爲中耕培土。而欲行軟化者培土尤爲重要。此作業切不可失之過早。若苗尙未發育時行之。轍妨其後日之生育。而尤以夏季炎熱。往往誘起腐敗。是以甯稍遲爲得計。至秋季充分生長。可順次行培土三回。如不用培土軟化。可就畦間墊糠殼或藁。則軟化部極易伸長。外觀頗美。惟組織柔軟。採掘後易凋萎爲其缺點耳。

採收期依播種期與用途而異。一般秋播者。翌年自七月至十月。春播者則在秋冬期。如不軟化而以其青葉供食者。則當於其葉尙幼嫩時採收之。收量每畝少則二千斤多則五千斤。

第八節　韭菜

學名　Allium odorum, L. 百合科

英名　Cive

(一)來歷及性狀　爲東亞原產之宿根植物。葉細長。扁

平爲翠綠色。如軟化之則爲黄色。其下有小鱗莖。硬不堪食。而分蘖力甚强。春四五寸伸長時即可刈而供食。刈後復生。可復採收。一年得收穫數回。至八九月抽花梗。高尺餘。亦可食。

(二)栽培　栽培容易。無論何地俱能生育繁茂。其繁殖可依播種或分株。春季發芽前作畦幅二尺許。栽植四行。株間五六寸。如欲行培土軟化。則株間須一尺五六寸。以便培土。每株四五本栽植後注意除草中耕及施追肥。則同年内充分繁茂。十一旬可培土軟化之。早春可以採收。其後新葉四五寸長。可自根刈取。是謂青韭。凡刈取後即宜施水糞。則不數旬。恢復勢力。仍行生長。可再採收之。如是一年可收四五回。如欲採收種子者。則第一次採收後。當任其繁茂。自栽植後至五年根滿蟠結而株勢衰弱。當再行分株。以恢復其勢力也。

(三)北方冬日之爊育法

(a) 爊育室之建造　擇面南向陽之地。掘下一尺許。前面復用土堆高五寸許。然後每隔七尺。南北相對立柱。南柱高六尺。北柱高三尺。南北兩柱相距約一丈四尺。立柱既畢。上復架木以爲支樑。於是頂上編蜀黍(即高粱)幹覆蓋。上塗泥土。厚二三寸。南面以細竹爲窗。糊以白紙。令透光線而導温熱。中央築高約一尺餘。寬一尺之隄。中通水溝。與室外通。以便灌水。上敷大磚。以作通路。南北各界線處。亦用泥築高數寸。

(b) 育苗　欲行韮之𤏡育。必先養成多量根株。故宜於其年春播種於圃地。肥培之。不可刈其青葉。使其根十分發育。室內三十六方尺一區之根株需用量。須播種地面積五釐許。

(c) 栽植　十月下旬刈韮之青葉。用耙𠢐起其根株。去泥搬入室內。理之使整齊。然後密接栽植之於植床上。栽植時須二人。一人將根爲適宜大小之把，取而置地上。他一人取磚一塊置足旁。將根株之上端觸磚使齊。乃密接排列之於床上。根不令入土。排列時以長約一尺下端尖之鐵棒。插入土中。緊壓之。使不倒落。如是逐漸排入鐵棒亦隨時移動壓緊。至佈滿植床之全面止。

(d) 管理(1) 加温　室內設有煤竈。晝夜燃燒。令室內爲二十度以上之高温。(2) 覆蓋　午後日將入時。前面紙窗以菰等所編之厚席蓋之。次晨九時頃去之。如大風或天陰之日不可全去。(3) 播沙　床上排列之根株。根不入土。故宜自其上撒沙。滿其間隙。以便保持水分。又莖伸長至數寸後。亦宜隨時撒沙。使不倒伏。且令其下部爲白色。藉美外觀。撒沙後葉上粘着沙泥。宜以竹製梳耙梳落之。

(4) 灌水　栽植畢灌水一次。以後則每隔二星期許灌一次。

(e) 收穫　栽植後隔三星期長達一尺餘。即可刈取洗滌污垢。切齊下端。以二斤爲一束。販賣於市場。每斤十一月間可售洋一角許。每三十六方尺一次可收一百餘斤。

(f) 收穫後之處理　第一次採收後。其殘株尚能萌芽。故其上所撒數寸之沙。宜即搬出。俾嫩葉易於發生。如是三星期後可得第二次採收。其後每隔三星期爲第三次採收。此次採收後根株養分告罄。無再生能力。可拔棄之。換以新根。

第九節　芹菜

學名 Apium graveolens, L. 繖形科

英名 Celery　法名 C'elerie

(一)來歷及性狀　原產於瑞典。初傳之於亞非利加北部及亞細亞西部。漸及於英領印度。栽培已二千餘年矣。

爲二年生植物。葉柄濃綠。肥大多肉。有藥臭與甘味。軟化之供食。味頗美。且富於滋養。爲健腦劑。翌春抽花梗。頂上分歧。花黃。種子極小。暗褐色。

(二)風土　生長甚慢。在有適當水濕與有冷涼氣候之下最能發育。土質以水分保持力强之粘質土或粘質壤土爲最佳。惟排水務求其佳良。以免夏季根部之腐敗。

(三)栽培　芹菜種子甚小。宜先如葱下種於苗床。播種期早則常於三月上旬就溫牀行之。但普通多在四月上旬至五月上旬間在冷床播之。播種後薄覆土並蓋藁澆水。則經十餘日發芽。除藁疏苗。至生本葉四五枚另設一苗床移植之。每苗各相離二寸。使其充分生長。至七月即可定植矣。

芹菜常軟化後供食。依其軟化法之不同。而栽培法亦相差違。茲分述之如左。

(1) 培土軟化法　此爲最廣行之法。與葱之軟化相似。畦闊二尺五寸乃至三尺。畦中作溝深五六寸。溝底施堆肥。乃栽植苗每株相距四五寸。畦溝宜南北縱設之。以便通日光。定植後宜時施稀薄人糞尿。以促其生長。至晚秋氣溫低下。即可行軟化。卽在十月上旬生長已達一尺五六寸。各株上下二處以藁寬縛其葉。以便軟化。乃耡起畦間之土。打碎土塊。培於株之二側。高八九寸。更經十日。再深爲培土。至稍露葉端爲度。如是一個月可完全軟化。十一月至十二月得以收穫矣。

(2) 苗牀軟化法　作苗牀幅六寸。高五寸許。牀間設通路幅一尺許。床上行間一尺。株間五寸植苗。當欲行軟化時先掘起通路之土打碎之。就高畦左右一尺許之處先爲軟化。待其收穫後。再以其土培於中央部而行軟化者也。當十月中旬頃畦間之土深耡起。畦之周圍一尺許之處所生之株先爲培土軟化。一月餘即行採收。乃以其處之土再軟化畦中央之株。

依此法全圃分二次採收。第一回自十一月下旬至十二月下旬。第二回則自一月下旬至二月下旬。

(3) 板圍軟化法　栽植早生種而於溫暖時期行軟化。如用培土法。往往有腐敗之虞。用此法可以免之。此法較培土法爲進步。惟以板代土。化費較多。爲其缺點。而畦幅可狹(畦幅二尺，株間五寸)在同一面積得栽培多數之芹菜。且不必掘溝栽植。爲其利點也。其法於八月上旬頃芹菜已充分生長。乃將板密接於株之兩側並立。且在板之外側打樁擁護之。使不倒伏。板用幅一尺長六尺厚一寸許之松板可已。板間稍入土粉或細砂。則着手後二十餘日即可充分軟化。依此法全圃宜分先後數回行之。則板可無須多購置也。

(4) 窖內軟化法　此法適於積雪多之寒地。或於冬季組織硬化。露地之軟白不易時行之。其法於一二月之候將露地養成之株。根部帶多量之土掘取。搬入於有二十度內外之溫度之窖室內或溫床內。密爲排植之。適度灌水。則數日後莖葉俱軟白矣。依此法而得之軟化品呈黃白色。無光澤。質柔軟。採收後易腐敗。當即販賣之。如無窖室之設備時。則利用屋舍之隅。密並列而行灌水。以藁或席遮斷光線。亦可軟化。惟溫度低。軟化多費時日。非旬餘日不足以供需要。且因養分與水分之缺乏。莖葉輒致凋萎。品質不免變劣也。

以上四法。各有得失。不能一概而論。惟普通常廣行者爲(一)(二)兩法。軟化品之品質與經濟上之合算俱以此二法爲最有利也。

第十節　三葉芹

學名　Cryklotaenia caradinsis, D. C. 繖形科

(一)來歷及性狀　爲東亞原產之宿根植物。葉自根際出。柄長而色綠。軟化時葉變爲淡黃色。品味柔軟。有特

别香味。葉柄之先端有心臟形之葉三片。葉緣有淺缺刻。至七八月自中心抽花梗。長二尺許。簇生白色小花。種子黑褐色。長紡錘形。有縱溝。

(二)栽培法　喜稍濕之肥地。可依播種繁殖之。四五月交選適當之地。每隔二尺條播種子。每畝可用堆肥一千斤。並用稀薄液肥而後下種。薄覆土。且覆藁以防乾燥。凡經五六日發芽。其後行中耕及施液肥數回促其生長。則至秋季即可培土軟化之。惟此期所採收者。品質不免稍損。欲得品質佳良者。宜待其葉枯死者。掘取根株。入軟化室。以馬糞釀熱。促其發芽。作成軟化品。供冬季之需用。若無軟化室則任其在圃地越冬。至春暖。根株上厚堆土。使新葉軟化亦可。

如欲採收種子。則春季不堆土。任其自然發生。至盛夏抽梗結實。此種子宜自第二年之株採之。若自第一年之株採種。則促早抽梗開花。根株不克充分發育也。

第四章　花菜類

第一節　花椰菜及木立花椰菜

學名 Brassica, oleracea, Var, Botrytis D. C.

十字花科

英名 Cauliflower and Broccoli

(一)來歷及性狀　花椰菜自甘藍變化而來。其原產地同甘藍。其外形略似甘藍。惟中心不結葉球而生一大花蕾。花蕾之花梗分歧肥厚。叢集一處。其先端生無數之白花或淡黃白花。葉在幼苗時代與甘藍難於區別。及稍長。生七八葉。始可識別。即甘藍之葉柄短而葉片圓。花椰菜則葉柄長而葉片稍長。先端尖。

(二)風土　其最適風土與甘藍相似。喜低温。夏季炎天高温之下間有能生育結蕾者。然其花蕾爲日光所炙。品質不免惡劣。是以栽培者宜準酌播種期。勿使其在高温之際抽花蕾也。土壤以肥沃之粘質土排水佳良者爲最適。

(三)栽培法　花椰菜與甘藍同。宜先在苗床育苗而後栽植之。播種期最通行者有三。第一期二三月。第二期三四月。第三期秋季九月。第一期宜用温床。發芽後假植於冷床。至四五月定植。如是至炎夏抽花蕾。此於低温地方行之。温度地方不宜。第二期播種多在冷床。至五六月定植。通夏期生長發育。至秋冬期抽花蕾。此期專用晚熟之品種。第三期專在暖地行之。至十一月乃至十二月定植。翌年四五月生花蕾。如寒冷之處。則苗宜保護越冬。至翌年三月始定植。

苗之養成及定植法等。俱可參照甘藍行之。漸次發育。及近於成熟期。宜時常檢查心部。如有花蕾發生。當將外葉包裹心部。以細繩縛之。務使花蕾不見日光。以免變色。花蕾達充分之大。即可帶數葉切取採收之。

第五章　果菜類

果菜類種類甚多。性質各殊。然可大別爲左之四類講述之。

一，蓏果類　如胡瓜，甜瓜，南瓜等之瓜類屬之。

二，茄果類　如茄子，蕃茄，辣茄之類屬之。

三，莢果類　如菜豆豌豆等屬之。

四，雜果類　如草莓之類屬之。

第一類　蓏果類

第一節　胡瓜

學名　Cucumis Sativus, L. 葫蘆科

英名　Cucumber　法名　Concombre

一　來歷性狀及用途　胡瓜原產於印度。栽培已不下四千年。爲一年生之蔓性草本。生長後高達八九尺。莖四角形甚粗糙。葉互生。形如葡萄葉。概爲濃綠色。然外國種中亦有爲黃綠色者。各葉腋生有卷鬚。所以纏繞於

支柱。以支持其莖幹者也雌雄花俱生於葉腋。豐產之品種。雌花自第二或第三葉始。各葉腋無不生之。不豐產者則每隔數葉生之。花謝後閱旬餘。即可採食。胡瓜能爲處女結實。即雌雄花不交配。亦能結實。惟不生種子。故欲採收種子者。當行人工交配焉。

胡瓜之形概爲圓筒形而先端稍尖。或爲長紡緟形。色澤深綠或黃白。皮上有刺者。亦有無之者。種子白色。對於重量一錢約一百三十粒乃至二百五十粒。至胡瓜之用途大概多供生食或炒食。然亦有醃漬者。

(二)栽培法　市場上胡瓜之需要。殆終年不絕。栽培者能應其需要。隨時供給。獲利可操左券。雖然胡瓜爲夏期蔬菜。冬春或晚秋欲產出之。非變更其栽培法不可。玆將普通所行之栽培法。一一記述之如下。

(A)促成栽培法　此法專於寒冷時期行之有溫室栽培法與溫床栽培法之別。溫室栽培法北京多行之。然如單種胡瓜。不兼事花卉促成。每多得不償失。蓋我國之生活程度。除上海天津等大都會而外。尙不適於行胡瓜之室栽培也。至溫床栽培簡而易行。所費有限。獲利較多。暖地大可試行。玆將其方法述之如下。

(1)促成之時期　胡瓜之生育期間不甚長。普通自播種迄收穫。不過七八十天。其後可繼續採收五六十天。故自十一月至翌年欲不絕採收。須先後播種三回。其時期大略如左。

播種期	定植期	採收期
第一回九月中旬	十月下旬	十一月下旬至一月下旬
第二回十月中旬	十二月上旬	一月上旬至三月上旬
第三回十二月中旬	二月上旬	三月上旬至五月中旬

第一回氣候温暖。栽培最易。胡瓜之價較廉。第二回結果期適值嚴寒。栽培難。收量少。第三回天氣漸暖。栽培容易。最能獲利。

(1) 促成之溫度　胡瓜生育中溫床之溫度。平均須攝民二十二三度。如以醱酵物爲熱源。欲始終維持此溫度。勢所難能。故普通先過量踏入於溫牀內。令發高溫。漸次任其低下。即第一回之栽培在暖地踏入廄肥於床內。厚約一尺二三寸。如是其初之二三週間發熱達二十五六度。後漸減至二十三四度。二三週間後更減至二十度內外。其後再經二三週間。溫度漸降至十七八以下胡瓜之長停止。僅之結之蓏徐徐發育而已。此時恐蓏之發育不完全生苦味。則宜於木框之周圍掘溝埋廄肥而行所謂蘇熱法焉。第三回之栽培。即以與第一回同量之廄肥踏入。當結果期天氣漸暖。即床温下降。籍自然之熱。仍得恢復達二十二三度。故不行蘇熱法其蓏亦能完熟也。至第二回之栽培。床内廐肥須厚二尺許。否則難免於失敗也。以上所述專指定植床而言。至苗床之温度。可較低。釀熱物可半減之。如過量踏入。温度昇騰。反致苗徒長柔軟也。

(3) 促成用之土壤　胡瓜之根部甚柔弱。粘濕之土根之發育不良。易招腐敗。且胡瓜喜地温高。故土壤以輕鬆而易吸陽熱者爲最良。其配合量大抵爲園土四分，堆肥四分，細砂二分。(此爲定植床之培養土)至苗床之土壤不必特爲之配製。將園土混多量廐肥用之可也。

(4) 播種及移植　胡瓜有攝氏二十度之温度。即得發芽。故第一回之栽培其播種不必在温床。可播於露地之冷床。及發芽後移植之於温床。則幼苗不至徒長而强健。第二回及第三回之栽培適植冬季。當直接播於温床。床内踏入釀熱物後。搬入培養土厚三寸許。且對於一床(寬四尺長十二尺)施木灰二十四兩，過燐酸石灰十兩以爲基肥。如此措置畢。耙平表土。以二三寸之距離作淺溝。條播種子於其内。覆土厚二三分。其上覆藁灌水。更密閉玻璃牕。則經五六日發芽。發芽後當即除去所蓋之蘗而行疏苗。此時如急曝於强日光。則黃色之幼植物。往往爲日熏炙而成白色。故宜於牕上覆簾令徐徐變綠色。如是經數日本葉發生。乃移植於同温之床。每株令隔三寸。此爲第一回假植也。其後本葉發生二枚時行第二回假植（每株令隔四寸。）至本葉三枚發生時再行第三回假植。（每株令隔五寸）第一回假植時本葉尚未開展。移植後之受傷少。第二回以後。本葉開展。易致凋萎。故掘起之時。根旁之土務不令其落下爲要。第二回假植後至本葉五六枚發生。即可定植之。定植距離因栽培之時期與方法而異。第一回及第三回之栽培。天氣温煖。蔓易伸長繁茂。故普通寬四尺長十二尺之床植四十株。（南北四株東西十株）第二回之栽培蔓不易伸長。可植四十八株。温床之南側低。莖葉易接觸於玻璃牕。且常爲日蔭。温度較低。故栽植時當隔離南側八寸許。至定植床之肥料約木灰二斤過燐酸石灰十兩。油粕二十兩混合分施於各株以爲基肥可也。

(5) 整枝法　温床內栽培胡瓜以棚作法爲最合宜。即前側高四寸後側高七八寸與玻璃牕面平行而造之棚。順次縛蔓於其上可也。

(B) 早熟露地栽培法　略先於普通栽培而產出胡瓜之栽

培法也。欲行此栽培。須於三月上中旬頃。播種於溫床育苗。其法與促成栽培無所異。至四五月交乃定植之於露地。定植後須爲之遮日及灌水。栽植距離因整枝方法與品種之高矮。自不能無所異。然普通畦幅三尺許。株間一尺五寸乃至二尺。亦有畦幅四五尺。每畦植二行者。(沿畦之兩側種)肥料宜以馬糞。油粕,米糠,草木灰等爲基肥,及其漸長而盛行結蓏時。施人糞尿爲補肥。其效甚大。且可增進胡瓜特有之香氣也。如是栽培管理時至五月中旬開始開花。五月下旬乃至六月上旬即得採收。直至八月頃終。一畝地平均得收穫三千餘斤。豐產者可收五千餘斤。

(C)露地直播栽培法　此法不以溫床育苗。直播於圃地。普通農家多行之。雖收量較少。然無育苗及移植之煩。亦可得相當之利益。其法於四月中旬選溫暖位置之圃地。以一定之距離播種數粒。覆以細砂土。其後時行灌水。約二星期發芽。乃留强壯者一株。其他悉除去之。栽植距離及其後管理悉與前法無異。採收自六月中旬始至八月終。其生育期間較短。收量自亦較少也。

(D)抑制栽培法　此亦可稱晚熟栽培法。後於普通品而產出者也。常栽培於他作物之間而爲間作。播種在六月上旬乃至下旬之間。可直接播於露地。不必另設苗床。此時期氣温甚高。播種後不數旬即結蓏而可採收。然天氣濕熱。病虫繁多。易致胡瓜勢力衰弱。一株不過得採收數個而已。幸其時普通栽培品減少。市價略昂。產量雖少。亦不難得相當之收益也。

(四)胡瓜之整枝及摘心　胡瓜爲蔓性植物。如任其自然。莖葉繁茂。阻礙光線與空氣之流通。必致病虫猖獗。勢力衰弱。大減其收量。故整枝及摘心尚焉。整枝普通以細竹或蜀黍桿插入土中。此竹管之先端每二行交叉束縛。使其穩固不動。乃誘引胡瓜之蔓於竹桿而束縛之。此方法簡而費省。惟內面較外面光線與通風俱劣。且中耕及採收不便。爲其缺點耳。故欲避此缺點。則莫若如墻壁整枝之果樹建造籬形之架。即每隔數丈立一高五六尺之竹柱或木柱。上下附以二條鉛絲。縛細竹於其上。而爲蔓依附之所也。此方法學理上無所缺點。惟所費較多耳。

豐產種類如節成胡瓜不必施行摘心。任其自然爲妙。反之不豐產之種類而結果遲者。則於生本葉六七葉時摘心。其後令其自然生長。或於本葉四枚時摘心。令發生一本主枝。及此主枝高達六尺再行摘心。其後自各葉腋發生之側枝留二三葉摘心。以防過度繁茂。則結蓏早而收量多也。

第二節 甜瓜

學名 Cucumis melo, L, 葫蘆科

英名 Melon, musk-mellon, or cantalouk

法名 Melon

(一)來歷及性狀 甜瓜之原產地。據 Naudin 氏之說有二。一爲印度。一爲亞非利加。其栽培之起源在二千年前至第八世紀頃始入我國云。

甜瓜爲一年生蔓性植物。其莖葉之性狀殆與胡瓜類似。葉有缺刻甚淺近於圓形者。與缺刻甚深達葉身之半者二種。分枝多。結蓏晚。普通孫枝上始結果。花較胡瓜小。黃色。雌雄異花。雌花具不完全之雄蕊。蓏依品種其形狀大小及色澤等固大有差異。然蓏肉概甘美柔軟。而以英美種具特殊之芳香者爲尤多。蓏形有球形,卵形,長圓諸種。色澤有白,黃,綠,及濃綠四種。蓏肉有白,綠白及黃褐之別。其分類方法普通專依蓏皮而別之爲二。

1. 網皮種 (Netted melon) 學名 Cucumis melo, var, reticulatns 此種外皮全面以白色網狀之斑紋密布。

2. 平滑種 (Cantaloupe or Rock melon) 學名C.M. Var, cantaloupensis　此種蔴支上概有深縱溝。溝之數依品種而有多少。大抵有八乃至十二條。

(二)品種　甜瓜我國及歐美栽培甚盛。品種散布各地。爲數亦甚多。就中以英國種甘香最烈。其味之美遠非他種所能望其項背。惟性虛弱。不適於露地栽培。爲其缺點耳。

(甲)中國種

1. 黃金瓜　此種一名黃皮甜瓜。果長圓。成熟時皮黃肉白。味甘美。產量頗豐。

2. 白瓜　一名梨瓜。形稍長圓。皮平滑始爲綠色。成熟時變爲白色。肉白甚脆。味甘而汁多。性强健而豐產。

3. 綠皮甜瓜　形長圓。皮綠色而有白縱條。肉淡綠色。味甘。

(乙)英國種

4. Suttons scanlet 蔴球形。中等大。皮濃黃色。網紋密布。肉厚作黃紅色。多汁柔軟。甘芳甚烈。溫室栽培品種中生長旺盛性最强健者也。

5. Suttons A, 1, 蔴球形。肉紅色。生長勢力强健。

6. Sutton's Bcst of all 蓏大爲球形。外皮黃色。網紋密布。肉甚厚。淡綠色。味甚美。

7. Sulton's Emerald gem 爲早生豐產種。蓏小。堪貯藏。外皮濃綠有細紋。肉淡綠脆弱。蔓之生長强健。

(丙)美國種

8. Extra-Eaily Hackensack 此爲甚豐產且早生之種。蓏形爲稍扁平之球狀。有深縱溝。外支綠色。有極粗糙之網紋。肉綠色。香氣强即不甚甘。

9. Ieuny Lind 此種早生且豐產。蓏小爲球形。外皮綠色。有深縱溝與密網紋。肉黃綠色。品質甚佳。

10 Rocky Ford 蓏大小之中等。爲球形。外皮綠色。有密網紋與縱溝。肉綠色香氣强。

(三)風土 甜瓜原產於熱帶。故一般喜高温與乾燥之氣候。然其間品種甚多。性質各殊。有如我國固有種之性强健者與如英國種之性虛弱者。性質既有强弱。其對於風土之選擇。自必有所異。即前者雖在我國夏季多濕而温度稍低之處。亦能完全發育而產佳果。後者除夏季高温乾燥之地方而外。露地難全其生育。非有温室之設備。不足以言栽培也。

甜瓜所喜之土壤爲砂質壤土或壤質砂土，而排水良好富於石灰質者。如於粘質土栽培之。則數日間陰雨連綿。土地過濕。露菌病，根腐病等，即乘機侵入。爲害甚大。不可不防之也。

(四)栽培法　如上所述。英國之改良種非有溫室不可。其栽培法。茲從略。以下所述者概有露地栽培法。

甜瓜性較胡瓜爲弱。根之伸長力亦不强。移植困難。故普通多於四月下旬直播於露地。但病虫害多之地方。以先播之溫床爲安全。其播種期以四月上旬爲宜。播種法與胡瓜同。發芽後當爲之疏苗。令各株相距寸許。至本葉二枚發生移植之於他床。令每株佔四寸平方。及本葉四五枚發生。及掘而定植之。掘取務須叮嚀。勿傷根部。如能於數日前先以小刀約距根際二三寸環切之。促細根之發生。則定植時易於掘取。且受傷較少也。

栽培胡瓜之地。其前作多爲麥類。栽植距離畦幅四尺。株間三尺。以堆肥油粕米糠木灰人糞尿等爲基肥。施於栽植苗之處。施肥後數日及取苗定植之。一畝地所要之苗約六百株。定植後須爲之遮日灌水。與胡瓜同。

生育中特宜注意者有二。一爲蔓之配置。宜放射狀列置之。不令互相重疊。其密生者適度摘去之。以防過茂而致病害。二爲隨蔓之伸生。地上全面鋪麥桿。使莖葉及果實不接觸土砂。其他瓜守虫及露菌病爲害甚烈。當努力驅除之。

甒普通開花後三十日即成熟。其成熟特徵(1)以指頭壓迫之。稍感彈力性之反應。(2)發出特有之芳香與色澤是也。甒採收後如貯藏於冷室二三日令其追熟。則風味更佳。一畝地之收量依品種而異。平均一千六七百斤。

(五)摘心法　甜瓜之結果習性與胡瓜迴異。主枝不生雌花。多於側枝或孫枝始生之也。故欲望甜瓜之豐產。當視其性質。行摘心而使之分枝。庶可免莖葉過茂。徒占地積而多落果之患也。其摘心方法最通行者即苗生本葉三枚時。留二葉摘心。使發生二枝。此二枝生五六葉時。再留四葉摘心。令各出四枝。如此摘心二回。其後所發生之新枝之第一葉腋概生雌花。若不生雌花。則再留一二葉摘心。此次所生之新枝大概必生雌花。各枝蔓既生雌花而後。其續生之雌花悉除去之。蔓則任其自由生長也(亦有生雌花後於其上留二摘葉心以制蔓之繁茂者)

第三節　南瓜　學名 Cucurbita L,

(英)Gourds(美)Squash(法)Courges

(一)來歷及性狀　原產於熱地方。爲一年生草本植物。

蔓大。粗剛。呈黑綠或淡綠色。長達數丈者有之。葉圓形或心臟形。廣大。濃綠色。亦有沿葉脈有白色斑紋者。葉面有剛毛。極粗糙。葉柄長。中心空。多汁而脆。自葉腋生側枝與卷鬚。花黃色。爲筒狀。每日午前開。午後萎。雌雄異花。蓏扁圓，長圓，圓形，紡綞形等種種不一。大形多肉。呈赤，黃，黑，綠，褐等色。表皮有平滑者。有有瘤狀突起者。有具縱溝者。肉色概呈黃褐乃至黃赤。柔軟多甘。種子白色。扁平甚大。

(二)分類及品名　南瓜種類甚多。法國植物學家 M. Charles Nandin 氏。分爲下之三種。

第一類　Cucurbita Pepo, L, (英名Pumpkin)

第二類　C. Maxima, Duch,(英名 Spunish gourd)

第三類　C, Moschata, Duch,(英名 China Squash)

第一類　Cucurbita Pepo. L,

本種爲美國原產品種甚多。葉緣有深缺刻。蓏梗五角形。成熟後甚堅硬而肥大。而蓏之附着部更爲肥大。此本種最顯著之特徵也。蔓之生長概不甚長。故有 Bush Squash之名。又以其蓏柔軟時可供夏期之需要。故又有 Summer squash之名。蓏形大小長短依品種而有差。其肉有一種之苦味與佳香。重要品種列如左。

1. Vegetable marrow 蔓甚長。葉中等大•暗綠色。葉緣缺刻深。分裂爲五片。蓏長形。長一尺。直徑五寸許。面平滑。作黃白色。蓏梗部有數條溝甚顯著。未熟時柔軟可供食。英國多栽培之。

2. Lony white Bush marrow 倭性。葉暗綠而有灰綠色之斑紋散在。蓏長達一尺五寸許。蓏面有五條縱溝。

3. Patagonion squash 蔓甚長。葉有深缺刻。蓏爲長圓筒形而兩端少縮小。蓏長達尺八寸。直徑七寸者。數見不鮮。蓏皮平滑而有五條之縱隆起。熟時作黑綠色。肉黃色。品質中等。頗豐產。

4. Geneva Bush Gourd 矮性。葉鮮綠。缺刻深。葉柄甚長。蓏小。爲扁圓形。直徑不過五寸。高僅二三寸。蓏皮平滑。綠褐色。熟則變橙黃色。肉黃色不厚。未熟時供食用。

5. Crook-necked goard 矮性。葉大。鮮綠色。有深缺刻。而分裂爲三片或五片。蓏鮮黃色。極細長。蓏梗部細。漸至先端則漸肥大。長一尺五寸。直徑先端五寸。其特徵爲首部屈曲與蓏面密生瘤狀突起。肉味不美。外皮堅硬。堪久藏。可爲一種之裝飾品。

6. Large Tours Pumpkin 蔓甚長。葉大。暗綠色。缺刻有深者亦有淺者。蓏圓形或長圓形。而兩端稍扁平。最大者重逾四十斤。肉黃色。品質中等。

第二類　Cucurbita maxima Duch,

此類原產於印度。爲南瓜中之最大形者。充分成熟者可貯藏之以供冬季之需要。故有 Winter squash之名。葉廣大。圓形或心臟形。無深缺刻。蓏之皮色不一。形狀有扁圓紡綞等諸種。蓏梗圓。形甚粗大。而無縱溝。種子甚大。平滑。

1. Mammoth Pumpkin 蔓性種。葉極大爲圓形。又稍爲五角形者有之。葉緣無缺刻。蓏甚大。爲扁圓形。而兩端凹入。直徑二尺。高尺許。外皮平滑。黃褐色。肉厚。作黃色。富於芳香與甘味。外皮堅。可貯藏。美國多栽培之。

2. Etampes Pumpkin草勢蓏形等與前種類似。蓏肉稍厚。蓏皮有多數條溝與不規則之隆起瘤肉。外皮橙黃色。法國多栽培之。

3. Ohio squash 一名 California marrow 蔓性種。葉圓形或心臟形。無缺刻。蓏面平滑而有顯明之條溝。呈藍赤色。蓏爲缺紡綞形而其基部稍肥大。近於尖端則漸瘦小。長平均一尺四寸。直徑一尺許。肉味美。

4. Hulbbard squash 蔓性種。蔓莖粗硬。葉大。作鮮綠色。蓏暗綠色。中央圓而兩端細尖。肉暗黃。味在西洋種中當首屈一指。外皮厚硬。用利刀亦不易削切。故多用斧削之。

第三類　Cucurbita moschata Duch

此類爲亞細亞南部原產。我國及印度馬來日本多栽培之。其性狀與前二類大異。莖枝常蔓性。不甚粗大。呈黑綠色。甚充實。自節部易發根。葉圓形或心臟形。葉緣有五六個之小凸處爲鈍角形。而無缺刻。葉色暗綠。沿中肋及葉脈有不規則之白色斑紋。是爲其特徵也。蓏普通不甚大。皮面有有瘤狀突起者。亦有無之者。惟俱有縱溝。蓏梗短大。爲五角形。種子稍黃白色。較他種爲小。

1. 長南瓜　此種近蓏梗之部小。下部膨大。長者達二尺餘。成熟後皮色黃。肉黃色。我國南北各地皆有之。其內品種富不少。

2 扁南瓜　此種形扁圓。皮面有瘤狀突起與深縱溝。成熟後黃色。肉厚味美。概爲早生種。我國南北各地皆有之。其間品種當亦甚多。

（三）風土　南瓜性强建。莖葉勢力旺盛。易致生長過盛而誤結果。故栽培時。宜選適當之風土。其所喜之土質爲輕鬆而不甚肥沃者。即砂質土最適於其生育而產優品也。氣候以高温乾燥爲最適。如過濕潤。則莖葉繁茂。足以阻害結實。且南瓜雌雄異花。籍昆虫而爲交配。降雨中昆蟲絕跡。多花而不實。故氣候多雨潮濕實爲南瓜結果之一大障碍也。

（四）栽培法　栽培南瓜有直播與移植二法。直播乃直接播種於圃地之法。普通多行之。惟依此法結果遲延。收益不多。移植法先養苗於苗床而後移植之於圃地者也。苗床有冷床與温床之別。欲望早產須用温床。但南瓜爲比較的低温度能發芽者。欲於温暖之處設冷床而播種。已勝過露地直播數倍也。苗床內播種概爲條播。各條距離三寸。條內以一寸之間隔一一播下上覆以厚四五分之土。播種期温床三月中下旬。冷床以四月上旬爲適宜。播種後一星期許開始發芽。至本葉發生。按四寸平方之距離。分栽之於他床。至五月上中旬本葉發生四五枚時乃定植之。定植前數日。須先於其栽植處施肥。肥料以堆肥，油粕，木灰人糞尿等爲宜。栽植距離依品種之蔓性與矮性而異。普通以畦六尺株間五尺爲標準。

南瓜不問直播與移植發芽後本葉發生四枚時。須摘去其先端。令發生四主枝。則結果早而落果少。又雌花所生部分之側枝。亦宜摘去之。以節養分而助蓏之長大。此外栽培上所當注意者爲鋪蔓與交配之兩者。鋪蔓者即隨蔓之生長鋪蔓於地面。可免各節生根。致莖葉過茂之弊。且蓏不至接於地面而腐敗也。交配爲摘取雄花之雄蕊。接觸於雌花之柱頭。使之受精是也。此因南瓜如前所述。非得昆虫之媒介。不能受精。且開花期適逢梅雨不行人工交配。往往落果而不能成熟。至交配時間。以午前八時至十時爲最宜。

蓏花謝後三十日成熟。可順次採收。至九月中下旬告終。一株平均可得四個。一畝收量平均二千四百斤。

第四節　西瓜

學名　Bucumis Citrullus. Ser,

(英) Water melon(·法) Melon D'cau

(一)原產及狀性　原產於亞非利加熱帶地方。爲蔓性一年生植物。莖極長。葉深綠色。甚廣大粗硬。有深缺刻。花雌雄異花。黃色小形。雌花有細白毛密生之長圓形子房。受精後漸膨大而爲蓏。蓏依品種其形狀色澤等各有差異。其大者重可達二十餘斤。形狀有球形與橢圓形之二種。色澤有濃綠，綠白及具蛇狀斑紋者諸種。其供吾人食用之部分與南瓜甜瓜異。非蓏肉部。而爲種子周圍之蓏瓤部。蓏瓤有淡紅，濃紅及黃色之別。種子有褐色，黑色，赤色，及白色等。大小不一。對於重一錢平均約二十三粒。發芽年限六年。

(二)品種 1.紅瓤西瓜 江浙各地皆產之。蓏大者達十餘斤。爲球形。皮黑綠色。瓤紅。甘味多漿。收量多。

2.雪瓤西瓜 江浙各地產之。蓏爲略長之球形。皮面白色而有綠色蛇狀斑紋。大者重達十斤。味甘美。

3.黃瓤西瓜 外形與紅瓤西瓜相似。惟其瓤爲橙黃色異耳。

4. Ice Cream (美國種)蓏球形而大。外皮白而有淡綠色之條紋。瓤淡紅。甘味多漿。種子白色。

5. Mountain sweet (美種)蓏大。長橢圓形。外皮有綠色與白色之蛇狀斑紋。瓤濃紅。甘味較前種稍劣。

6. Sweet sibcrian 俄國種。底温之抵抗力强。北部地方亦善結果爲中卵圓形。外皮暗綠有明顯之斑紋。瓤肉橙黃色。多漿。味之甘西瓜中當無出其右者。種子小。灰褐色。

(三)風土　西瓜原產於熱帶地方。好高温與乾燥。故夏季降雨少乾燥而高温之氣候。最適於其生育。土質以砂質土爲最佳。砂壤土乃至壤土次之。反之冷濕粘土最不適當。

(四)栽培法　西瓜在幼苗時代細根不發達。而草勢虛弱。移植甚困難。故以直接播於圃地爲宜。然病虫害多之地方。直播時往往爲病虫侵害而誤發芽者。有之。故如此之時。欲求其安全。當先播種於苗床。(此時如播種於小鉢內則移植甚便)西瓜之栽植距離甚廣。畦幅至少六尺。株間五尺。如較此狹時。則莖葉徒長繁茂。難得大蓏。其播種期不問直接與床播。概爲四月中下旬。當播種或移植之先。圃地須先施多量肥料。窒素成分不宜過多。過多則味淡而熟期遲。燐酸成分能增加其甘味。最爲必要。種子之發芽較南瓜遲。欲促進之。當先浸於微温一晝夜。更埋於醱熱物中一晝夜。稍催其發芽而後播下之。如是逾一星期許即發芽。發芽後當注意瓜守之侵害。其預防以寒冷紗作成之覆蓋物被覆之爲最妙。如是次生長至本葉發生四枚如爲不易發生側枝之品種。可行摘心令發生側枝四本其後隨蔓之伸長。舖藁於地面。

妨莖葉及蓏之附着土砂。至盛夏之候可採收果果大蓏以供市場之需要。欲知成熟之適度。當先以指輕彈之。如生濁汁即爲成熟適度之證。然此法不熟練者。實難判別。其最容易而安全之方法。則爲表記結果月日。大約結果後經三十五日乃至四十日成熟。屆期可檢視採收之也。

第五節　冬瓜學名 Lagenaria dasistemon miq 葫蘆科(英) Wax gourd or Zit- Rwa (法 Courge a lacire

(一)原產地及性狀　原產於我國及印度。性喜高温。而生育期長。爲一年生之蔓性植物。其性狀類似南瓜。而成長力更强。其蔓長達二三丈者甚多。莖粗大。爲四角形。粗糙而有剛硬之刺物。葉偉大濃綠色。葉形爲掌狀而七裂。葉腋着生深五裂黃色之合瓣花爲雌雄異花。蔓如任其自然生長。則主枝上自第十二節乃至二十節始生雌花。蓏球形或長橢圓形。未熟時面上密生針毛。其後逐漸消失。終於面上生一種錯質而呈白色。蓏肉厚。純白多漿。蓏瓤部空虛。蓏肉具六列之種座而附着數多之種子。種子白色。扁平。而周圍稍隆起。重一錢有七八十粒。發芽年限十年。

(二)品種　1.中國圓冬瓜　我國各地皆產之。爲早生種。葉淡綠。蓏小形。一個重八九斤。爲不正之球形。蓏肉厚。多漿。

2.中國長冬瓜爲晚生種。蓏大重達十餘斤。色濃綠。形爲細長圓筒形。白粉多。肉厚。純白色。質緻密。味甚佳。直隸保定附近多產之。

3.台灣冬瓜　最肥大之晚生種。重達四五十斤者數見不鮮。蓏細長圓筒形。長三尺。直徑一尺許。蓏皮上成熟後。刺毛雖消失。而不生蠟質。蓏皮變暗綠色後即可採收。勢力旺盛。葉濃綠有缺刻。

4.琉球冬瓜　株勢性狀。與前種無大差。其所異者蓏稍小而中生種耳。葉稍呈淡綠色。蓏爲短橢圓形。

(三)風土　冬瓜性最强健。殆不擇土質。然其適當之土質則爲肥沃粘土乃至粘質壤土而排水良好者。氣候生育中需高温。雨水過多。固有害於其生育。然不如南瓜之甚。要之冬瓜在温暖地方。栽培甚容易者也。

(四)栽培法　冬瓜之栽培與西瓜等無大差。惟其種子低温時發芽困難。非有攝氏三十度許之温度難於完全發芽。故春季播種過早。徒傷苗牀。不如待春暖時行之。即於四月上旬頃按照南瓜播種於温床可也。其後約經二週間發芽。發芽後勿使陷於乾燥。免致蚜蟲發生。阻害其生育。至本葉四枚發生時可行摘心。至五月中旬乃掘出定植之。肥料與南瓜同。栽植距離行間株間悉以六尺爲適當。如前述摘心而發生四主枝者。結果早。一株可收穫二個。雌花發生而後。自其節所發生之側枝。當除去之。以防莖葉之繁茂而助蓏之發育。蓏至刺毛消失呈暗綠褐色或被白粉時。即爲成熟之証。可漸次採收之。（普通開花後三十五日乃至四十日間即成熟）蓏當肥大成長時其接於地面之部分。須爲之厚鋪藁類以防濕氣而免腐敗。又上部向陽面亦宜以藁被之。以防日燒破裂。

第六節　扁蒲

學名　Cucurbita lagenaria L.葫蘆科

英名　Balabash

原產地及性狀　原產於印度及亞非利加爲蔓性之一年生植物。葉大。爲心臟形。花爲雌雄異花。呈白色。夕開早凋。勢力旺盛。結果甚晚。蓏青白色甚大。有長圓與扁圓之二種。未充分成熟時。可供賓食。過熟時外皮硬化。不堪食專除去其心部。以供器具用。

（二）品種

1.長扁蒲　各地皆栽培之。蓏淡綠色。有光澤。陰面不當日處色白。爲細長圓筒形。長平均一尺三四寸。最大者長達二尺。直徑四寸。肉白色。收量多。

2,圓扁蒲　北方多產之。蓏近於圓形。甚大。重有達二十斤者。皮色淡綠。有光澤。下面白色。肉純肉。收量多。

3.葫盧　此與扁蒲爲同種之作物。肉苦不堪食。蓏之中部細上下膨大。而上端之膨大部較下端之膨大部爲小。呈所謂葫蘆形。此專供盛器用。北京一帶又有一種小葫蘆者。形與此種同。長不過三四寸。以之爲小兒之玩具甚適。

4.懸瓠　一名鶴瓢，長柄葫蘆，或茶酒瓢。肉苦不堪食。主供酒器。蓏之下部大。上部縮小如鶴頸。故有鶴瓢之名。

(三)風土及栽培法　扁蒲不選風土。不論何種土地均能生育。惟夏季須高溫及土地之排水須良好而已。

栽培扁蒲有移植法與直播法之別。移植者種子於三月下旬溫床內按七寸距離播下。至五月上旬乃定植之於露地。直播者先於圃地施多量堆肥油粕人糞尿等爲基肥。於四月中旬每處播種四五粒。發芽後留勢力旺盛者一株。餘悉除去之。

不論爲移植與植播。其管理法等槪可按照南瓜行之。栽植距離畦幅六尺株間三四尺可也。幼苗時代瓜守虫爲害最烈。當妨餘之。及苗漸長達一尺餘發生七葉時。可行摘心。其後發生之側枝。當善配置之。勿令互相重疊。且舖藁於地面。又施人糞尿二三回以爲補肥。則瓜可充分肥大也。

第七節　茄子

學名 Solanum melongena, l.　茄科

英名 Egg-plant 法名 Aubergne

(一)來歷及性狀　原產地似在亞洲。極古時代印度已栽培之爲一年生植物。外觀上似灌木。葉爲倒卵形或橢圓形。葉面粗糙。綠色或暗紫色。花白或淡紫。果實爲漿果。長形圓形。或倒卵形。其色有綠白、鮮紫或漆黑之別。

(二)風土　茄子好高溫而生育期長。故其栽培之最盛者，自熱帶亞熱帶以至溫帶之南部一帶地方。生長勢力强健。惟過濕與過燥。大有害於其生育。故夏期無相當降雨時須爲澆水。土質以富於腐植質之土壤或砂質壤土爲最宜。

(三)栽培　茄子宜三月中旬播種於溫床。溫床所用之土

宜自上年未曾種過茄子之地取之。如能於上年冬就水田取土。乾而風化用之更妙。因茄子最多病害。不如是。常有傳染之患也。播種後普通經十一二日發芽。善爲疏苗管理之。至第二本葉開展。乃爲之假植一次。行間五寸株間二三寸。至五月上旬霜害已去。即可定植之。定植前整地宜精。一次栽植茄子之地。須隔數年始可再栽植。故必選新地用之。畦幅約三尺株間二尺許。按株掘穴。施基肥於穴中。與土混合。而後取苗植之。留根宜帶土。勿使落下。栽植後宜善爲管理。勿使凋萎。則自播種經九十五日乃至一百十日乃得開始收取。至降霜期止。每畝收量平均二千斤。

第八節　番茄

學名 Lycopersicum esculentum, Mill.

英名 Tomatd 法名 Tomate

(一)來歷及性狀　番茄原產於秘魯。爲茄科一年生植物。莖雖有矮性者。而以蔓性者爲多。葉爲不規則之複葉。莖葉上有油腺。發生一種特有之臭氣。第一花常生於第七葉乃至第八葉之間。一花穗上生十餘花。自後每隔三葉乃至五葉。常於同一方向生花。果之形狀不一。色亦有多種。

(二)風土　對於風土之要求與茄子略相似。惟其性略能耐稍低之温度。如夏季不罹病虫。生育强健。則至晚秋即遇微霜亦能繼續生育者也。土質不甚選擇。而以有適度濕氣之壤土或砂質壤土爲最相宜。

(三)栽培　番茄本生於暖地。生育中須高温。故寒地須早春播種於温床。約經七日乃至十日發芽。發芽後即宜疏苗。以妨徒長。至本葉二三枚發生宜爲之假植一二次。以期苗之生育充實。假植後至苗達五六寸有本葉五六枚發生時即可定植。畦幅及株間依品種略有不同。一般畦幅二尺。株間一尺五寸乃至二尺。與茄子同樣栽植之。植後經一星期苗充分蘇生。即可施追肥行中耕。並爲之培土於根際。乃爲之建支柱而行整枝。

(四)整枝修剪　番茄與他種蔬菜不同。自根際能生多數之枝而頗繁茂。致養液之大部分被其消費。果實不克充分享受日光。品質不免惡劣。故宜爲之整枝。去無用之枝而留佳良之枝數本。使其充分結果成熟。所留之枝數依人而異。最普通者爲二枝或三枝。亦有僅留一枝者。留一枝者將側芽悉行除去。僅留一主幹使生三四花穗結果。而將頂芽摘去。阻止生長。俾所留果穗得充分成熟。此法能得最豐大而品質佳良之果。此時株間有一尺五寸已足。

留三株者株間宜二尺。栽植後約自第五葉處摘心。則數本側枝發生。須留强壯者三本。餘悉除之。其後三本主枝漸長。乃隨時縛之於支柱。使其結果。如有側芽發生。悉摘去之可也。留二枝其法亦同。

第九節　辣茄

學名 Capsicum annwm, L.

英名 Red pepper 法名 Piment,

(一)來歷及性狀　爲南美熱帶地方之原產。在溫帶地方爲一年作物。然在熱帶則多年生作物。葉互生爲披針形。至生本葉八九枚即開始生花。花白色或紫色。每葉腋必生之。果之形狀依品種而異。有長角形，圓錐形，紡錘形，圓形，橢圓形。不正形等。其色澤未熟時槪爲綠色。熟則變爲赤色，黃色，或紫色。其果之生長方向有向天者有向下者。其味有極辣者。亦有稍淡者。

(二)栽培　辣茄不甚選土質。無論何土。俱可栽培。但過濕或過燥之地發育不克美滿。

培養之方法可照茄子或番茄。先育苗。至五月上旬可定植之於圃地。定植時直根宜切去。則分枝繁多。而結果增加。畦幅二尺。株間八寸許。肥料以堆肥木灰人糞爲主施之。栽植後二星期施補肥行中耕。其後經二三星期再同樣施肥行中耕除草。如是管理栽培漸次開花結果。依用途定適宜時期採收之。

第三類　莢菜類

第十節　菜豆

學名 Phaseolus vulgaris L.　荳科

英名 Kidney bean 法名 Haricat

(一)原產及性狀　原產地尙不明。爲一年生植物。其生長力甚速。温暖地方一年可爲二三回之栽培。蔓有纏繞性。伸長達數尺。有左旋性。然亦有低矮無纏繞性。高不過一二尺者。此特稱之曰無蔓菜豆。本葉最初發生二枚爲單葉且對生其後發生之葉概有長葉柄。而爲自三小葉所成之羽狀複葉。小葉淡綠或濃綠。葉面三粗糙。爲三角形。而先端尖。底部稍圓。花爲蝶形花。花梗出自葉腋。其上着生二花乃至八花。花色有白色與藍赤色之別。莢僞細長而先端尖。未熟時概柔軟。熟則硬化。莢之色澤有綠色與黃色二種。種實皆爲腎臟形。而依品種有長短，廣狹，及大小之不同。種實有爲白色者。亦有爲各種彩色者。又有具斑紋者。

(二)分類　菜豆依品種之不同。其特性甚有差異。故得依種種方面而爲分類。

(甲)以蔓之性質爲基礎之分類法

(一)蔓性種一名蔓菜豆

英名 Pole-k'dney bean, Tall kidney Bean, or Runner Kidney bean.

屬於此類者概爲晚生豐產種。蔓有纏繞性。高達二尺乃至數尺。栽培時須立支柱免遭風害。

(二)矮性種(一名無蔓菜豆)

英名 Bush Kidney Bean or Dwarf Kidney Bean

屬於此類概爲早生種。蔓甚短。不過一二尺。適於促成栽培及爲他作物之間作而栽培之。生育中不要支柱。栽培容易。

(乙)以莢之性質爲基礎之分類

(一)硬莢種(一名實菜豆)

英名 Jough-podded kidney bean or shell kidney bean.

此種之莢僅於幼嫩時得供食用。及稍成長。纖維發達。硬而不堪食。然其種實概肥大鮮美。未熟時或充分成熟乾燥後具可供菜用。

(二)軟莢種(一名莢菜豆)

英名 Edibie Podded kidney bean or snap kidney Bean

此種之莢自幼稚迄成熟之間。其新鮮者概柔軟富甘味。適於煑食。

(丙)以莢之色澤爲基礎之分類法

(一)綠色種 (二)黃色種

(丁)以花色爲基礎之分類法

(一)白花種 (二)藍花種 (三)赤紫花種

(三)品種

第一類 蔓性硬莢種

1.日本札幌菜豆(一名於多福) 蔓生長後長達七八尺。葉淡綠。花白色。莢綠色長大。纖維多。不堪食。種食肥大。呈灰乳白色。

2. Veitchs' Iubilee 蔓伸長達八尺。葉大。呈淡綠色。花白色。莢濃綠。廣大。長五寸。幅八分。種實乳白色。橢圓形。長達八分。爲菜豆中最肥大者也。

3. White Dutch Cake knife 爲美國之晚生種。極豐產。蔓伸長達一丈。葉深綠色。花白色。莢長大。呈淡綠色。種實白色。爲腎臟形。

4.台灣大莢菜豆 蔓伸長達七八尺。葉濃綠廣大。花白色。荚黄綠色。長有七寸者。其質柔軟。種子長圓形。褐色。

5. 日本鼠千成菜豆　蔓伸長不過三尺許。葉濃綠色。花淡紅。荚短小。長三寸五分。幅四分許。色黃而有赤之之斑紋。甚柔軟。富甘味。

6. Old Homestead 一名。Kentucky Wonder（美種）蔓長五六尺。葉淡綠。花白。荚淡綠。長達七寸許。本種之顯著特徵爲種實之所在部突出。荚面現波狀之凹凸也。荚多肉柔軟。味甚美。然法結期短。收量少。爲其缺點耳。種實長腎臟形。呈灰褐色。

7. Haricot beurré du mont d'or 爲法國中生豐產種。蔓帶赤色。不甚高伸。而善分枝。葉淡綠。花藍紫色。荚黃白花。甚柔軟。富甘味。形狀扁平正直。長達六寸許。種實短腎臟形。地色褐。而具藍黑紫色之斑紋頗美麗。

8. Golden bhampion 爲早生蔓性種。莖葉俱黃綠色。花藍色。荚細長而少灣曲。呈黃白色。頗豐產。惟品質稍硬。爲其缺點耳。種實腎臟形。黑藍色。

第三類　矮性硬荚種

9. 日本更紗蔓無菜豆　性強健。極早生。高一尺許。葉濃綠•花白色。莢濃綠。短小•長三寸七分。幅五分許。未熟時柔軟美味。種圓形。底色乳白而有赤褐色之大斑紋。頗美觀。

10. Flagcolet a feuille gaufree 甚矮性。高僅一尺許。葉小形而不密生。呈濃綠色而有皺。花白色。莢平滑正直•呈濃綠色。長四寸•幅四分許。種實長形。呈灰白色。

11. Sabre naiu tre's hatif d Holland, 低矮之早生種。高一尺四五寸。有横繁性。葉淡綠廣大。花白色。莢肥大。濃綠。長四寸。幅五分許。種實爲長腎臟形。色純白•最適於促成栽培。

12. Dwarf Belgian 最低矮。高僅八寸乃至一尺二寸。葉小先端尖•呈暗綠色。花白色。莢狹小正直•長三寸餘。鮮綠色。但漸至成熟•則現出紫色•種實小。爲長腎臟形。黑色。

第四類 矮性軟莢種

13. Improved golden wax (美種)矮性。高一尺三寸許。葉鮮綠色。花白色。莢長四寸許•多肉味甚美。未熟時已淡綠。及漸長大則變爲鮮黃色。種實卵圓。底色白。而有赤褐色之斑紋•

14. Market wax 莖稍高。有橫繁性。早生而豐產。葉鮮綠。花淡藍。莢正直。長五寸許。呈淡黃色。品質中等。種實短橢圓形。暗黃色。

15. 南京四季豆　莖低矮。僅一尺餘。分枝多。有橫繁性。莢正直。淡綠色長四寸許。頗柔軟。

(四)風土　菜豆耐寒力弱。逢一二回之降霜。勢力即衰弱。故普通非有華氏五十度之氣温。不能栽培之。然有生育期甚短。故雖在嚴寒高緯之地亦得為夏期作物而栽培之也。土質以其為短期作物。須速生長。較他種豆類須稍肥沃。又以輕鬆而排水良好之土質為更佳。

(五)栽培法　菜豆依蔓之高矮而其生育期間有長短之差。自播種至採收告終之時日。矮性種平均三閱月。蔓性種四閱月。故温暖地方即在露地一年至少可行二次之栽培。茲依季節分述其栽培法如左。

(A)春季栽培法　欲栽培菜豆供春季之需要。當擇矮性早生種於三月上中旬播種於温床。温床温度不必過高有十四五度者即可。接行間四寸株間三寸。每穴播下種子三粒。覆土厚一寸許。發芽後菜豆之生長甚速。不久葉即互相密接。然其時外氣尚冷。不能定植於露地。當更以各株五寸距離假植之於有圍繞之冷牀。至氣候温暖時。乃出植之於南向温暖輕鬆地。畦幅一尺五寸株間一尺許。自後復行中耕且施稀薄人糞一回。以促其生長。則自播種後約閱四十日即開花。落花後閱二星期即得採收嫩莢。

(B)夏季栽培法　欲於夏季採收軟莢。當於四月間乃至六月間播種。此時期天氣温暖。可直接播種於圃地。品種以蔓性豐產種爲宜。如支柱不易得之處。栽培矮性種亦可。畦幅矮性種一尺五寸。蔓性種則以三四尺之畦於其上植二行。以便立支柱而令蔓纏繞。株間以一尺二寸許爲宜。每穴播種子數粒。播種後不久即發芽。其後發育甚迅速。即蔓性種二月以內亦得採收軟莢。及蔓漸長當爲立支柱。支柱長約六尺餘。一株一本。令每二行於上端相交义。以免被風吹倒。生育中隨時除草且施稀薄液肥而外。無他特別管理。其結果期甚長。如欲得軟莢者每隔三四日採收一回。如欲得種實者。則俟其充分成熟。分四五回採收之可也。一畝地收量軟莢約一千六七百斤。種實乾燥者二石餘。

(C)秋季栽培法　秋季欲採收菜豆。當於上中旬頃播種品種矮性者與蔓性者均可。栽植之處當選温暖而降霜遲之位置。其餘之管理與前二者無大異。此期栽培容易。

惟需要不多。獲利爲難耳。

第十一節　豌豆

學名　Pisum Sativum D. C.

荳科

(英) Pea (法) Pois

(一)原產及性狀　豌豆有白花種與紫花種之別。白花種原產於高加索及波斯地方。紫花種則原產於伊大利。

豌豆依播種期之如何爲一年生或二年生作物。蔓圓形。粗大而中心空。甚脆。易於損傷。有矮性與蔓性二種。葉濃綠。爲羽狀複葉。其先端三小葉變爲卷鬚纏繞於他物。以支持其莖蔓。葉柄附着部有托葉二枚。甚廣大。開花晚。平均自第十葉始生花梗。每梗上生一二蝶形花。其色白或藍紫。莢扁平。先端尖。稍灣曲。有軟硬二種。軟者特名之曰莢豌豆。即至充分發育時亦柔軟而味美。硬者則反是。種實甚肥大。而莢硬不堪供食。種實依品種其形狀有大小之別。色澤有綠白之分。種皮有皺滑之差。

(二)分類　豌豆蔓之長矮。莢之硬軟。與品質及種子之色澤等大有差異。以此等相異之處而爲基礎而分類

之如左•

(甲)以莢之性質爲基礎之分類法

第一類　實豌豆 (Shell Podded Pea)

第二類　莢豌豆 (Edible Podded pea) 或 (Sugar Pea)

(乙)依蔓之性質爲基礎之分類法

第一類　蔓性種　Tall Pea or climbing Pea

第二類　半蔓性種 Half dwarf Pea

第三類　矮性種 dwarf Pea or Bush Pea

(丙)以種皮之狀態爲基礎之分類法

第一類　平滑種 Smooth Pea

第二類　皺皮種 Wrinkled Pea

(丁.以種子之色澤爲基礎之分類法

第一類　白色種　第二類　綠色種　第三類　褐色種

(三)品種

第一類　硬莢蔓性種

1. Carters' Telephone (英) 晚生種。蔓長達五尺餘。•葉淡綠廣大。花白色。莢廣大正直而先端部稍灣曲•種實豐圓。一莢有八粒。成熟時皮上生皺。色黃白。而帶青色。

2. D' Auvergne (法) 莖細而强健。富於分枝性。高達五尺許。葉黃綠。花白。莢細長而先端尖。種實小而充實。一莢含有九粒。成熟時呈黃褐色。外皮平滑。不生皺。此種爲中生種。收穫期長。豐產而品質良。

3. Alaska (美) 爲早生豐產種。莢小而種實圓扁圓。呈綠色。頗適於製罐頭用。

第二類　硬莢半矮性種

4. luno (美)草勢强健。分枝多。蔓長不過三尺許。葉濃綠廣大。花白色。莢長大正直。種實淡綠。甚肥大。皮面有皺。一莢有八粒。

5. Mclean's Best of all 草勢强健。蔓高約二尺五寸。葉濃綠。花白色。莢正直廣大。種實大。一莢內含五乃至八粒。色濃綠。有皺紋。本種爲晚生種。品質優良。而豐產。

6. Dwarf blue Prussian 草勢强健。早生而甚豐產。蔓長達二尺五寸許。富分枝性。葉濃綠廣大。花白色。莢小而廣。種實淡綠。每莢含五六粒。

第三類　硬莢矮性種。

7. American Wonder 矮性高不過一尺許。極早生。採收期短。莖硬。分枝少。葉暗綠。花小白色。莢狹小而正直。內含六乃至八粒之種實。種實小。成熟時呈扁圓形。色綠而有皺紋。

8. Dwarf Podded 草勢强建。分枝多。葉淡綠。花藍紫。莢呈濃紫色。摘其柔軟者而煮之。則[illegible]色而變爲綠色。種實大。形狀不整齊。呈灰綠色。

9. Nain Tris Hatif a Chassis (法)莖矮。不過一尺。葉暗綠。花白。莢短小。內含種子七八粒。種實圓形。黃白色。

第四類 軟莢蔓性種

10. French Sugar 草勢最旺盛。長達七尺餘。莖葉俱淡綠色。分枝多。簪繁茂。花藍紫色。莢黃綠。稍向一側灣曲有凹凸之皺紋。皮厚。然頗柔軟。而富甘味。種實黃褐。而有黑紫之斑點。

11. 台灣大莢豌豆 與前種稍類似而蔓較低。莢亦不若彼之廣大。幅八分。長五寸許。品質較前種更柔軟而甘味多。收量亦多。種實平滑。呈褐色而有黑紫色之小斑點。

12. Forty dags edible Podded 草勢不甚强。分枝少

。莖善伸長。達四尺以上。頗早生。自八七葉即結實。花白。莢正直。皮厚。殆爲圓筒形即至種實發達後。莢亦甚柔軟。而富甘味。種實黃色。皮平滑。爲正圓形。一莢內含六七粒。

第五類 軟莢矮性種

13. Sans Parchemin tres nain hatif 極矮性。高不過一尺許。節間短。分枝多。故頗能繁茂。葉濃綠。花純白。莢黃綠。外觀如多纖維。其實則柔軟者也。種實黃色。小而充實。一莢含六七粒。

(四)栽培法 豌豆性强健。耆耐寒。且能繁榮於瘠土。故除寒氣凜冽之地方外。不論何種土壤。即冬期亦得栽培之。然其最適當之風土。則爲冬季稍温暖而少霜雪之處。土質以黏重土爲宜。豌豆極忌連作。不可每年栽培於同一之地。整地須精細。基肥施以過燐酸石灰木灰等。栽植距離依品種之爲蔓性與矮性而大有差異。然矮性種普通畦幅二尺。株間八寸乃至一尺。蔓性種則於幅四尺之畦植二行。株間以一尺五寸爲宜。播種量因種子之大小有差。一畝平均六七升。播種期依氣候之寒暖而異。普通暖地行秋播。寒地冬季有霜雪之害者則行春播。暖地行秋播者。其時期切不可過早。因過早則莖葉軟弱。易罹寒害。故氣候所許之限度內。務晚播之。即以十月下旬乃至十一月中旬爲適期。又寒地則於春三四月播種可也。秋播者其時適逢低温乾燥。播種後生芽須三四星期。發芽後生長亦極緩慢。至翌春春暖時伸長不過數寸。生育中。於幼苗期內淺行中耕。其後隨時除草。且爲之立支柱。以便其攀緣。更視其生育狀況。施以稀薄人糞尿。無其他特別之管理。

第十二節　缸豆

學名　Dolichos Sesquipedalis L.

荳科

（英）　Asparagus bean or yard long bean

（法）　Dolique Asperge

（一）原產及性狀　原產於亞細亞。我國自古栽培之。爲一年生植物。其性狀類似菜豆。有蔓性與矮性之別。葉概濃綠。自三葉片合成。自葉腋生短花梗。梗之先端生二小花。花白或淡紅色。莢細長。色淡綠或赤斑。普通短莢種長六寸許。莢早硬化。主爲採種實用。反之長莢種。莢長達一尺乃至四尺。甚柔軟。適宜作蔬菜用。種實概爲腎臟形。色澤有白，黑，赭及紫斑，之四種。著名品種我國則有長缸豆。日本有柊厚缸豆（種實赤莢長二尺五寸）及赤豇豆（種實黑莢長達四尺）之二種。

（二）栽培法　豇豆對於風土與菜豆同。其栽培甚易。先作畦寬二尺乃至二尺五寸。畦上按一尺乃至一尺五寸之距離點播種子四五粒。厚覆以土。及發芽後每處留三株。餘悉除去之。在氣候所許之限度內，播種務以早爲宜。自後如每隔一月播種一次。至六個月止。則夏秋內得不絕採收。豇豆爲短期作物。播種後閱三月即得開始採收。其後可繼續二月。例如於四月上旬播種，至八月下旬採收即告終。

第十三節　鵲豆（即穞豆）

學名　Labla'ɔ Vulgaris, L.

（英）　Hgacinth bean

（法）　Dolique Lablab

（一）原產及性狀　原產於印度及爪哇。我國自古栽培之。爲一年生之蔓性植物。亦有爲矮性。高不過二尺者。蔓性者高達八尺許。葉似菜豆。自葉腋發生長花梗。梗上簇生白或紫赤之花而爲穗狀。莢扁平而短大。爲綠白或綠紫色。內含種實二三粒。嫩莢柔軟，煮食甚佳。種子扁平爲短橢圓形。呈黑色，赤褐色，或白色。附着於莢之部分白色。

(二)品種　有紫藊豆，(花紫而種實黑)白藊豆，(花白而種實亦白)及無蔓藊豆等。

(三)栽培法　藊豆之耐旱力甚强。即旱魃亘一月餘。其生育亦不至大受影響。其他對於風土之關係與菜豆無大異。普通栽培於籬側而令纏繞之。播種期四月下旬乃至五月上旬。如栽培於圃地。畦幅二尺五寸。株間一尺乃至一尺五寸。每穴下種四五粒。生育中行中耕一二回。且視其生長狀況而施補肥。蔓性種須立支柱。如有風害之處伸長達三尺時行摘心。促下部之枝發生。以防蔓之徒長。採收期甚長。自八月始至十一月終。

第十四節　蠶豆

學名　Vicia Fava, L.

(英名) Broad bean (法名) Gourgane

(一)原產及性狀　原產地學者諸說紛紛各持一說。然略歸一致者。則爲裏海南之南方由此傳入歐洲。更由歐洲傳入中國。時在紀元前一世紀也。

蠶豆爲一年生或二年生之草本。高二尺乃至四尺。莖方形。葉互生。爲羽狀複羽。自五小葉成。自第十葉始各葉腋生數小花。花白色而有二黑斑。其後結一二莢。莢內含二乃至七個之種子。種子扁平爲短卵圓形。成熟後爲赤褐乃至綠褐色。未熟時則爲綠色或白色。

(二)品種 1. Goeen Giaut 中生種。頗豐產。莖平均高四尺。莢正直。濃綠色。長四寸。中藏三四種實。淡綠色。稍小。成熟後呈暗赤色。

2. Seville long Pod 早生種。頗豐產。莖高二尺許。葉濃綠。花自第七八葉即發生。莢長大。達六七寸。種粒廣大。重一兩僅十八粒許。

3. Small July 早生矮性種。高不過二尺五寸 花之發生甚早。莢爲圓筒形。甚小。長三寸。種粒一莢含三四個。結果數多。頗豐產。

4. French long Pod 中生豐產種。高達三四尺。莢濃綠。莢甚長稍灣曲。內含白色之種子三四粒。

5. Giant Windsor 晚生種高達四尺餘。莢廣大。稍彎曲。長五寸。幅一寸許。內藏白色肥大種子二三粒。

(三)栽培法 蠶豆與風土之關係與豌豆相似。然較彼耐寒力稍弱。故在寒地莖生長達一尺餘時爲寒氣侵襲而枯衰。其後隨煖氣而再自株根發芽者，往往有之。土質亦與豌豆相類似。以黏土爲最適宜。連作之害不如豌豆之甚。然在同一之地亦須爲二三年之休閑。栽植距離依品種之喬矮而異。普通繁茂種畦幅三尺。株間一尺二寸。矮性種畦幅二尺。株間八寸。肥料以木灰及過燐酸石灰爲最宜。播種期温暖地十月下旬乃至十一月中旬。冬季寒氣稍烈地方。以三月爲最適。如欲於夏季不絕採收新鮮豆莢。但自三月至六月分數回順次播種。種子發芽爲時較長。當預浸於水中四五日以促進其發芽。每穴播下四五粒。覆土厚二寸許。如過乾燥時須行灌水。自發芽至生長高一尺許時。行中耕二回。又視生育狀況。施稀人糞尿一回。中耕不可過遲。遲則有傷於其根。足以實其發育也。如伸長過盛時宜行摘心。以抑制其徒長。而促嫩莢之發達。至適度成熟可採收以供販賣。

第四類　雜果類

第十五節　草莓

學名 Fragaria. L.

英名 Strawberry 法名 Fraisier

(一)來歷及性狀　現今所栽培之草莓概爲野生種雜交而成。所謂雜種莓 (Hybrid strawberry) 者是也。其原產不一。概爲多年生植物。温暖地方常綠。性寒地則冬季葉枯而根殘留。葉概有細長柄。爲自三片而成之複葉。上面深綠。下面因有絨毛而爲白色。地中有極短縮之莖。葉即出此莖部者也。株每年分蘖增多。漸次互相重疊。數年後地中生大塊莖而株勢漸衰。結果力即減少也。

每年春暖自中心生花蕾。抽花梗。花梗細而先端分歧。生多數之花。花白色五瓣。開花後三四十日果成熟。果自花托部發達而成。柔軟多汁。甘酸適和。香氣頗佳。春季先百果而上市。誠屬大可貴者也。

種子甚小散布於果面。取而播之。易於發芽。惟除四季莓（Fragaria Alpina Pers）而外易於變性故一般繁殖上不用之。然草莓有一種特性。即自結果後至秋季能不絕發生匍匐枝（ Runner ）自此枝各節能抽葉。下生根而爲新苗。其繁殖極盛。自一株每年殆能得一百株。故有一畝草莓於此春爲培養之。二年後約可繁殖至一萬株也。

草莓本爲完全花。惟近年新品種大增。其最優良者往往雄蕊退化而爲不完全花。此在園藝上名之曰雌性花，（Pistillate）或不完全花，（Imperfect）反之雌雄蕊二全者曰完全花，（Perfect）或二性花。(Bisexual)凡雌性花之品種不克單獨結果。如欲栽植之。宜每二三畦與他之有完全花之品種交互混植之。近年外國所發行之草莓出售目錄。每一品種常將其花之完否註明。故當苗購入時即可知其性質之如何也。

(二)風土　草莓本生於冷涼地方。但因人爲改良之結果。一般耐寒力較原產稍弱。寒氣凜烈之地。冬季往往株根枯死。其性復大忌高溫與乾燥。夏季其青葉常衰弱。爲吾人所常見者也。是以在高溫乾燥之地。宜選樹間及其他日陰之地栽培之。土壤務求排水佳良。否則根株有腐敗之患。其所喜土質因依種類與品種略有不同。但一般以肥沃且深之壤質土。或壤質粘土爲最宜。輕鬆砂土石灰土或礫土。非其所喜。但在如斯之土得深耕加以多量之廐肥與智利硝石等。亦可改良土質。使適於草莓之栽培也。

(三)繁殖法　草莓最通用之繁殖法有二。特分述之如下。

(A)播種法　完全發達之果。外生多量之種子。如採而播下之即得多量之實生苗。但大果種其實生苗易於變性。不能保持其品種固有之特性。故除爲養成新品種而外。播種法鮮有用之者。雖然如四季莓之種類其匍匐莖不其發達。而種子善遺傳其特性。無變性之慮。故常用播種法以圖繁殖者也。

欲得四季莓之種子。當於六月頃就第一回所結之果。擇其具品種固有之特徵者使之完熟。採收而去其果梗。入器物內壓碎。於是就水中洗滌。使種子沈澱。或以細眼之篩入水中濾過。而分離種子。然後再加木灰洗滌。就日陰乾燥貯藏候用。則可保持發芽力至二三年之久。

如上述之方法採得之種子。雖有於秋季行播種者。但以翌年三四月播於溫床內。或五六月播於冷床內較為安全而便利。溫床之溫度不必過高。能防寒害已足。其種子甚微細。溫床或冷床所用之土務宜粉碎。發芽後。至本葉二三枚即於冷床假植一回。各株相距四寸。假植畢以簾遮蓋數日。則生根蘇生甚易。其後專注意澆水與除草。以圖苗之發育。至八月再行第二回假植。則苗更強健。如是至十月或翌春三月即可定植矣。

(B) 匍匐莖繁殖法　四季種依播種繁殖。固不易變性。但雜種莓之果大者。以種子供繁殖。不能保持其品種固有之特性。且匍匐莖易於發生。故以之圖繁殖最為便當而安全。其法當六月中旬頃收穫畢。去其枯葉與爲整果所餔之藁。且耕起畦間之土。施堆肥與人糞尿。然後移植匍匐莖於畦間。留第一二三節。摘去其先端。且培土於所留之節之下。則自節上抽葉。自節下生根。而成爲一幼苗。經一月許。切斷其莖。即完全與母株脫離關係而獨立矣。至其年秋季或翌春可取而定植。若能於定植之前（八月上中旬）掘而切其細根之一部。且適度剝去其外葉。（每畝留二三葉已足）作苗床假植一次。（行間六七寸株間三四寸）經一月許定植。則細根繁多。苗甚健全其後之發育良好。翌年之收量可以增進也。

（四）栽培法　現今栽培之草莓通常可別爲大果種（即雜種莓）與小果種（即四季莓）二者。其栽培法亦略有差異。凡草莓之苗或得自播種或來自匍匐莖。至九月上旬宜先假植之於日蔭。自十月中旬或至翌年三四月乃定植之。秋季定植者翌年可望結果。春季定植者除四季莓至當年秋可收穫外。其餘則須至翌年始得收穫。故除嚴寒之地而外概以秋植爲宜。

土地宜先善爲磐地。施多量堆肥。更混用過燐酸，石灰，及油粕，人糞尿等。以待栽植。土地之地位。亦宜一爲攷慮。蓋莓之採收期較短。欲以一品種爲長期之供給。勢所難能。必須早中晚各品種選擇配合栽植之。惟其栽培地之地位。大足以左右其成熟期。早熟種務宜選向南之地。晚熟種務宜選向北冷凉之地。則早者愈早。晚者益晚。果實之成熟採收期得以延長也。

早植距離依品種而有差異。大抵大果畦幅二尺。株間八寸乃至一尺二寸。四季莓畦幅一尺五寸株間八寸乃至一尺已足。土地如排水佳良。則宜低畦以妨乾燥。作畦畢掘取假植之苗。修剪根部。使其齊整。并除去老葉。留新葉二三枚。乃栽植之。植畢充分澆水。根旁覆腐熟堆肥。原二三寸。自後一週間內每晚灌水一次。使其易生新根。

秋植者翌春自二月中下旬開始開花至五六月成熟。開花時宜於株之二側舖藁草。以妨果實之附着土砂。開花中如有閒暇。能以毛筆拂刷花紛。使其完全受精。則可免果形不正之弊一花梗上生多數之果。如欲結大果宜行疏果。

四季莓如秋季欲得佳果。春季發生之花當努力除去。以免株勢之衰弱。

果採收尚未告終時即開始發生匍匐枝。至夏秋繼續不絕。若放任之。滋蔓全圃。致母株勢力衰弱。阻害翌年之結果。故除繁殖用而外悉宜摘去之。且除去前所舖之藁草及其枯葉。夏季時爲之淺行中耕除草。並施稀薄人糞尿以爲補肥。如是至秋冬與上年同以油粕過燐酸石灰等施之。耕入土中。其後再以堆肥舖蓋地面。兼可妨寒。

次年以後之管理與上年相同。定植後至第三年收穫最多。至第四年果𠃌而收量畧減。故宜更新栽植之。但如砂質土生產力弱者。宜每隔二年換植之。草莓一畝地收量四百斤乃至七百斤。

（園藝學終）

園藝實習

石灰硫黃合劑

本劑：作爲各種果樹之介殼虫及壁虫類之驅除劑。最有効力。

且有殺菌之力。故適于桃，梅，李等之病害防預。作爲各種果樹之冬季消素劑。甚爲切要者也。

1. 調合量　生石灰三斤十五兩　硫黃華七斤十四兩，水一斗八升，
2. 調製法　先在釜中放入八九升之開水。投入生石灰使溶解。其次用細孔之篩。將硫黃華篩之。以碎其粒團。加入少量之溫水。練爲泥狀。投入煑沸之石灰液中。然後再入全量之水。以後用强火煑之。時時拌攪約煑一點鐘以上。俟溶液由淡褐色。漸變爲赤褐色。再變爲暗褐色。溶液中黃白色之沈澱物最少時。即可。如斯製成之溶液。再布濾之。除去不溶解物。是爲原液。全冷時。用博買比重計（Beaumeu）測其比重。計入。日後用時。再以水稀釋之。上製之液其比重普通30度內外。
3. 調製之注意

 a. 硫黃華須用篩充分壓碎。用溫水練合。否則易

生不溶解物。比重甚低。甚不經濟。

b. 硫黃華之外。用廉價之硫黃粉末亦可。

c. 煑沸中，火力須大。時時攪拌。

d. 最初釜中之液全量約爲二斗內外。煑好後，約成一斗七八升之原液。煑沸中不可再加水分。

4. 使用上之注意

a. 本劑稀釋時用博買比重計。測其濃度。照稀釋表加水：再測之。爲便。

b. 柑橘樹。撒布博爾多劑後。非經十日以上不可使用。

c. 冬季各種果樹撒布時。用博買比重五度爲有効

5. 適用病虫害及濃度　柑橘類之介殼類(冬季五度液)赤壁虫（夏季 0.2度）桃之炭疽病縮葉病之預防從發芽當時。撒布數回 0.3度液。落葉果樹之介殼虫，冬季撒布二回比重五度液。

石灰硫黃合劑稀釋表

原液濃度 / 稀釋濃度	3.0	3.5	4.0	4.5	5.0	25
0.1度	29.6	34.8	40.0	45.0	51.0	300.0
0.2	14.3	16.9	19.5	23.6	24.8	150.0

0.3	9.2	10.9	12.6	15.4	16.2	101.0
0.4	6.6	7.9	9.2	16.6	11.8	74.0
0.5	5.1	6.1	7.2	8.3	9.3	59.0
1.0	2.0	2.6	3.1	3.6	4.1	29.0
2.0	0.5	0.8	1.1	1.3	1.5	13.9
4.0				0.1	0.26	6.4
4.5					0.11	5.5
5.0						4.8

原液濃度 / 稀釋濃度	27	28	29	30	31
0.1度	330.0	345.0	361.0	377.0	393.0
0.2	165.0	172.0	179.0	188.0	196.0
0.3	110.0	116.0	120.0	126.0	131.0
0.4	82.0	86.0	89.0	93.0	97.0
0.5	65.0	68.0	71.0	74.0	77.0
1.0	31.9	33.3	34.8	36.5	38.1
2.0	15.4	16.2	17.0	17.7	18.5
4.0	7.1	7.4	7.8	8.2	8.6
4.5	6.1	6.5	6.8	7.1	7.5
5.0	5.4	5.7	6.0	6.3	6.6

稀釋濃度 \ 原液濃度	32	33	34
0.1	409,0	426.0	442.0
0.2	204.0	212,0	221.0
0.3	137.0	142.0	148.0
0.4	101.0	106.0	110.0
0.5	81.0	83.0	87.0
1.0	39.7	41.0	43.0
2.0	19.3	20.2	21.0
4,0	9.0	9.4	9.8
4.5	7.8	8.2	8.6
5.0	7.0	7.3	7.6

園藝實習

石灰博爾多液(Bordeaux mixture)製法

1. 效用　各種依空氣傳染之病害，撒布均有効。

2. 調合量之比

原料 / 種類	硫酸銅	生石灰	水	備考
多量式	12兩	2斤3兩至 2斤15兩	5斗2升至 十斗四升	用于桃，柿等
等量式	12"	12兩	5斗2升至 6斗9升	用于柑橘，梨，苹果，枇杷，無花果等。
半量式	12''	6 兩	5斗2升至 6斗9升	用于柿，瓜類，茄子，等，
小量式	12"	4 兩	6斗9升	葡萄，柿，瓜類，室內植物等用之

3. 調製法，　先預備六斗桶一個。三斗桶二個。將定量之生石灰放於三斗桶中。加入升餘之開水。使生石灰崩壞乳化。充分攪拌。成爲泥狀。放冷之。他三斗桶。放硫酸銅。加人少量之開水。溶解之。

如斯二桶各加入定量水之半。充分攪拌後。兩液同時注入六斗桶中。用竹箒等物攪拌後。即得。

4. 調製之注意

a. 原料之精選　　良質石灰。工業用之硫酸銅。清良之水。

b. 調製用容器　　不可用金屬製者。用木,瓦者

c. 生石灰　　用開水溶解後。俟充分冷却後方可加水。否則兩液須同溫方可。

d. 調製液　　以帶中性或微鹼性爲可。檢查時，用磨良之小刀。插入調製液中。生銅鍍金時。即石灰不足之證。可再放入相當之石灰乳。用青色利脫馬士試驗紙插入，赤變時。亦石灰不足之証也。

5. 使用上之注意

a. 對於本劑抵抗力弱之作物。生石灰之量。以少爲可。

b. 本劑爲預防劑。在發病前撒布。其後隔十日乃至二星期。可撒布數回。但伸長甚速之作物可縮短撒布之期間。

c. 因降雨有洗失之憂。故有下雨之憂時，可停止

撒布。

d. 梨果達指頭大時。果面有時生污點。柿，桃，李，櫻桃等展葉時。有被藥之害，不宜撒布。

e. 本劑撒布後不久。不可再撒石油乳劑，及石灰硫黃合劑。

f. 本劑一斗加入砒酸鉛，1兩二錢乃至一兩六錢時。可驅除食葉虫類。 硫酸 nicotin

g. 本劑一斗加入硫酸烟精一勺八分時。可驅除蚜虫類。梨蝨，浮塵子等。

園藝實習

銅石鹼液之製法

配合量

配合量	硫酸銅	22.6—30瓦	2.26
	石鹼	67.8—150瓦	6.78
	水	18 立	1800cc

製法1. 用一成之水煮沸。將硫酸銅溶解之。加入八成之水。合爲全水量之九成。再用別鍋。放入成一水。將石鹼切細投入煮沸溶解之。然後將此液注入硫酸銅液中。充分攪拌之。即得。

製法2. 用一成之水。將石鹼煮沸溶解後。加入八成之水。然後將硫酸銅粉碎投入石鹼水中。激烈攪拌。使之溶解即可。

又　將硫酸銅及石鹼之分量。依比例多量加入。製爲濃厚之原液。臨時稀釋使用亦可。

適用之病害　瓜類之露菌病，瓜類之炭疽病，瓜類之蔓裂病，番茄之黑斑病。

上海園藝事業改進協會叢刊

苗圃經營

程世撫　賀善文　著

上海園藝事業改進協會出版委員會

民國三十六年

農政刊
上海市園藝事業改進協會
苗圃經營
程世撫 賀善文 著

上海園藝事業改進協會

叢刊第一種

苗圃經營

程世撫　賀善文　著

中華民國三十六年四月一日出版

發刊緣起

本會成立將近一年，會員人數亦達三百。其中包括農業行政人員、園藝技術人員、研究人員、大中學教師、大學學生、農場種苗場及農產加工經營者、花樹從業者及愛好園藝事業者。後三類人數佔全人數之百分比爲其他會社所僅見。鎔科學理論與實地經驗於一爐，綜學術研究者與事業經營者爲一片，原爲本會確定之宗旨；茲乃見諸實現，誠可爲慶幸者。惟學術研究儘有成績，科學理論日見高深，不能切於實用，施之普及，仍屬無大用處；同時實地工作，經驗極深，經營場圃，竭力擴充，若不能應用學術上理論則難以進步，是則應有一途徑：使兩方面混合一齊，以經驗所得參照學理，詳細敘述；或以研究所得按之實際，筆之於書，以便推廣；各取其所長，捨其所短，互相利用，而成完善記載。本會竊以欲求實現上述各情必以文字發表不可。乃組織一出版委員會，管理出版事宜。決議由編印叢刊入手。選取經驗材料，參以學理，以淺近文字說明，間或加插圖，俾易明瞭。茲屆出版，是爲弁言，以就正於碩學賢達。

出版委員會

三十六年四月

苗圃經營

目次

苗圃經營

第一章　辦怎樣的一個苗圃

苗圃是繁殖和培育植物幼苗的場所，有的苗圃只專作繁殖幼苗工作，像紹興鄉下常有農家光種毛桃苗，躉買給滬上的花園苗圃作砧木，但是這一種例子在我國還不多，普通苗圃多是將幼苗培育到相當大小再售出，一株兩尺高的圓柏需要四五年的培育，落葉性的樹種生長較快，但往往也需要兩三年方可出售。

目前商業性質經營的苗圃，大多偏重在繁殖木本和多年生的觀賞植物，因為這一類的東西，市場上需要最多，各地的情形不同，自然也有許多不同的經營方式，例如黃岩和潮州，就有許多世代相傳專門培育柑桔苗木的苗圃。

大都市附近經營的苗圃，多是零售商的性質，上海是一個很好的典型，純粹經營苗木的苗圃較少，多是兼作花卉生意，因為地價昂貴，苗圃的面積多是四、五畝，二三十畝的苗圃已經不多，面積超過一百畝的僅僅只有一二家，小規模經營的苗圃，大多利用自己家庭三四口的勞力，嫁接用的砧木幼苗，或是其他生長較粗放的苗木，常是從附近各地搜購，販賣的市場就在本地，清晨挑至花市批發給小販、攤販，或是自己直接沿街叫賣，較大的苗圃則另有跑街的推銷員，或是委托代辦的佣客，向學校、機關、團體、或私人公館兜生意，看樣子，談價錢，也有刊印目錄，寄贈有關場所，以招攬生意的。

經營批發商性質的苗圃，多是散佈在大都市附近的交通線上，如上海附近的鎮江、杭州、寧波等地，選擇比較適合風土的種類，利用較低的人工、地價、肥料等，作大規模生產，到了移植、販賣的季節，如每年二月間，派人到大都市附近的花園苗圃談生意，照市價七五折或八折批發，常代爲包裝包運，每一家遠地的苗圃多是和某幾家小苗圃有特別的交情和連繫，但很少直接向消費者推銷，因爲市場情形不熟悉，缺乏人手。

上面講的這兩種經營方式，很難比較誰好誰不好，零售商的價格雖然較高，但大都市附近的地價、人工、維持費用都很大，影響生產成本的提高，經營時必須要格外注意人力物力的使用得當，效率的增加，另外最重要的一點，就是大都市附郊的苗圃，必須備有佈置優美的標本園，以吸引顧客的注意和愛好，包裝、運輸要快捷乾淨，造成良好的服務印象，代客佈置庭園，種植樹木，也是增加銷路之一法，京滬一帶苗圃，有代客種植，不另收費用，而暗中將苗木價格提高一倍計算的，但對於較大的庭園佈置，則最好和庭園建築師合作，收效更大，利益也較厚。

小規模的苗圃，兼營花卉栽培，是一種很好的經營方式，但必須與大規模的苗圃連繫密切，落葉樹種容易掘移搬運，常綠樹種則應購買小苗，自己培育，因掘運時要帶泥團，費用巨大。

經營批發商性質的苗圃，管理得當，獲利並不薄於零售商，大規模的生產要利用機器，把握市場的需要，選擇適合當地風土的種類，例如福建漳州的水仙花，歐洲荷蘭的球莖栽培，我國素爲外人譽爲「世界花園」，觀賞樹木中珍奇異種，層出不窮，並且山野間自生的幼苗很多，如能善爲利用，苗圃事業實可直追歐美，而無愧色。

市場上苗木的需要和供給的狀況，對於苗圃經營有很大的影響，例如觀賞樹木的銷路，常隨都市建築的高潮而興起，抗戰時期，上海苗木市場黯淡，許多苗圃都改爲經營蔬菜和花卉，但勝利之後，需要驟增，造成供不應求的狀況，大葉黃楊、女貞、法國冬青等銷路尤大，因爲價格低廉，栽培容易，終年有綠葉可供欣賞。

由此可見苗圃經營不是一種孤立事業，市場情況要熟悉，顧客及同行間也要有密切連絡，能夠把握環境，善於利用環境，才是一個成功的經營者。

第二章　認識通用的苗木

實地的苗圃經營者，不論中外，多犯了同樣的一個毛病，就是只曉得苗木的當地俗名，然而在今日交通和商務發達的時代，苗圃經營與外地的接觸頻繁，採購苗木，或是應付外來的訂貨，都必須認識各地通用的名稱，業務才容易有進展。

同一種類的苗木，各地的俗名常相差很大，例如上海的元寶樹，南京叫水槐樹，湖南叫大葉柳，書本上却多叫楓楊樹，也有時候同是一個名稱，却包括好些不同的種類，如北方人通稱的木瓜供觀賞用，兩廣人稱爲木瓜的果實，卻是極美味的水果，同叫木瓜，很顯然是不同的兩種植物。

還有好些俗名，很容易引起誤會，例如建蘭 Cymbidium 絲蘭 Yucca 龍舌蘭 Agave，葱蘭 Zephyranthes 珠蘭 Chloranthus 吊蘭 Chlorophytum 小蒼蘭 Freesia 等等，若以爲全是蘭科 Orchidaceae 的植物，以爲性狀和種植法都相似，則將造成極大的錯誤。

幸好每一種植物在近代已經有了一個全世界通用的名稱，根據瑞典學者林奈氏 Linnaeus 1735 創造的雙名制，每一種植物有一個固定的名稱，叫學名，雖然是用拉丁文寫的，可是只要認得一些簡單的ABC，也同樣可以認識這樣學名的。

一個學名包括三部份：「屬名」加「種名」加「命名者」，例如銀杏（俗叫白果）的學名是 Ginkgo biloba, Linn.，第一部份是屬名，等於人類的『姓』，代表一個家族如趙錢孫李，大的屬如薔薇屬 Rosa 櫻屬 Prunus ，包括幾百種植物，小的屬如銀杏屬 Ginkgo，只有一種植物即銀杏，種名好像人類的名字，同一屬中，不能有相同的種名，命名者是指第一次鑒定這種植物名稱的人，簡寫時可略去。

園藝植物的品種繁多，例如銀邊黃楊，Evonymus japonica, Thunb. Var. albo-marginata. T. Moore. 金心黃楊 E. japonica, var. aureovariegata, Reg.，都是大葉黃楊 Evonymus japonica, Thunb. 的變種，即在原種的學名後，另加寫 Var.（=Variety)，再書變種名稱和命名者。

學名的讀音，按嚴格的講，應該照拉丁文法拼音，但事實上一般多是照英文的拼音法，實際上最要緊的當然還是寫出來不錯。

查中名和學名，木本植物可參考陳嶸氏之『中國樹木分類學』，普通草本植物可參考賈祖璋賈祖珊氏之『中國植物圖鑑』（開明版）。

第三章　尋求適宜的地點

門市零售爲主的小苗圃，在可能範圍內，距離大都市愈好，最好是在城郊大道，圃地內佈置有精美的標本園，則吸引顧客的效用很大，有時寧可化較貴的代價購買靠近市區的小塊土地，生長容易的幼苗則轉向附近各地苗圃躉買，以免浪費土地價值，批發商性質的苗圃，面積常在一百畝以上，要找求低廉的土地和勞力，多是距離大都市較遠，但必須注意交通是否方便，因爲苗木非常笨重，運輸費用大，則影響生產的成本，通常水路運費最廉，其次是公路和鐵路，能夠少用人力運輸最好。

創設苗圃宜在排水良好的平地或微有傾斜的土地，坡度超過百分之十，（卽距離一百尺遠的兩端相差十尺高，）已不宜開闢做苗圃，若是坡度超過百分之二十五，則絕對不應耕種，因爲坡地不便於工作，土壤中所施的肥料容易流失，而且土壤的冲刷嚴重，後患無窮。

有時爲經濟計，不能不利用一部份傾斜的山地，則應該採用條作，每條寬度五十至二百尺，與傾斜成直角，每兩條苗木之間，可密植多年生草類如苜蓿等，以減少土壤冲刷。四周多山的窪地，或是大山的山麓，寒流容易停滯，因此霜害特別嚴重，這一類的地形，應該避免。

長江流域以南的地方，春夏雨量豐沛，土壤排水是否良好，影響苗木生長很大，可以在雨季期間考察，若是放晴後二三日，地面仍有積水，則是排水不良的象徵，如果僅佔小部份地方，還可開排水溝（明溝或暗溝）補救，排水不良地方的面積太大，則該地不宜作苗圃。

圃地附近必須要有良好水源，天旱時能用機器灌漑最好，否則也要設法引用水源，實行地面灌溉，以省人工，地面灌溉主要是開水溝引水，可先用水準儀測定地面的等高線，一一用木椿標誌，然後按等高線開溝，引水就很方便了，土質良好時，水溝中的水分可向每側滲透達二尺左右。

利用熟地改作苗圃，可以減少許多麻煩，如原來是水田，則必須在田間開闢較大較深的排水溝，每條距離三丈至五丈，中間築高畦，以利排水，同時多施用有機質肥料或砂土等，以糾正過重的粘性，如果利用荒地，必先墾地種植一二季綠肥作物或其他粗放作物，再開闢爲苗圃。

苗圃土地若三尺以內排水良好，則表明心土深厚而佳良，適於深根性的灌木及喬木，較淺的土壤只可種植一年生幼苗或多年生植物，幼苗宜種植在含砂質較多的輕鬆土壤，因爲幼苗吸收肥分較少，而需要較多的人工管理；砂質土壤耕鋤時遠比粘土爲省工省時，較大的苗木——尤其是常綠樹種如雪松，廣玉蘭等，必須選擇較肥沃的粘性土壤，使生長良好，同時以便於移植或出售時能帶泥團掘起，落葉樹種因生長迅速，可栽植於砂質較多之土壤。

苗圃北方應有屏障，以減殺冬季北風之害，屏障可利用樹林，防風林，或利用人工建築物都可，容易受凍害的植物宜在北坡種植，如常綠闊葉樹種，理由很顯明，因爲冬日的東南坡受日照較多，晴日常因溫暖而刺激植物的生機發動，一遇驟冷，往往容易受凍害。

觀察地面上植物生長的種類和發育的強弱，可以大致推測到士壤的肥力，若是連玉蜀黍都生長不好的士壤，表明是太瘠瘦了，一般的說，培育果樹幼苗要選擇比較肥沃的士壤，使幼苗生長強壯而迅速，因爲正當的販賣果樹幼苗，很注重苗木的年齡和大小，觀賞植物的苗木，對于樹齡大小不十分着重，只要形態豐滿，所以可利用肥力較差的士壤，種植闊葉常綠樹種的士壤應該含有大量的有機質，並且稍帶酸性，以壤士最適宜。

苗木生長於圃地，吸收養分不及其他作物，但對於士壤物理性質破壞大，故選圃擇地時，要特別注意士壤物理性質的良好，士壤的肥力倘屬次要，同時每隔二三年圃地要輪流休閒一次，種植綠肥作物，或是在較大苗木區的株間種植綠肥，開花前翻犂入士壤中。

購買士地，除了要熟知士壤本身的性質外，還要考察沼澤、岩面、溝渠、林地遺址等之多少，與可耕地面所佔的比例，原有農場上的設備是否能加以利用，地塊是否整齊或零星分散，租稅的輕重等等，都要逐一考慮比較，一時缺乏充分資本，若能長期租用，再設法購買，也不失爲一良法。

第四章　整個苗圃的設計

苗圃面積相當廣大，同時繁殖工作常需要適當的設備和工具，若佈置零碎，不獨管理困難，而且往來工作，非常浪費時間和人力，所以在開創時候，必須有通盤周詳的計劃，預定實行的步驟，以下討論的各部份，事先都要留有充分的空間，或是作臨時的利用，俟業務逐漸展開，乃成爲一所佈置合理化的苗圃，既可增加工作效能，場地整潔美觀，又可予顧客一良好的印象。

繁殖部份是苗圃的主幹，應位於全場的中心，苗圃最多用的是露地苗床，選擇水源方便，土質輕鬆，排水良好的地方，北面宜有防風屏障，比較名貴的苗木繁殖，多要利用底温設備，所以規模較大的苗圃，應該有温床和冷床的設備，經濟能力充裕時，更應該有繁殖温室。

在地勢高亢的地方，可採用半地下式的繁殖温室，即掘入地下，利用四壁爲牆，只有屋面爲玻璃窗，如此建築費用可減省不少，加温時期熱氣不易揮散，用煤也較省，温室南北向，以便冬日可多吸收陽光，房屋之北端爲鍋爐間及工作室，有通道與主要大道連接，以便運送煤斤和苗木，繁殖温室普通不宜太大，則温度易於控制，其中通常有二長花台，各闊三尺，中留一通道闊二尺，繁殖温室之長，視所用熱水管的粗細而定，三十至五十尺較方便，很少採用超過一百尺者。

温床與繁殖温室的效用大致相同，但建造及維持費用較省，經濟能力不十分充裕時，可多採用，如溫床數目甚多，則應採用平行排列，東西向，斜面朝南，溫床組的北面也要有防風的屏障，溫床與溫床間的小道應有三尺闊，幹道六尺闊，溫床常闊六尺，長十二尺，若是超過三十尺，則最好有一隔壁，利用新鮮馬糞加溫，或是熱水管，每牀安置六條水管，直徑$\frac{1}{4}$吋者，三條輸水管，三條回水管，鍋爐間安置溫牀的北面，半埋入地下。

冷床是配合溫室或溫床不可缺少的設備，苗木由高溫室繁殖，必先移入溫度較低的溫床培育，再移入冷床，經此鍛鍊作用，苗木組織充實才可移到露地栽培，冷床的構造與溫床相同，惟底面無加溫設備，以上三者在苗圃中地位，應彼此聯繫，以減少苗木移植時的麻煩。

夏季陽光劇烈，溫室、溫牀及冷床等可蓋竹簾或刷白，以遮去部份陽光，作爲蔭棚，便於扦插或播種幼苗的生長，但苗圃乃應另有蔭棚的設備，以供春夏嫩莖扦插，或是幼苗內遮蔭，或是多年生好蔭植物的培育，如杜鵑類、羊齒類在蔭棚中生長格外良好，蔭棚用木板或竹片搭蓋而成，應有相當高度，使空氣易於流通。

苗圃中以培育幼苗的移植圃地所佔面積最大，田地的區分，大小儘可能求其一律，形狀以長方形或正方形最佳，其不等形者可另劃爲三角形，不與整齊形狀者相混，田地可分爲若干大區，各區又分爲若干小區，每小區再分爲若干畦塊，若用牽引機耕犂，則畦條最少長一百至三百尺。兩端並須留有轉灣的空地，田區若能編號，對於記錄工作有不少便利，編號次第，宜從左上角的田地開始，從左至右，從上至上，每區以標簽誌之，凡性質相同或相近的苗木，歸于同一區中，每區中種類愈少愈好，若是田中株行距有一定標準，則計算苗木數量時更爲方便。

實地工作時，應先測繪一全場的平面圖，決定各部份應佔的位置，劃分主要大道，幹道和支路，主要大道路面闊度應在一丈二尺以上，以便汽車通行，幹道六尺，支路三尺，視苗圃所採用的設備和工具而異。

苗圃中另外一重要部門。而往往爲經營者所忽視的，就是販賣部份，辦公室是推動一切工作的中心，同時又是顧客注意的地方，一所乾淨整潔的房屋，陪襯着適當的庭園佈置，無形中可以增添不少顧客的信心，辦公室或鄰近對外大道，以吸引大道遊客，或是選擇本場近中心地方，以便於管理工作，二者都可採用，但四周風景必須佈置佳美。

在大都市近郊的苗圃，應該特別劃出一塊地方作爲標本園，種植本場生長良好較大的苗木，種植方式絕對不可呆板，必須美觀悅目，每一種可附以精緻裝璜的木牌，標明名稱及號碼，以便顧客親自選擇，標本園靠近大道側旁，引人注意，在面積較小的苗圃，辦公室與標本園可以打成一片，使顧客進入，即爲嬌美的苗木標本所吸引，（請參閱小規模種苗圃理想設計圖及說明。）

標本園種植的苗木不出賣，備零售用的苗木種植於假植場，其中栽植已達出售大小的苗木，以便隨時販賣，包裝室及貯藏室的位置都應在假植場附近，以便減少工作的浪費。並且與辦公室呼成一氣。

每一個苗圃的實地設計，要根據經營方式、地形、圃地大小資本等條件而決定，現在假定面積有一百畝大小，既做批發生意，又供給一部份零售，苗圃的位置在大都市附近，根據上面所討論的原則，設計如後：

房屋※	1市畝
道路	7市畝
糞池及堆肥場	2市畝
假植場	3市畝
標本園	2市畝
苗床用地	
温室温床及冷床佔地	3市畝
蔭棚	1市畝
露地苗床	6市畝
移植場	72市畝
其　他	3市畝
總　計	100市畝

※註　房屋包括辦公室，貯藏室包裝室，工作棚等。

這設計的苗圃，主要各部份的田間排列，見附圖的種苗圃理想設計圖。

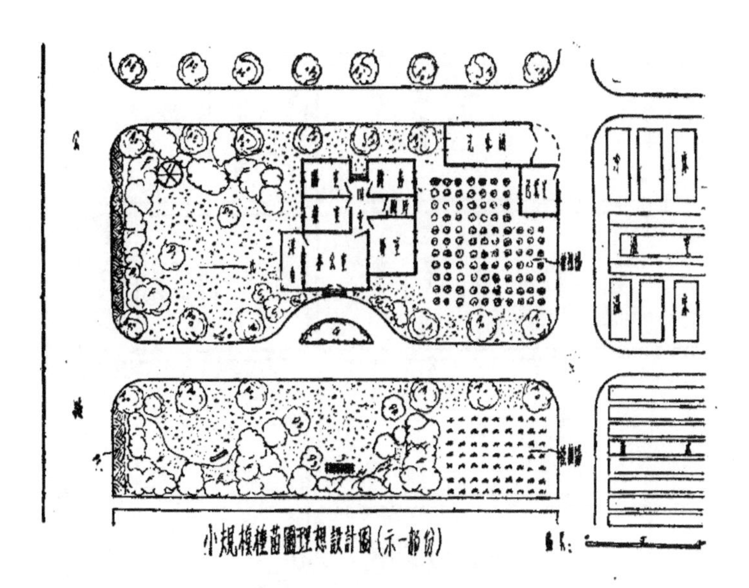

小規模種苗圃理想設計圖(示一部份)

小規模種苗圃理想設計圖之說明

本圖採用公尺制比例尺，圖中所示苗圃面積約爲二市畝，圖中除注明部份外，其他說明如下：

1爲茅亭；2爲長椅：3爲花棚架 A——H爲種植之標本植物，種植的標本植物，以儘量利用本場的出品，場加顧客的信心爲原則但必須考慮到庭園的風景。

(A)爲行道樹，如圖，利用四種不同的種類，代表本場的出品，A0 爲法國梧桐Platanus orientalis A1 爲合歡 Albizzia julibrissin A2 爲洋槐 Robinia pseudoacacia A3爲美國白楊 Populus pyramidalis

(B)爲綠籬 ， 可用法國冬青 Viburnum odoratissimum 大葉黃楊 Evonymus japonica，大葉女貞 Ligustrum lucidum 海桐 Pittosporum tobira 等，圖例可任採用二種方式，B0，B1

(C)爲屋基種植物，如圖， C0 採用較矮生之常綠植物，如偃柏 Juniperus chinensis Vargenti 錦熟黃楊 Buxus.sempervirens 銀邊黃楊 Evongmus japonica, var. albc-marginata 等，C1可栽培薔薇類花卉，

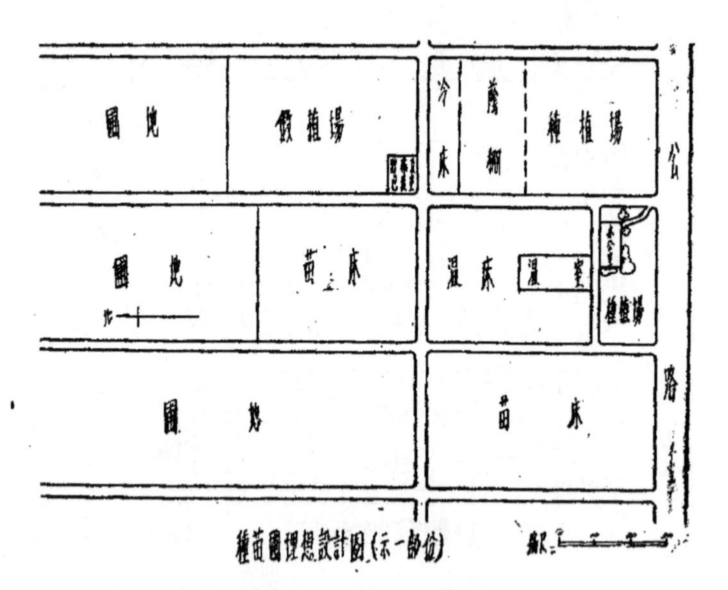

種苗圃理想設計圖(示一部份)

Rosa sp. C2 可採用木本繡球花 Viburnum macrocephallum 或貼梗海棠 Chaenomeles lagenaria，等。

(D)為單株種植木本，利用姿態優美之樹種，如廣玉蘭 Magnolia grandiflora，雪松Cedrus deodara，鷄爪槭 Acer palmatum，桂花 Osmanthus fragans 垂絲海棠 Pyrus halliana等。

(E)為叢植之觀花灌木，選用較矮生之種類，使周年開花不絕，如迎春 Jasminum nudiflorum，連翹 Forsythia suspensa，笑靨花 Spiraea thunbergii，金絲桃 Hypsicum chinense，木芙蓉 Hibiscus mutabilis 等。

(F)為叢林種植，用常綠樹種與落葉樹種混植，如柳杉 Cryptomeria japonica，馬尼松 Pinus messoniana，石櫟 Lithocaryus glabra，與木蘭 Magnolia liliflora，梅花 Prunus mume椴樹 Tilia tuan 等。

(G)為一二年生草花植物花壇，或加種球莖植物。

(H)為攀緣藤本，如紫藤 Wistaria sp 凌霄花 Campsis chinensis 等。

第五章　幼苗的繁殖和培育

繁殖幼苗需要熟鍊的技術和經驗，但是就經營的立場上討論，它更需要合理的計劃。第一，繁殖的時間和人力要有適當的分配；其次，苗床和培育的田地要有合理的安排。

春天是苗圃最繁忙的季節，移植、販賣、施肥、修剪等，工作，多是集中在這時間。而一般苗圃的繁殖工作也幾乎全是在春季，因此造成極端的忙碌和技術人工的不夠分配，往往成了限制大量繁殖的主要原因。

其實，如果充分利用人工設備，繁殖工作並不僅僅限於春季這一段短促的時間，幾乎一年四季都可以利用做繁殖工作，尤其是冬季，苗圃工作比較清閒，正好作大規模的室內繁殖，高花台的下面可擺淺箱播種，花台上同時又可作扦插或嫁接工作，早春可以利用冷床將許多苗木提早播種，夏季利用遮蔭的温室、温牀、冷牀或是蔭棚，可以做嫩莖扦插工作，秋季又是行芽接的最好時光。

所以，苗圃經營者必須熟諳多種的繁殖方法，明瞭各種苗木的習性，方能夠從容安排時間，不致有顧此失彼之苦，例如帶了葉子的半成熟枝稍扦插（即是嫩莖扦插），許多人以爲只有常綠植物和菊花、香石竹（康乃馨）等少數種類可應用到，但實際上應用的場合很多，尤其是有底温設備的温室及温床中，許多露地扦插不易成活的種類，都可用這方法繁殖，如茶花、四照花、八仙花等等，芽接法在我國也不十分多用，此法簡便經濟，如薔薇類的名貴品種用此法可作較多的繁殖，芽接法還有一大優點，就是失敗了，春季還可利用原有砧木作枝接，本文因篇幅所限，不能詳細討論繁殖及培育管理的技術，請參閱本叢書的「苗圃繁殖」一書，或其他出版的苗圃學。

繁殖苗木，如前章所述，一般多需要培育數年才能出售，普通常綠性木本幼苗以五年計算，落葉性木本植物生長較速，平均需要三年，以上指實生苗而言，（即由種子萌發而生之苗。）扦插的苗木平均可較以上提早一年出圃。

培育苗木隨生長關係，所佔的地面逐年加大，經營苗圃必須年年繼續不斷的有苗木出售，苗床和圃地因之必先好好計劃，使土地能充分利用，同時不致繁殖過多的幼苗，（專賣幼苗者當然例外。）

根據本文第四章苗圃設計中所附的實例，苗圃面積有一百畝大小，玻璃面積有一九二〇方尺，露地苗床面積有六市畝，每年繼續不斷用來作繁殖工作，一年年的下去，究竟需要多少的移植圃地面積呢？每年圃地上大概有多少苗木呢？能夠出售的有多少呢；附表第一至第七，告訴你計算的方法和結果。苗木的繁殖，由於各種植物的特性，大小不同，以及繁殖時環境的變化，發生的差異很大，附表不過是說明一種計算的方式，實地應用的時候，必須根據所用材料的種類，以及其他的條件加以修正。

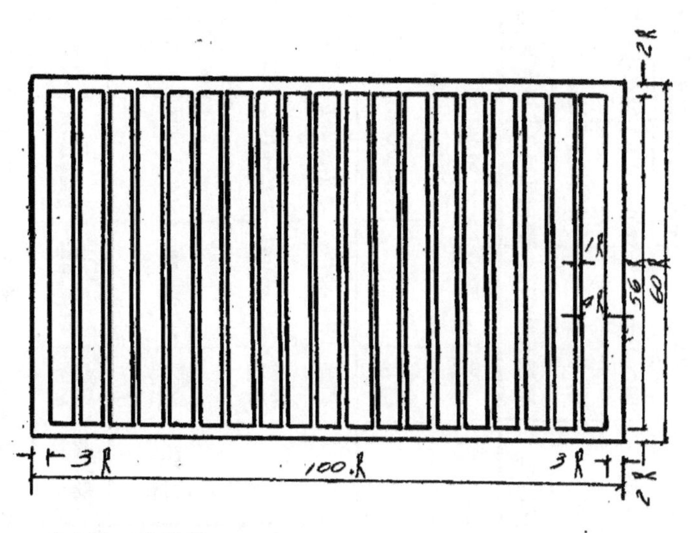

露地苗狀畦塊佈置圖（比例1：100）

上下通道各爲 2 尺　　畦闊　4 尺

左右通道各爲 3 尺　　畦長　56尺

畦間小道各爲 1 尺

每市畝苗狀共有畦面積 4256 方市尺

每市畝苗狀共有單位畦長 1064 市尺

畦面積佔總面積之 70,93 %

表二　温室温牀冷床等設備每年繁殖面積計算表（根據本文之設計）

設備 繁殖	大　小	數量	玻璃面積	苗床面積	繁殖方法	每年繁殖次數	每年繁殖面積	說　明
温室	30×8尺	2座	480平方尺	360平方尺	扦插 播種	3次 2次	1080平方尺 701平方尺	苗床面積＝玻璃面積——通道所佔面積，（後者以⅓計算）每年繁殖次數：常綠類2次，落葉類3次，多年生類4次，平均爲3次。播種利用高花合下淺箱，每年以2次計算。
温床	12×6尺	10座	720平方尺	720平方尺	扦插 播種	1次 1次	144平方尺 144平方尺	以二座温床供播種扦插繁殖用，其他八座供培養温室幼苗移植鍛鍊作用之用。
冷床	12×6尺	10座	720平方尺	720平方尺	播種		144平方尺	以二座冷床供播種繁殖用，其他八座供培育幼苗用。
總　計			1920平方尺		扦插 播種		1224平方尺 1008平方尺	連同工作室，鍋爐間，道路，共佔地三市畝左右。

表三　根據表二之繁殖面積温室温牀冷牀內每年繁殖幼苗數量計算表

繁殖樹種	繁殖方法	繁殖面積	(1)栽植距離	理想應有苗數	(2)假定成活率	實際應有苗數	說　明
常樹	扦插	424平方尺	1寸×1,5寸	28 266株	60%	16,959株	（1）此處計算，係假定爲條播，行距1寸，並估計每隔0,5寸生長幼苗一株。 （2）成活率比處係估計數字，實際應爲實用價 $= \frac{種子純度×發芽率×發芽勢}{100}$
綠種	播種	408平方尺	1寸×0.5寸	81 600株	30%	24,480株	
落樹	扦插	800平方尺	1寸×2寸	40.000株	60%	24,000株	
葉種	播種	600平方尺	1寸×0,5寸	120.000株	30%	36,000株	
總計	扦插 播種	1224平方尺 1008平方尺				10,1439株	

表四　根據表三之計算逐年需要的露地面積及繁殖幼苗數量表

			第一年	第二年	第三年	第四年	第五年
常綠樹種	播種	栽植距離	(1) 3寸×2寸	(1) 3寸×2寸	(2) 5寸×6寸	(2) 5寸×6寸	(3) 1,5尺×1尺
		移植估計死亡率	20%	—	10%	—	10%
		應有幼苗數量	19,584株	19,584株	17,625株	17,625株	15,862株
		需要栽培面積	0.3市畝	0.3市畝	1.3市畝	1.3市畝	5.6市畝
	扦插	栽植距離	(1) 3寸×2寸	(2) 5寸×3寸	(2) 5寸×3寸	(3) 1,5尺×1尺	
		移植估計死亡率	10%	10%	—	10%	
		應有幼苗數量	15,263株	13,733株	13,730株	12 362株	
		需要栽培面積	0.2市畝	0.5市畝	0.5市畝	4.4市畝	
落葉樹種	播種	栽植距離	(1) 5寸×3寸	(2) 1尺×5寸	(3) 2尺×1尺		
		移植估計死亡率	15%	10%	10%		
		應有幼苗數量	27,000株	24,300株	※17,024株		
		需要栽培面積	1市畝	3市畝	8市畝		
	扦插	栽植距離	(1)5寸×3寸	(2)1尺×5寸	(3)2尺×1尺		
		移植估計死亡率	10%	10%	10%		
		應有幼苗數量	21,600株	19140株	※10,640株		
		需要栽培面積	0.8畝	2.3市畝	5畝		

註　※表明移植後另一部份已出售　　　括號內數字表明移植次數

插圖[illegible]

表五 繁殖苗木每年需要露地苗床面積及移植圃地面積表

			第一年	第二年	第三年	第四年	第五年
常綠樹種	播種	栽植距離	(1) 2寸×1寸	(2) 2寸×[illegible]寸	(3) 5寸×6寸	(4) 5寸×6寸	(5) 1,5尺×1尺
		栽植或移植之估計死亡率	80%	—	0%	—	10%
		應有幼苗數量	42 560株	42.560株	33 304株	38·304株	※ 8511株
		需要栽培面積	1市畝	1市畝	2,7市畝	2.7市畝	3市畝
	扦插	栽植距離	(1) 5寸×3寸	(2) 5寸×6寸	(3) 5寸×6寸	(4) 1,5尺×1尺	
		栽植或移植之估計死亡率	40%	10%	—	10%	
		應有幼苗數量	23 023株	20,720株	20 720株	※ 8511株	
		需要栽培面積	1市畝	1.5市畝	1.5市畝	3市畝	
落葉樹種	播種	栽植距離	(1) 2寸×2寸	(2) 5寸×3寸	(3) 5寸×6寸	(4) 2尺×1尺	
		繁植或移植估計之死亡率	80%	10%	10%	10%	
		應有幼苗數量	85,120株	76,608株	68 974株	※10,6 0株	
		需要栽培面積	2市畝	2 7市畝	5市畝	5市畝	
	扦插	栽植距離	(1)5寸×3寸	(2)5寸×6寸	(3)2尺×1尺		
		繁殖或移記估 之死亡率	50%	10%	10%		
		應有幼苗數量	28,372株	25,534株	※6,381株		
		需要栽培面積	1市畝	2市畝	3市畝		

註 ※表明移植後另一部份已售出

表六　根據表二至表五之計算苗圃每年需要的移植圃地表

時間 苗木大小	第一年	第二年	第三年	第四年	第五年
一年生苗用地	8.3市畝	8.3市畝	8.3市畝	8.3市畝	8.3市畝
二年生苗用地		13.3市畝	13.3市畝	13.3市畝	13.3市畝
三年生苗用地			27.0市畝	27.0市畝	27.0市畝
四年生苗用地				16.4市畝	16.4市畝
五年生苗用地					8.6市畝
每年用地總計	8.3市畝	21.6市畝	48.6市畝	65.0市畝	73.6市畝

註　第五年以後每年需要的移苗植地同第五年

表七　第五年後苗圃每年可出售之苗圃數量表

		二年生苗	三年生苗	四年生苗	五年生苗	總計
常綠樹種	播種苗			25,962株	24,473株	50,435株
	扦插苗		10,137株	20,873株		31,010株
落葉樹種	播種苗	4,846株	68,436株	10,640株		83,922株
	扦插苗	23,452株	17,024株			40,476株
總計		28,293株	95,597株	57,475株	24,437株	205,843株

苗木的培育，重要性實在不亞於繁殖工作，田間的植物生長弱，原因很多，單單淋一兩次肥料，除除草，植物並不一定能夠長得好，施肥、整地、中耕、灌溉、修剪等等管理工作，要互相配合，苗木的移植也很重要，經過數次移植的苗木，根羣容易發達豐滿，生長強壯，販賣運輸時成活率高，良好的移植，從苗床到圃地，損失率不得多於百分之五，一個熟錬的工人，每天應可掘植五六萬株一年生或兩年生的幼苗，土壤的質地，對於工作效率當然有很大的影響。

常綠植物幼苗的培育，比較落葉樹種，一般需要較精密的管理，苗床宜多用堆肥粉末，幼苗常需要遮蔭，像杜鵑花等石楠科植物，長年需要遮蔭的，可種植在蔭棚中，一般落葉樹種的幼苗，則多不需要蔭遮。

一年生常綠植物的實生苗，移植時常將其主根剪去四分之一至三分之一的長度，使根羣多分枝，生長緊添，其上部樹冠，除非過分徒長，或形狀生長不平衡，則多不大修剪，落葉樹種一年生的實生苗則常相反，根部不多修剪，而樹冠部份修剪較多，將枝條疏剪，長梢短剪。

庭園觀賞喬木的幼苗，樹冠下部不可空虛，最好近土面處即有平行的分枝，培育時要多移植，使常常有充分生長的空間，此外要能及時修剪，如頂枝有數條時，除去之，糾雜橫亂枝條也要早除去之，供行道樹用的幼苗則相反，下部枝梢要及早除去。

掘起達到出售程度的苗木，較大的常綠樹種要帶泥團，通常二人相對工作較快，泥團用稻草繩或麻布包好，包紮的精密，視搬運距離的遠近而不同，落葉樹種掘起時，常不帶泥團，大量掘苗，可先於苗木行兩側用犂各開一長溝，然後再鏟出，或利用移植器則效率更大。

苗木之搬掘，闊葉常綠植物多在春季，狹葉常綠樹種及落葉樹種則春秋都可移植，預備出售的苗木應掘起後假植於假植場，以便隨時販賣，帶有泥團者，連同泥團一道假植之。假植場也要規劃行列，各行掘長條深溝，一側向南成傾斜面，苗木斜植排列其中，塡入較輕鬆土壤或泥加堆肥細砂，若能多帶泥團，假植於蔭棚內，則假植的時間可以延長，也就是延長苗木販賣的時間，在經營上很重要。

第六章　如何推銷你的苗木

推銷苗木，自然離不開廣告和宣傳，但是許多人卻往往忘記了另外一句重要的老話——「貨眞價實」，投機取巧，可能僥倖於一時，但絕不可能樹立一個大規模有前途的種苗圃，「貨眞價實」在經營苗圃上的意義就是苗木的標準化，這一點在販賣果樹苗木尤其重要，可惜目前在我國少人注意這一問題。

推銷苗木，對於遠地的顧客，種苗目錄的廣告效力很大，一本完善的目錄，通常包括這些部份：（一）出售苗木的種類名稱，按照植物性狀和用途編排分類，每一類中再依照筆劃次數或是學名的字母先後排列。名稱後面，應該註明樹齡、高度、周徑，及移植次數，名稱宜採用國內一般通用的，同時最好附有學名，以免誤會，目前物價波動厲害，價格一項可另列爲一欄。（二）說明的文字，寫在主要種類的前面，介紹品種的特性，適宜的風土，或是栽培要點。（三）插圖，多採用本場的實際情形，以增加顧客的信心。（四）郵購零售和批發的辦法，手續，並附有定貨單，以減省顧客的麻煩爲原則。

除此以外，還可以常常出版小册子，用富有趣味的筆調，本場實在的材料，寫一些栽培知識，或是佈置庭園的方法等等，把宣傳廣告化爲無形，效果很大。

刋物的寄贈，則有賴平日搜集的「情報」，將可能或已成爲主顧的場所，如機關、學校、大公司、商家、農場、私人花園……等等調查業主的名稱、地址，來往情形等項，編成一本通訊簿，或採用活頁卡片，作爲主要連絡的對象，大規模經營時，對於各地小苗圃、花園或農場的聯絡，尤要特別着重，在我國人事關係往往足以左右事業的成敗，零售商性質的小苗圃則應該有口齒伶俐的推銷員，親自登門接洽推銷，春天移植季節，尤爲重要。

推銷員由本場職員中選出，或臨時雇用，後者先要有一些簡單的訓練，認識自己苗圃的苗木，各種特別的性狀，適宜的用途，以便向顧客說明介紹，出外工作時要攜帶證明身份的證章、名片，種苗目錄，實地的照片，以及印好格式的定貨單，推銷的主要目的是賣出自己的貨色，若是接了一批自己缺乏的定貨單，雖然可向其他苗圃轉進，但賣淸自己苗圃中成長的苗木，當然更來得要緊。

推銷苗木要極力設法爭取顧客的信心，俗語說得好，「耳聞不如目見」，經營苗圃也不可忽視這一點，前面已經提到，零售商性質小苗圃的位置，是愈靠近城市愈好，同時也要好好佈置標本園和假植場，種植自己出售的苗木，構成庭景，或更添加噴水、假山、茅亭、花棚架、雕刻物等，以增風緻，標本園一帶可開放任人遊覽，無形中就是一幅最有力的活廣告，顧客一方面可以欣賞風景，又可藉此機會親自選擇需要的樹種樣本。

苗木販賣的時期，一般多在春季未抽芽之前，如果販賣的時間能夠延長，銷售的數量當然也可以隨之增加，這關鍵是在於假植時的處理，如第五章所示，若幼苗能多帶泥團，或更假植於蔭棚中，根部四周用潮濕的蘚苔、鋸木屑，砂土等壅埋，則萌芽期可以延遲，即使萌芽後移植，成活率也很高。

販賣苗木時，顧客往往委托代爲設計佈置，大規模的庭園佈置，應該與庭園建築師合作，在可能範圍內多多採用本苗圃的材料，實是一舉兩得，此外經營苗圃者對於這一方面也不能不具有粗淺的知識。

經營大規模的苗圃，手頭應該備有一份苗木記錄簿，以便隨時查詢自己某一種苗木的數量，對於販賣工作，有莫大的幫助，苗木記錄簿的格式見表八。

表八 苗木記錄簿的格式

田間編號	苗木名稱	田間生長狀況	高度	樹齡	移植次數	年初田間苗木數量	年中增添苗木數量	單價	出售數量

第七章 賺錢還是賠本——成本的計算

粗心的人很容易把價格和利潤混爲一談，以爲價錢賣得高的苗木，賺錢也一定多；其實這並不盡然，價格高的苗木也許化的成本很大，反不如種植生產成本小的苗木，或是賣小苗的上算，經營苗圃要明瞭種什麽東西賺錢，種什麽東西吃虧，這一切只有靠生產成本的計算了。

一個普通的苗圃用不着複雜的簿記，下面介紹的記帳方法，根據美人亞爾門氏 Drue Allman 及孔納遜氏 Nelson Coon 多年經營苗圃經驗結果所得的原則，滲雜我國的情形寫成，方法簡便，費時少，便於實用，普通苗圃經營已足敷應用，若是苗圃的業務蒸蒸日上，要精確的計算到一分一文，則有賴更繁雜的複式簿記了。

日常記賬只要兩本賬簿，一本收入簿，一本支出簿，格式見表九、十：這兩種賬簿分做上下兩半部，下半部的各項叫做戶頭，戶頭的多少和名稱，視各苗圃經營性質的不同而異，如一個苗圃大規模繁殖少數的幾種植物，例如雪松龍柏大葉黃楊等等，都可一一列為戶頭名稱，寫在收入簿和支出簿上，但以七、八種為限，若是種植的苗木名目繁多，又多是零碎少量，則宜採用分羣戶頭法，例如龍柏、圓柏、雪松都歸在常綠狹葉植物一類，因為此等植物的繁殖方法和管理工作很相似，其他常用的戶頭見表。

記賬的方法，和日常通用的流水簿大致相同，只是收支分別登記在兩本簿子上，同時每一筆賬在上半部寫好了以後，再看這一筆錢是用在哪一種苗木上，就記在同一直行下半部這個苗木戶頭上，例如買了十担牛糞，費去五萬元，預備施用於落葉灌木區，這五萬元除了上半部寫好外，再在同行落葉灌木區戶頭項下重寫一筆五萬元，（見表七例）。若是這十担肥料一時沒有決定用在哪一區，下半部就暫時不記，而在這一項的頂部用硃紅圈住，以後如果用了五担在常綠闊葉區，就翻囘到這硃紅圈直行下，在常綠闊葉區橫行上寫記二萬五千元，備註欄內填明：「×月×日施用於常綠闊葉區五担，」第二次另外五担施用於多年生植物區又用同樣手續記好，如是十担肥料都用光了，下半部的結數五萬元等於上半部的總數五萬元，不錯，乃將頂上的紅圈加×勾消去掉，（見表九例），只有用於整個苗圃或一般苗木的費用，才記入下面各雜費戶頭，這種記賬的原則，就是儘量將每一筆收入或支出都記在栽培的苗木戶頭項下，以便於計算各種苗木的生產成本，減少麻煩的手續。

表九　支出簿的格式及實例

日期	摘要	數量	單價	總價	闊葉常綠區	狹葉常綠區	落葉喬木區	落葉灌木區	移生植物區	其他苗木區	生產雜費	日常雜費	其他費用	人工費用	畜工費用	備註
14/3	購買肥料	10担	5,000	50,000				50,000								
5/4	購買除蟲菊粉	8磅	20,000	160,000	80,000				80,000							13/5闊葉常綠區施用四斤 13/6多年生植物區四斤
21/5	短工十名	10人	20 000	200,000										200,000		
11/6	廣告費	半頁	200,000	200,000								200,000				

表十　收入簿的格式及實例

日期	摘要	數量	單價	總價	闊葉常綠區	狹葉常綠區	落葉喬木區	落葉灌木區	多年生植物區	其他苗木區	其他收入	備註
21 2	三年生棣棠苗	500株	5 000	2 500 000				2,500,000				
15 3	五年生龍柏苗	40株	50 000	2,000 000								

職員的薪金也記在日常雜費項下，各項苗木所用的人工和畜工費用，統統記在人工，畜工二戶頭項下，另外再有工作簿記錄工作效率，留在後面另行討論。

記賬的開始時期，最好選擇一年中生意頂清淡的季節，因爲此時田間栽培的苗木變化少，容易估計數量和價格，普通苗圃可定七月作爲一年的開始，到第二年六月底結賬，開始記賬的時候，另外再備一本活頁本，作爲成本賬簿。

收入簿及支出簿上的各苗木戶頭，相同的合併在一起，每一苗木區在成本賬簿上佔一頁，格式見表十一，各戶頭的名稱填在頁上中央的地方，開始記賬的時候，調查田間各苗木區的苗木數量、大小、估價列入成本賬簿的各苗木戶頭收入項下，是為該戶頭年初財產清查總值。

表十一　成本賬簿的格式及苗木戶頭的結賬手續實例

收入　　闊葉常綠區戶頭　　支出

日期	摘要	單價	金額	日期	摘要	單價	金額
1/7/36	（1）年初本戶頭資產清查總值（田間苗木數量×單位）			30/6/37	（1）轉入收入簿本戶頭之收入總數		
3/6 3/7	（2）轉入支出簿本戶頭之支出總數				（2）年終本戶頭資產清查總值（若本戶頭田間苗木已售光則此項缺如）		
	（3）轉入支出簿按比例分攤之生產雜費 日常雜費 其他費用						
	（4）轉入工作簿本戶頭應佔之總人工費用 總畜工費用						
	（5）轉入資產戶頭應分攤之差額費用						
	（6）本戶頭應佔利息（＝年終資產清查×利率）						
	收入總數（以上各項相加）				支出總數－收入總數		
					盈餘		

成本賬簿中，除收支簿各戶頭外，另外劃一頁塡寫一新戶頭，名資產戶頭，格式見表十二，年初（七月）開始記賬時，將苗圃中各項資產如田地、房屋、設備、農具等等作一次總淸查，調査種類數量，估計時價，除田間苗木外，其他各項資產淸査結果，都列入資產戶頭的收入項下，一年當中苗圃添購的農具、牲畜、建築的房屋等等，隨時登記在本戶頭的收入項下，一年當中各項資產的損失，如牲畜的死亡，農具的損爛，也一一列於資產戶頭的支項下。

到了一年終了結賬時候，（如上述爲六月底），將全場資產再作一次總淸查，除田間幼苗外，其他資產的種類、數量、價格，一一登記於資產戶頭的支出項下，作爲年終資產淸査總値，房屋、農具等年終估計價格時，在常年要估計折耗，（折耗的方法見後註一），並計算苗圃資產（苗木除外）全年應佔利息，利息是全部資產總値乘以周年利率而得，也記入資產戶頭的支出項下，由總支出減去總收入，得資產戶頭之差額，普通多爲正數，按各苗木栽培面積大小比例均攤，記入各苗木戶頭的收入項下。（見表十二）。

成本帳簿中，各苗木戶頭結賬的方法和步驟，見表九，卽是先將收入簿及支出簿的各戶頭結一總數，支出簿的生產雜費，日常雜費，其他費用三項總數，按照當年一年中各苗木區所佔面積的大小，比例分攤，人工及畜工費用二項，則按工作簿的記錄，算出每一苗木戶頭

(7)總工數和應攤的費用。

表十二　成本賬簿資產戶頭的格式及記賬方法

收入				資產戶頭	支出		
日期	摘要	單位	總位	日期	摘要	單位	總位
1/7	年初資產清查 房屋×間 旱田×畝 水牛×頭			×/×	年中資產損失事項如牲畜死亡農具損壞等		
×/×	年中資產增加事項如購買農具等			30/6	年終資產清查房屋間（折舊多少）應值		
				30/6	利息（資產總值×當地通行利率）		
	總收入				總支出		
					差額＝總支出—總收入		

各項手續，按表十一的步驟逐一塡好，就可以計算這一年中某一項苗木的賺錢或是賠本了，這最後的一步很簡單，只要將成本賬簿中各苗木戶頭的收支各各相加，總支出減去總收入，得到的卽是盈餘，若是總收入大於總支出，表明生產成本大於販賣收入，卽是虧本，至於整個苗木的盈餘或是賠本，只要將成本賬簿中各苗木戶頭的總收入，總支出各各相加，若是收入簿中有其他收入一項，加入成本賬簿中之總支出項下，總支出減去總收入，卽是表明整個苗木賺錢。

經營苗木，最大的支出常是人工和畜工，經營者必須講究精密的管理，減少人力的浪費，以求得工作效率的增加，所以記載確實的工作簿，往往是苗木經營中最寶貴的材料，利用工作簿，可以硏討一年中勞力合理分配的問題，每一種苗木需要工作的時數，進一步乃能設法改進。

工作簿的格式，見表十三，工作簿上的戶頭種類卽是收支簿上的各苗木戶頭，另添『公用』戶頭一項，每天登記一次，每週或每月小計一次，年終再總結各苗木戶頭的總工日數及總畜工日數，將公用戶頭一項下的日數，按苗木栽培面積的攤於各苗木戶頭項下，計算出每一人工單位及畜工單位的費用，再算出各苗木戶頭之人工及畜工總費用，轉入成本賬簿各苗木戶頭的收入項下。

表十三　工作簿格式

日期		戶頭名稱	工作摘要	人工					畜工			
月	日			家工	長工	短工	換工	總計	已有	租用	換用	總計

註：結賬時先計算

每一人工單位費用＝支出簿人工戶頭總費用÷工作簿人工總日數

每一畜工單位費用＝支出簿畜工戶頭總費用÷工作簿畜工總日數

公用戶頭一項下之人工總數及畜工總數，按各苗木栽培面積大小之比例分攤於各苗木戶頭之總工數及總畜工數內如此再計算

各苗木戶頭人工總日數×人工單位費用＝各苗木戶頭人工總費用

各苗木戶頭畜工總日數×畜工單位費用＝各苗木戶頭畜工總費用

各苗木戶頭之人工及畜工總費用乃轉記入成本賬簿中如前述

表十四　田重工作記錄簿的格式

闊葉常綠	狹葉常綠	落葉喬木	落葉灌木	多年生植物	其他苗木	雜項工作
				一		

○　○

大規模的苗圃，或是春季雇用臨時工（短工）多的時季，則管理工人的工頭或管理員，應該隨身攜帶一本小册子，格式如表十四，頂上為一行楣頭，劃分若干直格，各苗木戶頭各佔一格，工頭巡行各區，每日登記一頁，放工時再整理轉入工作簿中，則工人的勤怠，容易查出，工作效率也可因之而增高。

註一　計算折耗，先要估計使用年限，如普通瓦屋以五十年計，則是每年折耗額為百分之二，折耗額乘使用年齡，自原價減除之，再加上歷年的修理費，就得當時房屋的估價。

本會理事題名

徐天錫（常務理事會主席）

陸費執（常務理事）

蔣滋壽（常務理事）

尤其偉（常務理事）

陳管生（常務理事）

管家驥

程世撫

朱　雄

汪菊淵

張彬忱

楊嶧桐

湯克湘

徐曉白

吳光扆

朱家駒

本會出版委員題名

徐天錫

陸費執

毛宗良

程世撫

蔣滋壽（主席）

徐益勤

黄德鄰

顧德俊

本會監事題名

馬保之

趙祖康

許復七

李永振

冼冠生

程緒珂

鳳懋剛

上海園藝事業改進協會叢刊

主編　蔣滋壽

發行人　徐天錫

贊助者　上海市工務局園場管理處

出版者　上海園藝事業改進協會出版委員會

發行處　上海園藝事業改進協會

地址：皋蘭路二號

上海園藝事業改進協會叢刊

庭園之趣味

鄭逸梅 著

上海園藝事業改進協會出版委員會
民國三十六年

上海園藝事業改進協會
第五種
庭園之趣味
鄭逸梅著

上海園藝事業改進協會

叢刊第五種

庭園之趣味

鄭逸梅著

中華民國三十六年四月一日出版

刊言

本刊爲上海園藝事業改進協會主辦各種刊物之一。園藝協會同人，在謀普及園藝知識，增進農業生產，與改善人民生活之原則下，不斷努力，以求得達目的。並約請各地農業專家担任著述，以歷年經驗或研究之結果，供諸世人，藉供愛好園藝者之參攷。惟本刊旨在介紹新知舊識，園地公開，歡迎投稿，期使集合農業界人士，羣策羣力，共圖吾國園藝事業之發展，則本會幸甚。

編者識

本文作者鄭逸梅先生爲現代名小說家。近著「庭園之趣味」一文，對于假山史攷與姑蘇名園之鑑賞，敍述綦詳，爰由本會選刊，以享讀者。

編者識

庭園之趣味

鄭逸梅

原始人類，與木石居，與鹿豕遊，以大自然爲廬舍。厥後進化而有宮室，且復雕樑畫棟，洞牖敞甍，極建築工程之能事。於是人處其中，無風之侵，雨之淋，暴日之炙灼，霜雪之交加，而俯仰偃息，優哉遊哉。但爲日旣久，山野之性，又復萌發。與大自然隔絕，頓覺跼促不安。爲調劑計，居室乃具庭園之設備，得與一花一草，一泉一石相接觸。花之紅酣，草之綠縟，泉之淙然，石之磊然，而山野之性始適。古之名園，可考者，如史彌遠之半春園。石季倫之金谷園，司馬光之獨樂園，章參政之嘉林園，賈文元之曲水園，他如沁水園也，奉誠園也，玉壺園也，仲長園也，繡谷園也，辟疆園也，叢春園也，翠芳園也，苜蓿園也，指不勝屈。於是鳥喧百族，花兼四方，蘿徑連緜，松軒杳靄，而城市自饒山林之氣，屋宇而有原野之風。此中樂趣，有非筆墨所能形容者矣。

庭園中往往疊以假山，與花木掩映，始具佳趣。陳留謝肇淛之五雜俎，有述及假山者，如云：宋時巨室，治園作假山，多用雄黃燄硝和土築之。蓋雄黃能辟虺蛇，燄硝能生煙霧，每陰雨之候，雲氣浡鬱，如眞山矣。又云：假山之戲，當在江北無山之所，裝點一二，以當臥遊。若在南方，出門皆眞山眞水，隨意所擇，築菟裘而老焉。或映古木，或對奇峯，或俯清流，或踞磐石，主容之景皆佳，四時之賞不絕，卽善繪者不能圖其一二，又何疊石累土之工所敢望乎。又云：假山須用山石，大小高下，隨宜布置，不可斧鑿。蓋石去其皮，便枯槁不復潤澤生莓苔也。太湖錦川，雖不可無，但可妝點一二耳。若純是難得奇品，終覺粉飾太勝，無復丘壑天然之致矣。余每見人園池，踞名山之勝，必壅蔽以亭榭，妝砌以文石，繚繞以曲房，堆疊以尖峯，甚至猥聯惡額，纍纍相望，徒滋勝地之不幸，貽山靈之嘔噦耳，此非江南之賈豎，必江北之閹宦也。又云：西京雜記載茂陵富人袁廣漢築園四五里，激流水注其內，攝石爲山，高十餘丈，此假山之始也。然石初不甚擇。至宋宣和時，朱勔童貫以花石娛人主意。如靈璧一石，高至二十餘丈，周圍稱是，千夫舁之不動。艮嶽一石，高四十餘丈，封爲盤固侯，石自此重矣。李文叔洛陽名園記，十有九所始於富鄭公，而終於呂文穆，其中多言花木池臺之盛。而其所謂山如王開府宅，水如胡氏二園者，皆據嵩少北丘之麓以爲勝，則知時未尙假山也。自宣和作俑南人舍眞山而僞爲之，其蔽甚矣。又云：吳中假山，土石畢具之外，倩一妙手作之，及舁築之費，非千金不可，然在作者工拙何如。工者事事有致，景不重疊，石不反背，疏密得宜，高下合作，人工之中，不失天然之地，又含野意。勿琑碎而可厭，勿整齊而近俗，勿誇多鬥麗，勿太巧喪眞，令人終歲遊息而不厭，斯得之矣。大率石易得，水難得，古木大樹尤難得也。又云：王氏弇州園，石高者三丈許，至毀城門而入，然亦近於淫矣。洛陽名園以苗帥者爲第一。據稱大樹百尺對峙，望之如山，竹萬餘竿，有水東來，可浮十石舟，有大松七，水環繞之，即此數語勝概，已自壓天下矣。乃知古人擬造，皆極天然之致，非若今富貴家，但鬥巨麗已也。對於假山之沿革掌故，可謂詳備。頃檢勾吳錢梅溪之藝能編，亦有堆假山一則。如云：堆假山者，國初以張南垣爲最，康熙中，則有石濤和尚，其後則仇好石，董道士，王天於，張國泰，皆爲妙手。近時有戈裕良者，常州人，其堆法尤勝於諸家。如儀徵之樸園，如皋之文園，江寧之五松園，虎丘之一榭園，又孫古雲家書廳前山子一座，皆其手筆。嘗論獅子林石洞，皆界以條石，不算名手。余詰之曰，不用條石，易於傾頹奈何？戈曰：只將大小石，鈎帶聯絡，如造環橋法，可以千年不壞，要如眞山洞壑一般，然後方稱能事，余始服其言。至造亭臺池館，一切位置裝修，亦其所長，是則足補五雜俎之不足。

李笠翁對於庭園之布置，亦注意於假山，而能道人所未道，尤爲可喜。如云：幽齋磊石，原非得已，不能致身巖下，與木石居。故以一拳代山，一勺代水，所謂無聊之極思也。然能變城市爲山林，招飛來峯使居平地，自是神仙妙術，假手於人以示奇者也，不得以小技目之。且磊石成山，另是一種學問，儘有丘壑塡胸，煙雲繞筆之韻士，命之畫水題山，頃刻千巖萬壑，及倩磊齋頭片石，其技立窮，似向盲　問道者。故從來疊山名手，俱非能詩善繪之人，見其隨舉一石，顚倒置之，無不蒼古成文，紆迴入畫，此眞造物之巧於示奇也。譬之扶乩名仙，所題之詩，與所判之字，隨手便成法帖，落筆盡是佳詞，詢之召仙術士，尙有不明其義者。若出自工書善詠之手，焉知不自人心揑造，妙在不善詠者使詠，不工書者命書，然後知運動機關，全由神力。其疊山磊石，不用文人韻士，而偏令此輩擅長者，其理亦若是也。然造物鬼神之技，亦有工拙雅俗之分，以主人之去取爲去取。主人雅而取工，則工且雅者至矣，主人俗而容拙，則拙而俗者來矣，有費疊萬金錢，而使山不成山，石不成石者，亦是造物鬼神作祟，爲之摹神寫像，以肖其爲人也。一花一石，位置得宜，主人神情已見乎此矣，奚俟察言觀貌，而復識別其人哉。笠翁於山石，分大山，小山，石壁，石洞，零星小石。分別言之，如大山云：山之小者易工，大者難好，予遨遊一生，遍覽名園，從未見有盈畝疊丈之山，能不補綴穿鑿之痕，遙望與眞山無異者。猶之文章一道，結構全體難，敷陳零段易。唐宋八大家之文，全以氣魄勝人，不必句櫛字篦，一望而知爲名作，以其先有成局，而復修飾詞華，故粗覽細觀，同一致也。若夫間架未立，才自筆生，由前幅而生中幅，由中幅而生後幅，是謂以文作文，亦是水底渠成之妙境。然但可近視，不耐遠觀，遠觀則襞積縫紉之痕出矣。書畫之理亦然。名流墨跡，懸在中堂，隔尋丈而觀之，不知何者爲山，何者爲水，何處是亭臺樹木，卽字之筆畫，杳不能辨，而只覽全幅規模，便足令人稱許。何也？氣魄勝人，而全體章法之不謬也。至於疊石成山之法，大半皆無成局，猶之以文作文，逐段滋生者耳，名手亦然，矧庸匠乎。然則欲壘巨石者將如何而可？必俟唐宋諸大家復出，以八斗才人，變爲五丁力士，而後可使運斤乎？仰分一座大山，爲數十座小山，窮年俯視，以藏其拙乎？曰不難，用以土代石之法，既減人工，又省物力，且有天然委曲之妙。混假山於眞山之中，使人不能辨者，其法莫妙於此。壘高廣之山，全用碎石，則如百衲僧衣，求一無縫處而不得，此其所以不耐觀也。以土間之，則可泯然無跡，且便於種樹，樹根盤固，與石比堅，且樹大葉繁，混然一色，不辨其爲誰石誰土，列於眞山左右，有能辨爲積壘而成者乎？此法不論石多石少，亦不必定，求土石相半。土多則是土山帶石，石多則是石山帶土，土石二物，原不相離，石山離土，則草木不生，是童山矣。小山云：小山亦不可無土，但以石作主，而土附之，土之不可勝石者，以石可壁立，而土則易崩，必仗石爲藩籬故也。外石內土，此從來不易之法。言山石之美者，俱在透漏瘦三字，此適於彼，彼適於此，若有道路可行，所謂透也。石上有眼，四面玲瓏，所謂漏也。壁立當空，孤峙無倚，所謂瘦也。然透瘦二字，在左宜然。漏則不應太甚，若處處有眼，則似窰內燒成之瓦器，有尺寸限在其中，一隙不容偶閉者矣。塞極而通，偶然一見，始與石性相符。瘦小之山，全要頂寬麓窄，根脚一大，雖有美狀，不足觀矣。石眼忌圓，卽有生成之圓者，亦粘碎石於旁，使有稜角，以避混全之體。石紋石色，取其相同，如粗紋與粗紋，當併一處。細紋與細紋，宜在一方。紫碧青紅，各以類聚是也。然分別太甚，至其相懸接壤處，反覺異同，不若隨取隨得，變化從心之爲便。至於石性，則不可不依，拂其性而用之，非止不耐觀，且難持久。石性維何？斜正縱橫之理路是也。石壁云，假山之好，人有同心，獨不知爲峭壁，是可謂葉公之好龍矣。山之爲地，非寬不可。壁則挺然直上，有如勁竹孤桐。齋頭但有隙地，皆可爲之，且山形曲折，取勢爲難。手筆稍庸，便貽大方之誚。壁則無他奇巧，其勢有若壘牆，但稍稍紆迴出入之，其體嶙峋，仰觀如削，便與窮崖絕壑無異。且山之與壁，其勢相因，又可並行而不悖者。凡壘石之家，正面爲山，背面皆可作壁，非特前斜後直，物理皆然，如椅榻舟車之類。卽山之本性，亦復如是。逶迤其前者，未有不嶄絕其後，故峭壁之設，誠不可已。但壁後忌作平原，令人一覽而盡，須有一物焉蔽之，使坐客仰觀，不能窮其顚末，斯有萬丈懸崖之勢，而絕壁之名爲不虛矣。蔽之者維何？曰非亭卽屋。或面壁而居，或負牆而立，但使目與簷齊，不見石丈人之脫巾露頂，則盡致矣。石壁不定在山後，或左或右，無一不可。但取其地勢相宜，或原有亭屋，而以此壁代照牆，亦甚便也。石洞云：假山無論大小，其中皆可作洞，洞亦不必求寬，寬則藉以坐人。如其太小不能容膝，則以他屋聯之，屋中亦置小石數塊，與此洞若斷若連，是使屋與洞混而爲一，雖居屋中，與坐洞中無異矣。洞上宜空少許，貯水其中，而故作漏隙，使涓滴之聲，從上而下，旦夕皆然，置身其中者，有不六月寒生，而謂直居幽谷者，吾不信也。零星小石云：貧士之家，有好石之心，而無其力者，不必定以假山。一拳特立，安置有情，時時坐臥其旁，卽可慰泉石膏盲之癖。若謂如拳之石，亦須錢買，則此物亦能效用於人，豈徒爲觀瞻而設？使其平而可坐，則與椅榻同功，使其斜而可倚，則與欄干並力，使其肩背稍平，可置香爐茗具，則又可代几案。花前月下，有此待人，又不妨於露處，則省他物運物之勞，使得久而不壞，名雖石也，而實則器矣。且搗衣之砧，同一石也，需之不惜其費，石雖無用，獨不可作搗衣之砧乎？王子猶勸人種竹，予復勸人立石，有此君子不可無此文，同一不急之務，而好爲是諄諄者，以人之一生，他病可有，俗不可有，得此二物，便可當醫。與施藥餌濟人，同一婆心之自發也。

庭園之設施，唯一之專書，厥爲園冶。書凡三卷，明吳江計無否著。初名園牧，曹元甫見之，改爲園冶。有阮圓海序，日本有抄本，卷首題奪天工三字，遂呼爲天工，園冶之名反隱。北平圖書館得一明刻本，而缺其第三卷，乃合日本內閣文庫所藏刻本，始成完璧。中有園說一篇，多扼要之談。如云：凡結林園，無分村郭，地偏爲勝，開林擇剪蓬蒿，景到隨機，在澗共修蘭芷，徑緣三益，業擬千秋，圍牆隱約於蘿間，架屋蜿蜒於木末，山樓凭遠，縱目皆然；竹塢尋幽，醉心卽是，軒楹高爽，窗戶虛鄰，納千頃之汪洋，收四時之爛熳，梧陰匝地，槐株當庭，插柳沿堤，栽梅遶屋，結茅竹里，濬一派之長源，障錦山屏，列千尋之聳翠，雖由人作，宛自天開。刹宇隱環窗，彷彿片圖小李，巖巒堆劈石，參差半壁大癡。蕭寺可以卜鄰，梵音到耳，遠峯偏宜借景，秀色堪飧。紫氣青霞，鶴聲送來枕上，白蘋紅蓼，鷗盟同結磯邊。看山上筒籃輿，問水拖條櫪杖，斜飛堞雉，橫跨長虹，不羨摩詰輞川，何數季倫金谷，一灣僅於消夏，百畝豈爲藏春，養鹿堪遊，種魚可捕。涼亭浮白，冰調竹樹風生，暖閣偎紅，雪煮爐鐺濤沸。渴吻消盡，煩慮開除，夜雨芭蕉，似雜鮫人之泣淚，曉風楊柳，若翻蠻女之纖腰。移竹當窗，分梨爲院。溶溶月色，瑟瑟風聲，靜擾一榻琴書，動涵半輪秋水。清氣覺來几席，凡塵頓遠襟懷。窗牖無物，隨宜合作，欄干信畫，因境而成。製式新翻，栽除舊套，大觀不足，小築允宜。而彼於結園，一、相地：有山林地，城市地，村莊地，郊野地，傍宅地，江湖地。二、立基：有廳堂基，樓閣基，門樓基，書房基，亭榭基，廊房基，假山基。三、屋宇：有堂，齋，室，房，館，樓，臺，閣，亭，榭，軒，廳，廊。舉凡窗牖欄干，悉有圖說，衡諸今日圖案，無多讓也。

我友徐卓呆，從事設計庭園有年，蓋學自扶桑，而參以古法，具見巧思者也。庭園之體，凡四十有一，備有圖樣，蔚為大觀。其體如高明純一，細密清淡，造化周流，文采清奇，平心和氣，天然去飾，豐致天趣，管攝連綿，綺麗深遠，寫意無窮，會秀儲異，幽深玄遠，寫意雄奇，法度沉着，涵養幽情，靜想無礙，沈雄厚壯，連珠不斷，雄豪空曠，形容浩然，寫眞超邁，含蓄優遊，雄偉清健，融化渾成，意中帶景，神造自如，雕巧淵永，清細閑雅。檢束嚴整，溫柔敦厚，景中含意，高古渾厚，神清安寂，風情耿介，典雅溫淳，風景切暢，形制嚴整，微密閑豔，平易風雅，婉曲委順，委曲詳明。且曾製為模型，於某次盆栽展覽會中，作為出品，頗博得社會人士之贊賞。扶桑人於庭園有深切之研究，視為專門之學。予曾見彼邦所印行之庭園照相冊，凡公家私人之庭園，悉留眞以供欣賞，且足為研究之需，奈我國無人注意及此而仿行之也。

予足跡不出里閈，各處名園，均未涉足攬勝。遊蹤所及者，無非吳地諸園林耳。一、遂園，在閶門內，本清巡撫慕天顏所築，俗稱慕家花園，既而歸汴人席椿所有，其後畢尚書沅割其半，餘屬滇人劉氏，名曰遂園。臨池有映紅軒，綠天深處，容閒堂，琴舫，逍遙，容與諸室。池頗廣，植荷多種，春夏間遊客絡繹也。二、環秀山莊，在黃鸝坊橋之東，即汪氏耕蔭義莊也。本爲清相國孫補山舊宅，道光中，始歸汪氏。疊石曲折，不亞獅林。有問泉，補秋舫等築，又有飛雪泉，雨時急溜直瀉，有似瀑布，尤爲奇景。庭植婪尾一，春時花發，殊爛熳云。三、七襄公所，爲文徵明舊宅，在寶林寺東文衙里。池多芙蕖，來自瀟湘七澤間，珍貴殊常。他如愛蓮窩，紅鵝館，乳魚亭，博雅堂，荷花廳，聽雨雙聲室，皆可駐閒踪也。四、滄浪亭，在盤門內。爲廣陵王元璙別圃，或云其近戚吳軍節度使孫承祐所作，宋蘇舜欽得之，傍水作亭曰滄浪。紹興時，爲韓蘄王所有。由元至明，廢爲僧舍。明嘉靖間，因其址建韓蘄王祠，釋文瑛於大雲庵旁復爲滄浪亭。清康熙間又建蘇公祠，商丘宋犖尋訪遺跡，復構亭於山巔，得文徵明隸書滄浪亭三字額。咸豐間燬，同治十二年，巡撫張樹聲重建。近由吳子深修葺，煥然一新矣。右爲美術專門學校，前有石坊，額曰滄浪勝蹟。一池頗廣，植荷殆徧，跨以石橋，門面北，額曰五百名賢祠。祠之東偏爲面水軒，又東爲靜吟亭，屏門上勒方錡書宋蘇舜欽滄浪亭記。積石當其前，東西亙數丈，巔有亭，卽滄浪亭也，額爲俞曲園書，由亭南下，爲明道堂，堂之東北，爲瑤華境界，見心書屋，與靜吟亭通。堂之西南，有小樓一座，曰看山樓，中祀二程夫子。下爲印心石屋，西爲翠玲瓏館，又西爲宋蘇長史祠，北卽五百名賢祠，壁間刻五百名賢像。餘若清香館，聞妙香室，在西偏，皆臨水而築。其中石刻，有康熙賜吳存禮詩及楹聯，乾隆十二年御書江南潮災歎，御題文徵明小像，宋蘇舜欽留別王原叔詩，道光中陶澍滄浪亭五老圖詠，朱琦七友圖記，楊鑄論詩圖題詠，歐陽修歸有光記，及康熙重修各記。有滄浪新志一書，詳述滄浪之勝，書乃蔣吟秋繼宋牧仲而葺，都若干萬言。五、可園，在滄浪亭對門，以梅著名。有博約堂，浩歌亭諸築。附設圖書館，藏書二十三萬餘卷。六、獅子林，在城東北隅神道街，爲天如禪師倡道之地。中多奇石，狀若狻猊，石洞螺旋，人遊其中，迷於往復。倪雲林曾繪爲圖，清時黃氏購之爲涉園。今爲貝氏有，重加修葺，煥然一新矣。中有修竹谷，玉鑑池，指柏軒，問梅室，臥雲室，獅子峯，含暉峯，吐月峯，冰壺井，小飛虹，大石屋，立雪堂等，皆稱勝景。山上有大松五，故又名五松園。七、拙政園，在婁門內，明嘉靖時王御史獻臣，因元代大宏寺基，治爲別墅。文徵明曾爲圖記，後歸里中徐氏，淸初海寧陳相國之遴得之，中有連理寶山珠茶，花時絢紅可喜，吳梅村有長歌以詠之。後沒入官，旋爲吳三桂壻王永寧所獲。淸咸豐間，爲太平天國忠王府。入門有巨藤，乃文衡山手植，內有遠香堂，南軒，香洲諸勝。香洲懸有吳梅村山茶歌，遠香堂北，池中築屋一，署曰雪香雲蔚。最高處，有勸耕亭，荷風四面亭，園西北沿邊皆廊，循廊可至擁翠亭，藕香榭，瀟湘一角，後面臨水多竹。東部曰梧竹幽居，曰繡綺亭，曰半窗梅影，枇杷園在園之東南，湖石巧壘，有屋曰玲瓏館。其西，卽遠香堂矣。八、惠蔭園，在南石子街，中有桂苑，叢桂山莊，因繞屋俱桂樹也。巖洞中瀦水，架以石橋，稱小林屋，洞上有虹隱樓，登之，全境悉在目前。九、怡園，在護龍街尙書里內，爲方伯顧紫珊所建。入園有一軒，署瓊島飛來四字，蓋庭前植有牡丹也。軒東有船室，署曰舫齋賴有小溪山，其前松林中，有閣曰松籟，南有碧梧棲鳳精舍，東則梅花廳在焉。廳西爲遯窟，窟中有室，額曰舊時月色。東爲歲寒草廬，石筍卓立，披鮮綴苔，絕有致。北有拜石軒，及坡仙琴館，因藏東坡琴故名。旁有石，狀如老人聽琴然，遂築室曰石聽琴室。西北多芍藥，修竹，木樨之屬，一亭署曰雲外築婆娑，亭前爲荷池，循池而西，曲折登山，豁然一洞，有石似觀音，曰慈雲洞。洞外植桃，曰絳霞洞，皆擅勝。園內壁間石刻，多米書，楹聯集前人詞句，天衣無縫，蓋出主人手筆也。十、留園，在閶門外五福路，爲明徐冏卿太僕東園故址，昔稱花步里。清嘉慶初，劉蓉峯觀察建寒碧山莊，俗稱劉園，光緒二年，歸毗陵盛旭人所有，易名留園，謂可以留遊踪也。入門左向，爲涵碧山房，署曰胸次廣博天所開，左舍曰恰杭，蓋杭與航通，取少陵野航恰受兩三人句義也。庭西有石卓立，形似濟顛，曰濟顛石。前臨巨池，植以芙蕖，并蓄錦鱗鴛鴦於其中。池之西北，積石成丘，多桂樹，聞木樨香軒，立於叢桂間。丘巔有可亭，其陰有半野草堂，東有軒，署曰清風起分池館涼。南有綠蔭軒，池之中有亭，署曰濠濮想。東爲楠木廳，額曰藏修息遊，庭前疊石，極峌峴有致。廳旁有亭，署曰佳晴喜雨快雪，中有靈碧石臺，叩之有聲。北有屋，署曰花好月圓人壽。左有揖峯軒，石林小院，對面之屋，署曰洞天一碧。揖峯軒可通東園，巍然立三湖石，中曰冠雲峯，最高。左曰岫雲峯，右曰瑞雲峯，次之。下爲冠雲臺，署曰安知我不知魚之樂。左有冠雲亭，皆以冠雲峯而擅勝者也。北有樓，署曰仙苑停雲，壁間嵌雲石，俱含畫意。偏東一屋，爲園主人參禪處。曲折至又一村，旁有屋，署曰少風波處便爲家。西行至小蓬萊，此處有花房，有蔬圃，過小蓬萊，卽爲園之西部別有天也。臨溪有閣，署曰活潑潑地，面南處，署曰梅花月上楊柳風來。西部之佳勝，在有溪有丘，丘上有亭二，曰至樂，曰月榭星臺，又署其額曰，其西南諸峯林壑尤美，因一登斯丘，獅嶺，靈巖，支硎天平諸山，無不在望矣。十一、西園，在留園西，戒幢律寺之放生池在焉。門前署曰西園一角，池爲園之最勝處，通以曲橋，池心有亭，額曰月照潭心，池內蓄巨黿，遊人輒以餅餌投之，浮波爭食，頗有可觀。西有軒，絕暢爽，池東爲四面廳，寬敞容人憩坐。他如藝圃奇石，亦饒雅致。十二、網師園，在闊家頭巷，昔爲網師庵，瞿氏治之。庵廢而園興，及瞿氏式微，李香巖代爲主人，更名爲蘧園。且園居蘇子美之滄浪亭東，亦稱之爲蘇鄰小築，及香巖死，爲張今頗所有，又易名而爲逸園。園之勝有殿春簃，簃栽芍藥，有琳琅館，館蓄錦鱗。他如濯纓水閣之可挹爽，髯僊詩舫之堪容膝，咸極宛奧迴折之妙。而石之攢蹙累積，木之糾錯蒼蘢，更盎然有古意，皆非一朝夕之所能致也。池水之南，有石巍然，刻槃阿二字，乃南宋史相國萬卷堂前故物，是尋古遺事者之所流連者也。十三、靖園，在虎阜之畔，園不大而湾池疊石，列植交蔭，徜徉其間，有足以使人悠然適意者。玲瓏館接水竹居，深虛曠潔，可以憩坐。稍西，一樓高峙，拾級而上，則阜塔巍峨，山莊擁翠，一一呈於目前。下樓而爲凝暉堂，堂對藝圃，栽綠櫻綦繁。側戶通小徑，可陟虎阜。總之，我吳之園林，具有東方之色彩，與海上歐化之園林，不可同日語也。

國人有一錯誤點，即園林與居宅劃分爲二，於是雖有園林，而享受之日少，如是則何必多此一舉哉。猶憶巴黎工程學會，倡議居宅佔十分之四，庭園佔十分之三，又十分之三爲室內裝修佈置。彼邦人士之重視庭園，由此可知。至於庭園間宜栽應時之花，使滿目絢爛，四時不斷，如梅，瑞香，丁香，杏，牡丹，芍藥，蘭，桃李，梨，海棠，繁豔於春。月季，繡球，玫瑰，薔薇，杜鵑，萱花，夾竹桃，榴，合歡，梔子，紫薇，蓮，美人蕉，木槿，茉莉，珠蘭，玉簪，素馨，晚香玉，凌霄，蕃衍於夏。秋葵，牽牛，鳳仙，雞冠，秋海棠，剪秋羅，金錢，桂，菊，雁來紅，芙蓉，點綴於秋。山茶，虎刺，水仙，蠟梅，天竹，象牙紅，敷呈於冬。嘉賓涖止，設宴欣賞，庭園之趣，其在斯乎！

明星咖啡館主辦

中山公園 中山室茶

環境幽靜

座位舒適

食品齊備

經濟衛生

取費低廉

中山公園 大地攝影場

復興公園 鶴海影苑

服務週到

本場爲遊客服務，拍攝風景人像照片，取景最好，留作紀念，十分名貴。

上海園藝事業改進協會叢刊

主編　蔣　滋　壽
發行人　徐　天　錫
贊助者　上海市工務局園場管理處
出版者　上海園藝事業改進協會出版委員會
發行處　上海園藝事業改進協會
地址：宋園路一號

上海園藝事業改進協會叢刊

植物的籬垣

汪菊淵 著

上海園藝事業改進協會出版委員會
民國三十六年

上海園藝事業改進協會
第八種
植物的籬垣
汪菊淵著

上海園藝事業改進協會

叢刊第六種

植物的籬垣

汪菊淵著

國立北京大學農學院教授

中華民國三十六年四月一日出版

英商卜內門洋碱有限公司

上海四川中路一三三號

電話一五一七〇

化學肥料 本公司為著名之化學肥料輸入商，銷售各種化學肥料，歷史悠久，信譽卓著。

殺蟲藥劑 各種病蟲害藥劑，無論農用、家庭用、及公共衛生用者，均屬齊備。尤以「克滅殺」(Gammexane)殺蟲劑為戰時最新穎之出品。「克滅殺」對於各種害蟲，均能奏效。其殺蟲效能，兼有胃毒劑、觸殺劑及薰殺劑之功用。藥力持久，然無害於人畜。若依法施用絕對安全。

家庭及公共衛生用：

「克滅殺」粉劑 民國三十五年夏，本公司曾與上海市政府衛生局，用此粉劑合作驅除蠅蚊試驗，功效顯著。「克滅殺」粉劑，能滅除各種家庭害蟲如蠅、蚊、臭蟲、蟑螂、跳蚤、蟻類、衣蛾、衣魚等。公共衛生當局若應用粉劑處置垃圾、積水、穢物等，可滅除瘧蚊及蒼蠅，而阻止傳染病之傳佈。本粉劑亦可用以殺滅倉庫內食害穀物之害蟲，凡麵粉廠、米棧及貯藏米穀之倉庫，均應採用。

「克滅殺」煙劑 用法簡便，藉發煙之作用，將「克滅殺」絕細之粉末撒佈室內。一次施用藥力持久，合於家庭之用。

「克滅殺」液劑 合乎噴射之用，凡不喜撒粉而願噴射者，可用此劑。

農業及園藝用：

本公司經售英國植物保護公司(Plant Protection Lta England)所製之全部病蟲害藥劑，種類繁多，舉凡各種功效素著之殺蟲藥劑，其莫不齊備。其最新穎者厥為「愛克」(Agrocide)殺蟲粉，內含「克滅殺」(Gammexone)，能防除各種田間及園藝害蟲。

「嘉泰基拉」殺蟲粉，合於噴射之用，含有標準成分之魚藤精素製劑，為功效卓著之接觸殺蟲劑，用於園畦作物及溫室觀賞植物最為安全。

植物的籬垣

汪菊淵

任何一塊公私的園地，爲了防範閒人的闖入，或庭園管理上的便利和週到起見，必須在四週設立籬垣。籬垣的種類很多，有竹籬、磚牆、泥垣、木柵等。用植物構成的籬垣就稱做植籬。植籬也是一種風緻，設在園中又有區劃園地，或遮蔽不雅觀部份，或防風雨，或作爲一個綠色背景的效用等用途。雖然不像竹籬磚牆等即時能夠築成，植籬是需要相當的時間和工夫才能完成的。可是綠意盎然，或更點綴朵朵美花的植籬，比之那死呆的牆垣籬笆，正不知要高超幾倍呢！

植籬的式樣

植籬的式樣很多，大致可以分爲二大類：自然式或不整形的植籬和規則式或整形的植籬。

（1）自然式植籬——這類植籬是不加人工的修剪和整形而任牠自由地生長，得有自然的姿態和天然的風趣。在區劃園地分成幾個小區域而設置的，或遮蔽不雅觀部份或防風雨而設置的植籬，以自然式最相宜。自然式植籬的管理也最簡單，每年祇要舉行一二次的修剪，把枯死的或不必要的或受病蟲害的枝條剪除即可。

（2）規則式植籬——這類植籬是要經人工的整枝修剪，琢成各種的式樣。最普通的式樣是標準的水平式，就是植籬的頂面剪成水平的平面。此外又有各種各樣的變化。例隔相當距離，比方說二十尺，有城堞一般高昇的方框就稱做城堞式，或有一個半圓弧，或有一個圓球狀的飾物。雖然在整形上比較困難，但所形成的植籬的式樣比較美觀。也可以高下起伏形成波浪一般的稱為波浪式。或僅在出口的兩邊修成鳥獸圓球圓柱等形狀。規則式植籬的大致高度在三尺至十尺之間。

植籬的栽種 除非因為園地的面積過小，祇能單行種植外，植籬的栽種最好成雙行而且各株交叉間隔的栽種。行間和株間的距離因植籬的式樣和植物的種類不同而異。例如松，鐵杉等松柏類樹木，或柳，繡球花屬，珍珠梅屬等灌木，作為厚密的自然式植籬時，株距是三尺。作為較低矮的規則式植籬時，栽種的株距是一尺半至二尺。一般作為適中高度的規則式植籬時，櫚葉黃楊，枸橘，小蘗，火棘，鼠李，鐵籬笆等的栽種株距是一尺至一尺半。花壇邊緣作低矮植籬用的矮生扁柏，黃楊，小蘗，及其他生長緩慢的植物的栽種株距是八寸至一尺。

栽種植籬地帶的土壤須相當肥沃。不然，在耕地的時候要施基肥。植籬地帶是否有遮蔭，也當注意。在大樹下生長的一段植籬自要較差，雖然事實上有時不能避免，小蘗，黃楊等種類比較能耐陰，尤其是房屋等的蔽蔭。因爲這類建築物衹是遮去了陽光，並不像大樹般有擴伸的根羣蔓延，搶奪土壤中的水份和養料。

植物的生長是需要水分的。在乾燥土壤裏栽培的植籬常受到損害，或竟枯死。所以植籬初種後的第一二年，要注意澆水，較爲妥當。施肥雖然不必過量，但每年少量的施用肥料仍屬必要。因爲我們所希望的植籬是要能夠較久長地保持生長茂盛的健全的狀態。爲了這個原故，氮素肥料較之其他肥料更有需要。廐肥是最適宜的肥料。化學肥料之中，僅含有多量氮質成分的才受歡迎。施肥的時期在早春，植物開始生長的時候（約四月）。五月底以後，就不宜再施用肥料了。

我們得知道沒有一個植籬是能夠永遠保持它的茂盛的光榮。即使在最適宜的環境下，植籬隨着年月而衰老了，或一部份植籬枯死了，整個植籬看來是如此的不整齊，或殘缺醜陋。我們就不得不忍痛犧牲了它，從新栽種。這樣不但得多化一筆額外的種植費用，同時也使園地像沒有衣服穿一樣，赤裸裸的不快活二三年，但園主得硬着心腸這樣做，爲了要有更美麗的將來！

植籬的整形和修剪

植籬不像牆垣般砌好就成，必須用相當的耐心，順着植物的生長習性，加以整枝修剪，到相當年後才完成的。

整形是最基本的工作，在栽種時整形尤爲重要。因爲那時的整形對植籬往後生長的姿態是有決定的影響。以今日一般情形說來，通常的植籬都是太薄太狹了。普通人以爲植籬不過是一堵隔離外界的牆，牆若有一尺的厚度已是很好的了。我們不難看到許多人家栽種的植籬祇有一尺半到二尺的厚度。事實上，植籬最好的厚度至少要有三四尺，或高大的植籬要有六尺，八尺甚至十尺的厚度。有這樣厚度的植籬，才能有多量的枝條，荷着多量的葉子，使植籬的生長健壯。

一般植籬的另一最大缺點是基部稀疏，失去了近地面部的枝條而漏出空隙來，也就不合乎作爲植籬的用途。最大的原因是未曾注意及早期的整枝和修剪，也有因過於輕度的整枝（爲了初期能早長高）或不適當的整形所造成。栽種時第一年的整枝，應當重度的摘梢，甚或把苗在近地面部剪斷，使基部發生厚密的枝條。祇有寬闊的植籬才能負荷多量的枝葉，才能保持健壯的姿態較長久。爲此，植籬的行株距要適可，切不爲了早期可以看起來較好而密植。祇有基部枝葉發育良好的，擋遮從外透視的效力才大，防暴風雨的能力才強，植籬的適當形態是要在縱剖面看來不是一個V字形。這樣，基部的枝條就不能受到充分的陽光照射，也就永不能發育良好，適當的形態應是倒轉來的方頭Λ字。這樣才能使基部的枝葉受到多量充分的陽光，生長健壯而保持植籬的優美生長較久，要形成這種形態就不須在早期的整枝和修剪時候，先促生近地面部的枝葉橫展茂盛，然後再往上生長。

適當的修剪是養成優美的植籬的一個基本工作，這裏祇就一般原則簡述修剪的六個要點。第一，要動手早。在栽種植籬的時候，就得舉行重度的修剪，假如當年的生長很繁茂，在五月中或六月初再行摘梢，到了翌年的早春（二月中），還得再行摘梢。這個早期修剪的目的，是使植籬的基部發生厚密的枝條。第二，在繼續整形的頭幾年中，上述的重度修剪必須按時施行。二月中，把去年的枝條剪短一寸至一尺，通常是五寸，剪枝的短長，要斟酌去年枝條的生育狀況和植物的種類而定。第三，除了早春（休眠期）的修　，一年一度的夏季修剪常或需要，尤其是那些生長旺快的植物，例如膠葉黃楊，五加等，夏季修剪是需要的，在第一次旺盛生長後舉行，大概在五月下旬或六月中旬。

第四，俟植籬已經成長到預定的式樣和高度後，修剪祇是爲了保持植籬在規定的範圍內生長健全而已。要達到這個目的，我們要明瞭植物的生長習性，在修剪的時候切記夏季修剪是有遏止植物生長，促成衰老的趨向，同時有增加木質使枝條硬化的傾向。因此祇有生長旺的植籬植物可施行夏季修剪，生長較弱的種類祇要每年在冬季舉行摘梢的工作，夏季可任牠自由生長，即枝條繁生，呈不整齊的狀貌，也就讓牠這樣不必修整。

第五，衰老，凋謝，或有病蟲害發生，在樹齡已老的植籬特別容易。這些現象的發生可能或因受旱，或缺乏養料，或受病菌害蟲的侵擊，都可以預行防治的，例如灌漑，施肥，撒佈藥劑，假若症象已經發生，有時也可利用修剪的方法來恢復活潑的生長勢力，就是在衰老，凋零，或受病蟲害的枝條部分，施以重度的修剪，直剪到三四年生的健壯的枝條部分。雖然一時的使植籬的一小部分姿態毀損，但經過修剪後可以刺激老枝的更生力量，從新發育優良的小枝，逐漸長成並恢復優美的姿態。植物並不像人一樣，衰老後青春一去不復返。

第六，在特殊情形下，若要更新植籬，可以把整個植籬剪到近地面部分，讓老本重行萌發新枝，再加整形，長成美麗的植籬。但這種特殊處置方法的成功，祇有數種有更生能力的種類才可能。例如闊葉黃楊，珍珠梅，鼠李，柳，忍冬花等。

植籬的更新

前面曾經說過，沒有一個植籬是能永遠保持牠的茂盛的光榮，因為它所受的整形和修剪是人為的烈性的處理，過了十年，二十年，或四十年，植籬是如此的襤褸醜陋，一點也不足爲奇。我們祇有犧牲了它，把業巳衰老了的植籬全部掘起，把栽種地帶的土壤行翻耕，施肥，栽種有生氣的新苗，三四年後，就又是一個美麗的植籬了。

有時，植籬的一段或一部份受病蟲的患害而死去，或凍死，或受車輛的衝毀，或動物的啃毀，需要重植。那麽把巳毀壞了的植株掘起，土壤重新翻過，施肥或更換新土，然後栽種新苗，使短期內就有旺盛的發育，二三年後卽能彌補缺陷，而使整個植籬又恢復了優美的姿態。

植籬植物的主要種類　照學名字母的先後排列。（1）五加Acanthopanax spinosus 高達六七尺，直立，帶有棘針的灌木，掌狀複葉有五小片：小葉表面疏生剛毛，邊緣有鋸齒。花，形小，綠白色，果實球形黑色。生長強盛，耐寒，若不斷注意修剪可以整成一個優美的植籬，通常整剪的高度約三尺半到四尺，厚度約三尺。產江，浙，鄂，豫，粤，筑，滇，魯等省。

（2）小蘗 Berberis thunbergii 多枝的落葉灌木，高六七尺。小枝有粗溝，枝黃色或紅紫色，到次年變紫褐色，刺不分乂。葉形狀不齊一，倒卵形至羹匙狀長橢圓形，表面光綠色，背面粉白色，長約一至三公分。在這美麗的葉被裏，從腋間單生外紅內黃的小花，或二至五朵叢生或是有總梗的繖形花序，花並不顯著但入秋後，亮紅色的果實點綴在光綠的葉叢間，別有一番悅目的景色。生長強盛，十分耐寒，栽培也很容易，普通的土壤，向陽或半陰的地點，都可栽種，既多刺，又耐修剪，小蘗實是植籬植物中的上品。通常可整剪為三尺高，三尺厚度的植籬，產日本，吾國秦嶺亦有之，栽培遍各地。

（3）錦熟黃楊 Buxus sampervirens分枝多，生長厚密的灌木或喬木，可高達一丈八尺，甚或三丈，原產地亞洲西部，歐洲南部和北菲，在吾國都栽為園景樹。本種有生長矮小的變種 Var. suffruticosa 葉小，繭圓形或倒卵形，花叢往往是頂生的，比原種能耐寒，最適宜作為花壇邊緣的小籬，整剪的高度約一尺。

（4）貼梗海棠 Chaenomeles lagenaria 高達六尺的花木，枝向外平展，枝上有刺，在三四月間與平滑有光澤的卵形至橢圓形新葉的發生同時，盛開大紅的，淡紅的，或乳白色的花，數朵叢生葉腋間，十分動人。黃色或黃綠色的木瓜形小果，入冬不落，單植或叢植在草地中，固然相宜，也可以作為隔離園地的花籬植物。雖然牠們並不能整成厚密的樹籬，因為動人的花色，作為襯景的自然式花籬是有特殊價值的。

（5）柏木 Cupressus funebris 闊圓錐形樹冠的喬木，樹皮赤褐色，薄片狀皴裂，小枝水平排列，葉在幼苗時期常爲刺狀，成長後變鱗狀，在枝上成四行叠瓦狀密生，暗綠色，背面有白色綫紋。產中國中部自浙江，江西，湖北而至四川，雲，貴兩省都有分布。性喜溫暖溼潤的氣候，耐修剪，處理適當可以整成四季常春的植籬。

（6）衞矛 Evonymus alata 高達八九尺的灌木，小枝硬直，斜出，枝上有二列至四列硬皮質的直翅，像箭的尾翅一樣，葉橢圓形或倒卵形，深綠色，花黃色，常以三的倍數合成有短柄的聚繖花序，果實成熟後開裂，露出橘紅色的假種皮，頗美麗。衞矛可栽爲自然式的樹籬。

（7）贋葉黃楊 Evonymus japonica 葉的外形近似眞正的黃楊而大，但不同科，因此稱做贋葉黃楊，俗稱正木或大葉黃楊。常綠灌木，小枝略帶四稜形。葉倒卵形至狹橢圓形，邊緣有鈍齒，深綠色有光澤。耐強度修剪，可以整成各種形狀。牠是植籬種類中栽培最普遍的一種，四季常綠的光亮的葉叢使牠成爲園地中最有生趣盎然的點綴，品種有銀邊贋葉黃楊 Var. albo-marginata 葉緣有稍狹的白邊，金邊贋葉黃楊 Var. aurec-marginata 葉緣金黃色；斑葉黃楊 Var. viridi- variogata 葉形大，光綠色，中部有深綠色或黃色的彩斑。

（8）木槿 Hibiscus syriacus 小枝幼時有絨毛，葉卵形或菱狀卵形，三裂，裂刻圓形，或尖卵形，花單生，有白，紅，紫，堇等色。產浙江，湖北，四川，福建，廣東，雲南，山東，陝西，遼寧等省。木槿可以整成規則式植籬，但修剪不當，容易使枝條木質化，減損葉叢的密度，不若作爲自然式植籬，讓牠自由生長開花，還是一個優美的花籬哩！

（9）枸骨 Ilex cornuta 常綠喬木，枝廣展密生，樹皮灰色平滑，葉硬革質，表面深綠有光澤，長橢圓狀直線形，先端平圓，有三刺尖，基部各邊亦有同樣的刺一至二，但老樹上葉基圓形，果實球形，豔紅色，叢生葉腋間，產江蘇，浙江，江西，湖北，湖南，河南等省，枸骨的葉有刺，深綠光亮，秋後豔紅色的果實，都是適作園地中植籬的優點，輕度修剪，使在一定範圍內自由生長，聖誕樹 Ilex aquifolium 與枸骨極相似，但葉形稍有不同，亦是優美的植籬種類之一。又變種 Var. chinensis 產湖北及四川亦可作爲植籬。

（10）女貞 Ligustrum lucidum 大型灌木或高達三丈的喬木，枝平展，平滑，有星狀毛，葉卵形至卵狀披針形，對生，凌冬青翠不凋，因此有女貞之稱，在溼潤地生長最爲良好，田梗或溪旁，湖畔需要植籬時，可選擇女貞，輕度修剪，使形成高大的樹籬，產江，浙，湘，鄂，皖，川，筑，滇，粵，閩等省。

（11）金銀花 Lonicera 凡是直立性灌木的金銀花屬都可栽作植籬，舉例如黃金銀花

Lonicera chrysantha 葉菱狀卵形至菱狀披針形，花冠帶黃白色，後變金黃色，產華北一帶，又金銀木 Lonicera Maackii 葉卵狀橢圓形至卵狀披針形，花冠白色，後變黃色，產山東，遼寧，江蘇，江西，福建，湖北等省，金銀花開時有芬香，適作花籬用。

（12）鐵籬笆(馬甲子) Paliurus ramosissimus 灌木，小枝多棘針，因此有鐵籬笆之稱，樹皮灰色光滑，外枝密生絹狀褐色短柔毛。葉倒卵形，表面綠色有光澤。果實扁圓盤狀，木質。產廣東，廣西，江西，福建，四川，湖北，浙江等省。

（13）枸橘 Poncirus trifoliata 落葉灌木，有刺狀綠色扁形的小枝。葉有三小葉，葉柄有箭葉，落葉後，小枝仍然綠色。花白色，腋生去年枝上。葉展前開花，綴在綠色小枝上，非常優美，當陣陣微風送來柑橘類花特有的芬香，動人幽思。原產中國中部，現各地都有栽培。耐寒性強。

（14）火棘 Pyracantha gibbsii 常綠灌木，有棘針。葉橢圓形或倒卵形至倒卵狀長橢圓形。邊緣微波狀，全緣，表面深綠有光澤，花小，白色；複繖形花序，腋生，秋後纍纍果實火紅色，非常美麗。生長強盛，結實繁茂，較耐寒，是本屬中最好的植籬種類，產中國中部和西部諸省。此外有譬若 Pyracantha crenulata 葉長橢圓倒披針形，很少有卵狀披針形，表面光綠色。葉端有小刺，變種 Var. rogersiana果實紅橙色產中國西南諸省。變種Var. kansuensis 產中國西北諸省。尙有果實黃色的品種 Var. flava。

（15）玫瑰花 Rosa rugosa 玫瑰多刺，幹健壯。實生剛毛和刺。栽作花籬又可採花，糖漬做膏，或蒸製成露，香甜可口。花色品種有紅玫瑰 Var. rosea；紫玫瑰 Var. typica；白玫瑰 Var. alba；和重瓣白玫瑰 Var. albo-plena等。

（16）珍珠花 Spiraea thunbergii，枝細長開展，花純白色，三至五朶生在細柄上，合爲無梗的繖形花序，產浙江等省。麻葉繡球 Spiraea cantoniensis 花白色，成稍密繖形花序若繡球狀，團葉繡球 Spiraea triloba 花純白色，多花聚合的繖形花序，產河北，山東，河南，陝西等省。珍珠繡球 Spiraea blumei 多花簇生，成小繖形花序產陝西，河南，江西，江蘇，湖北，四川，廣東等省。繡線菊 Spiraea veitchii 產湖北及四川。珍珠梅 Spiraea salicifolia 產河北及東三省。本屬各種都是優美的花籬種類。

（17）其他松柏類例千枝柏、扁柏，Thuja 鐵杉，Tsuga都可栽作植籬。冷杉Abies，雲杉 Picea，松 Pinus等屬亦有數種可栽爲自然式樹籬，以防風雨或隔離用。

（18）其他樹木類 例錦鷄兒 Caragana，胡頽子 Elaeagnus ，八仙花 Hybrngea ，

鼠李 Rhamnus，鹽膚木，Rhus，柳Salix丁香 Syringa，繡球花 Viburnum 等屬，亦有數種可栽作自然式或規則式的樹籬和花籬。

凡是生長厚密，葉叢優美，或有刺，或有豔果，能耐修剪，生長強盛，栽培容易的植物，都可試作植籬。主要的是順着植物的生長習性，按照修剪的原則，整成優美的植籬。

園地中少不了植籬，如同人要衣裝一樣。

上海園藝事業改進協會

叢刊

藝竹叢談　楊衔晉著
甘藷之貯藏　楊鴻祖著
上海農業概況　徐天錫著
實用蔬菜加工法　劉同圻著
二十年栽菊經驗　黄德鄰著
園藝作物與土壤　陳恩鳳著
怎樣配置和種植觀賞樹木　汪菊淵著
果品處理　譚其猛著
杜鵑　黄岳淵著
瓶花藝術　程世撫著
庭園之趣味　鄭逸梅著
室内盆栽植物　王馨編譯

上海園藝事業改進協會叢刊

主編　蔣滋壽

發行人　徐天錫

贊助者　上海市工務局園場管理處

出版者　上海園藝事業改進協會出版委員會

發行處　上海園藝事業改進協會

地址：皋蘭路二號

上海園藝事業改進協會叢刊

藝竹叢談

楊衙晉 著

上海園藝事業改進協會出版委員會
民國三十六年

上海園藝事業改進協會

藝竹叢談

楊衡晉著

上海園藝事業改進協會

叢刊第九種

藝竹叢談

楊衡晉著

國立復旦大學農學院教授

中華民國三十六年四月十五日

吉美罐頭食品公司

吉美番茄沙司

Jimmy BRAND

吉美番茄沙司
含維他命C極為豐富
能調味開胃補血健身
常食勝於補劑

油燜筍尖 各種果醬 各種果子露 番茄配司 辣醬油等

其他榮譽出品

茄汁牛肉 紅燒扣肉
五香玉稚魚 美味鳳尾魚

★歡迎定做罐聽★

上海中正中路六〇四號

電話：六六一三三

藝竹叢談

楊衡晉

談起竹子，大家都非常熟悉，因爲牠和我們日常生活發生有密切的關係。各人聽到或看見竹子，就會引起不同的感覺和反應：學化工的，會想到竹纖維的利用；愛音樂的，會想到笛簫等樂器的製造；漁翁，會想到釣竿；農夫，會想到鋤柄；老饕，會想到竹筍的鮮美；隱士，會想到竹林的幽靜；販夫走卒，會想到竹的扁担和籮筐；文人雅士，會想到竹的典古和文字；還有從後方復員回來的人士，會深切地回憶起這八年悠長的歲月，住着竹編牆的房子，睡的竹床，坐的竹櫈，用的竹桌，十九竹製的傢具，起有無限親切之感。總之，大家都需要牠，利用牠，大有不可一日無此君之慨！竹子有靈，也大可以自豪的了。

竹子不僅有經濟上的價值，供人類作有形上的利用；同時還具有觀賞上的價值，使人類的性情上得以陶冶。竹之能與松梅並列爲「歲寒三友」是牠自身品格的表現，決不是僥倖得來的。陶淵明在他歸去來兮詞裏：『疏疏散散竹，兩兩三三花』一句，可看出他是多麼的高超逸羣。不少古人，爲了竹而留戀陶醉，爲了竹而嘔盡心血，不斷地謌誦牠，讚美牠，如『竹爲君子四時清』，『草竹凝祥輝甲第』，是何等的推崇牠；『愛竹不除當地筍』，『竹爲一日不可無』，是何等的愛惜牠；『遊及竹林躁氣清』，『竹徑桃源本出塵』，是何等能心賞於牠；其感人之深，非靈上受過陶冶的人所能領會。

竹是東亞的特產，主要分佈在我國，印度和日本。西洋各國，雖曾輸入試栽，但是限於自然環境，有的不能生長，有的發育不良，因此祇能眼望着這富源興嘆。現在還有許多國家的人民，還沒有見過竹子，偶然看到的，不過就是他們的釣魚竿而已，當搜集得一塊竹片，就珍貴的收藏着，誇耀賓客。而在我國長江以南，却到處可看到竹林，不但利用牠，而且還吃竹筍，江南人可算是得天獨厚的了。

由於牠和人類關係的密切，似乎值得我們談談。

（一）竹子的種類和性狀

（1）種類：竹，是一個總名稱，包括有不少的屬（Genus），和種（Species），據專門學者調查和研究的結果，我國現有二十二屬，約二百種，比晉戴凱之竹譜的六十一種和宋僧贊寧筍譜的八十五種，要增加許多。在植物分類學的立場看來，竹譜，筍譜和明王家譜羣芳譜內所錄的竹種，是不大可靠，因爲各地有不同的土名，同時已經栽培久了的竹子，多少是有點變異，是以同名而異種，或同種而異名，是在所難免；舉一個最普通的例子，如各地所叫的苦竹，就包含了不少的種類，江浙一帶的所謂苦竹是箭竹屬的，學名叫 Arundinaria densiflora, 但宜興的苦竹，却又是另外一種學名叫 Arundinaria amara 的，而別處凡是筍帶苦味的，多數多叫苦竹，有的是淡竹屬（Phyllortachgs）的，有的是孝順竹屬(Bambusa）的，紛亂不堪，眞有無所適從之感。好在我們現在不是談分類，並不斤斤計較種類的多少，不過是順便提一提吧了。在這二百種的竹子，僅十分之一，是有經濟上的價值，而通常栽植經營的，却不過十種左右。至於供觀賞的，却數不在少，除了幾種著名的外，各處都就地取種，所以也就無法統計的了。

（2）性狀：竹，說文上說：『冬生青草，象形，不垂菩箬也』，實在太模糊不清；竹譜說：『竹，不剛不柔，非草非木，若謂竹是草，不應稱竹，今旣稱竹，非草可知矣。竹是一族之總名，一形之偏稱，植物之中有草木竹，猶動品之中有魚鳥獸也』，也不能說出其究竟，不過是「竹者竹也」而已。根據植物分類學，竹是隸屬於禾本科（Gramieae）的竹族（Bambuseae），乃是和麥稷同科，難怪說文上當牠是青草，而竹譜上說是非草非木的了。竹是多年生的植物，桿以木質，直立地上，高的過十丈，矮的僅尺餘。在地下根莖，叫做竹鞭（Rhizome），每年三四月間，從根莖的節處，發生嫩芽（倘每節僅生一芽的，是單芽性Monopodiae，倘有數芽的，是多芽性 Polypodial，後者生長的竹子，是叢生的，這也是分類根據之一），抽出地面，就是筍子，可供煮食，味極鮮美，但有的味苦，不堪食用；筍外面所包的殼，叫籜。再上長時，籜漸脫落，而成新竹。桿中空，枝出於節，通常淡竹屬的竹子，每節僅出一至二枝，其他如箭竹屬和孝順竹屬的，都是數枝簇生；枝上再長小枝。葉長在小枝上；葉片的數目，大小和形狀，因種類而不同。葉脈平行。葉柄和葉鞘相連。至於花的構造，是和稻麥等相似。花序的形狀和雄蕊的數目，是確定屬的重要特徵。竹實是穎果(Corpopsis)，富澱粉質。

關於竹子的開花和結果，各學者的意見不同，所以再順便談談：

說起竹子開花，照江南一帶的迷信，是不吉利的，凡開花的人家，是要衰敗。在科學昌明的現代，當然是認爲不可靠的，但是仔細推究，也不無有點道理，不過是倒因爲果吧了，其實並不是因開花而影響人家的衰敗，乃是因人家衰敗而影響竹子開花，這怎麽說呢？因爲人家的漸漸衰敗，對於竹林就不好好地去經營管理，由於肥料的缺乏和採伐的不當，漸促成竹子的開花。人類希望能生個兒子來傳宗接代，所以六七十歲沒有兒子的老頭兒還要娶姨太太；竹子和人類一樣，因環境的不良，不許可牠再生活下去，但牠死前，就開花結子，以便後代的繁殖，這是植物生理的必然現象，並不是胡言亂道而無根據的。中外有許多研究竹類專家，認爲竹子開花是週期性的（Periodical），三十年或六十年，甚至一百二十年爲一開花期，凡同一品種，無論其生長旺盛與否，到了週期，都一列開花，就是相隔千里的，也不能例外；並列舉歷史上的記載，來加以證明。我不敢說他們不對，也不能說他們一定正確，因爲這問題，還沒有到完全確定的階段，不過在江浙一帶的水竹(Phyllostachys ongesta)，平竹（Phyllostachys nidularia） 和苦竹（Arundinaria densiflora） 等，四川的慈竹(Bambusa beechyana），我們差不多年年可在荒蕪的山坡，或敗壞的竹林內採到花，這不知道主張週期性的學者，又將作何解釋！

竹子既然開花，便就結實，以便後代的繁殖，竹實含澱粉質豐富，可以煮食，故有「竹米」之稱，我國歷史上荒年而食竹米充飢的事很多，但玉堂閒話所云：食不得法有大毒，乃不可靠，因爲我在四川南川縣的金佛山上，曾採得當地土名稱方竹（Oreocalamus utelis)的竹實試食之，並未中毒，可見有毒一說，乃無根據。

(二)竹子的風土和栽植

(1)風土：竹喜温暖和潤濕的氣候，所以我國江南一帶，生長特盛，黃河以北，因温度低，不易生長，即使管理完善，也難成大材，不適宜於經濟的栽培。竹子的生長，和温度極有關係，暖速而寒緩，一點也不能強求，即在同一天內，也因晨午晚的温度不同，而生長率不相同。華北一帶，因温度不足，生長遲緩，以致不能生長得肥大。雨量和竹子的發育，也有密切的關係，凡夏季雨量充沛，根莖的發育，就良好，不過倘使排水不良，反而因此有害根莖的發育和竹的生長。土質以肥沃的粘質壤土或砂質壤土為宜，砂土和粘土，則應該設法避免。栽竹地的表土要深厚，才可得到肥大的竹筍。至於地勢，平坦地固佳，但還不如緩斜的山坡，不過傾斜度極對不可超過十五度。方向以面東或東南，而不當風之坡地為最理想，否則被風吹搖，不但竹桿本身受機械的損害，而根莖的發育，也受阻礙，會使整個竹林遭到失敗。竹子的高分佈，通常不超過拔海八百公尺，凡是油桐生長適宜之處，竹類也一定發育良好，因為兩者的習性大致相同。不過在西南幾省拔海三千公尺的山林內，還可以看到小箭竹（Arundinaria sp.）的生長，但是毫無經濟價值可言。

（2）栽植：竹子的繁殖，不外分株與埋鞭兩法。至於播種，是絕無僅有的事，除非是自生自滅的野竹，靠種子來繁殖牠的後裔；或者在做研究試驗時，才用這方法，因不僅得種不易，而且發芽期也短，普通在一個月後，就失去發芽力。插條生根不易，尤其在溫低的地更困難，所以也沒有人應用。

分株法乃先選定二齡許的幼竹，截去上部，僅留約全長四分之一至三分之一的下部（視桿之高度而有所伸縮），能有二三桿在一起的最好，連同根莖（愈多愈妙）和土，掘取栽植。雖然比較費工，但成活率高，而發育也良好。

埋鞭法乃選擇一年生而粗壯的竹鞭，長至少須三尺，能有幾條在一起最好，掘起平植，深約一尺。此法比較省工，但第一二年出筍不多，而長成的竹子也很細弱，不如分株法爲良。

栽植的時期，乃春秋兩季；春植自二月中至三月底，秋植乃九月中至十月底爲適期。在兩廣一帶，因一年僅分乾季及雨季，可在梅雨期栽植。大概而論，溫暖地宜於秋植，而寒冷地則宜於春植。

栽植竹子的地，宜先行加以開墾，如果不荒蕪，則不必特別整地。每畝所植的母竹株數，倘以採筍爲目的，以較疏爲宜：通常三四十株足矣。倘用爲庭園佈景的，那就不受株容的限制，尤其那些細竹，可數以千計。所掘穴的大小，應與母株的根鞭相當爲宜，先施基肥，稍稍覆土，然後再植於其上。充分塡土，再行壓緊，使根和土得密切的接合。栽植時切忌日烈風猛的天氣，應選擇無風的陰天爲宜，倘使在植後遇雨，那就更妙，因爲成活可無問題。母竹的截口，需以油紙包裹，以免雨水浸入桿中，而引起其他的病害。

通常觀賞用的小竹如鳳尾竹（Bambusa nana）等，因爲僅植爲盆景或花壇之用，都用分株法。由於數量少，而面積亦小，同時不以經濟爲前題，所以栽植特別考究。盆栽的，可在盆底先敷粗砂和木炭屑，俾使排水良好，上盛砂質壤土或壤土，然後淺植，再覆細土，對於施肥（見後節），尤宜注意。至於植於花壇的，排水和土壤，也應注意，方能發育良好。

(三)竹子的管理

竹子的生長是否良好，能否保持發育旺盛而不衰，完全靠管理的得當與否而定。其最主要的幾點：

（1）施肥，竹最喜氮肥，磷肥次之，腐植質愈多，生育也愈好，如果要得到肥大的筍和良好的桿，非適當施肥不可。普通施用的主要肥料爲河泥，落葉藁草，堆肥，廐肥，人糞尿，米糠，油餅，豆餅和骨粉等，如以採筍爲目的，施肥時必須氮肥和磷肥合用，筍肉方質軟鮮美，而筍籜也潔白美觀，否則肉質硬而味劣，籜也黑色無光。施肥普通年分二次，第一次在採筍時，卽四五月間行之，第二次在九月初至十一月初行之。普通每畝的施肥量，春肥卽用堆肥八百斤，而秋肥則較爲重要，需堆肥和人糞尿各八百斤，米糠約二百斤。栽植時所施的基肥，也可和秋肥的標準相同。

（2）埋根：竹的根莖，以入土愈深愈好，因爲可吸取多量的養分。倘使土淺，就不易得肥筍，也難望長成粗竹。所以除了掘去七月底以前所伸長的根莖外（此類根莖大都瘦小，先端也容易枯死），就須用埋根法以補救之，乃在八月初至十一月初的三個月內，掘深一尺五寸，寬一尺左右的溝，將肥大健壯的根莖導埋在內，然後壓緊，在第二年的筍子收穫量，可以增加，而品質也較良好。至於覆土法，雖較容易，但不能持久。

（3）更新：竹子的更新，務宜適時。如以採筍爲目的的，在母竹栽植後四五年，筍的發生漸漸減少時，卽將此類老竹伐去，而代以新竹，且母竹之分佈，務必疏密得當。爲節省養分，使發筍較多起見，可將母竹的頂端截去；也有將上部截去，僅留下部十幾節而已。此後，每經四五年更新母竹一次。倘以採竹桿爲目的，則將每年所生的竹標明年份，通常四五年生的，就應該伐去，逐年採竹，不可混亂，浙諺：『留三，去四，莫留七』，即三年生的應留，四年生的須伐去，倘七年生的還不採取，則將使竹林趨於衰敗，大竹如毛竹（Phyllostachys edulis）和剛竹（Phyllostachys bambusoides）等，大致多可以此爲採伐標準；至於小竹，則看情形而再決定，有爲二年，有爲三年不定。以觀賞爲目的，則不以經濟爲主，有的種類以疏散見長，有的以濃密爲宜，而且以佈景的情形，和栽植者的嗜好而不同，不能有所規定；但總以逐除去應伐的老竹爲原則，方可使竹羣不致衰敗。有時雖管理週到但因栽植日久，根莖重疊，筍量減少，則可相間條狀採伐，採伐部份之舊根莖除去，再施肥堆土，則新根莖發育轉旺，然後再將前留部份伐除依同法更新。

（4）病虫害的防治：竹子的病虫害很多，最普通的病害是天狗巢病（Witch's Broom）和竹銹病（Bamboo rust），前者使枝葉變態，一叢叢成爲掃帚似的。在被害的初期，好像沒有多大關係，漸漸地竹勢衰弱，桿也變爲灰褐色，筍年小一年，終至全林枯死。據調查：凡管理不良的，被害較多；倘整地和施肥及時的，生長旺盛的幼林，就被害很少。預防的方法：凡生長衰退的老林，都應該伐除，同時應有適當的管理。如果已經被害，即將病竹伐下燒去，以免病菌的傳播，而且在同一區域內，大家應取一致行動，否則病菌仍可傳播，徒勞無功。後者的病，凡在竹桿和葉子上發生有硃紅色的斑點，很是顯著。此病通常在十月時病菌開始寄生在近地面的竹節上，漸漸蔓延，到翌年春間，繁殖迅速，延及桿的上部和葉上，甚至節間全部被覆，在梅雨期內漸轉變的黑色。在硃紅色最顯著的時期，也許就是我國古書上所載的「米竹」，視病竹爲祥瑞之兆，也可算無稽之極。罹此病後，筍漸減少，而材質脆弱，容易折斷；竹林因此逐漸稀疏而枯死。林銹病在空氣流通不良而低濕的山凹中，最易發生，所以竹林地的選擇，非常重要，在竹子剛傳染時，可用鐵片刮落，塗以石油；如已全林蔓延，祇能行皆伐而加以焚毀，以絕後患。

竹的害虫以筍髓虫最烈，通常產卵在葉上或根部，春間孵化，幼虫卽由竹筍外部入內，蛀食竹筍，劇者，能使竹筍失去生機；輕者，卽使仍能成竹，也不健全。此虫在筍內時，筍卽生長不良，可以剖開捕殺。地蠶也是筍子的大敵，未入筍前往往潛伏在雜草中，故淸除雜草，亦有效方法之一。至於蚜虫是嫩竹的大患，常因之而頂部枯萎，可用石油乳劑，或近發明的ＤＤＴ噴殺之。其他如竹蜂，爲害毛竹和淡竹甚劇，通常春日產卵在葉鞘部份，二週後孵化成幼虫，吸取竹的養分，受刺激的部份，漸漸膨大，成爲虫瘻，秋季成蜂形而越冬，翌春再生產卵。當寄生在葉鞘時而未曾破壞飛出前，容易捕殺。

（5）其他：如雜草茂生處，應該勤於刈草。夏季過於乾燥，應加以灌溉，並且鋪刈草於地面，防止水分的蒸發，以維持表土的濕氣。倘冬季有損害處，可用繩索把竹稍彼此牽引，抵抗力可增加不少，不致有被雪壓折的危險。

(四)竹和園景

竹在庭園的佈景上，佔有極重要的位置，一因姿態瀟洒，二爲經冬不凋，三爲生長迅速。此三者俱備，所以有園必有竹，無竹不成園。何況牠的種類又多，疏栽密植，可遂心所欲。現在把竹在庭園上的應用，拉雜一談：

竹林在庭園中所習見，在造園學上，也是灌木林的一種（Shrubbery），也可植爲蔽陰之用。因爲牠生長迅速，人家很樂於採用，不僅現代如此，就是古人也常用之。如『竹塢涼陰開玉局』，『竹林酌酒云開路』等句，可見古人享受竹陰之一斑。他如『好竹千竿翠』，是何等的秀麗，而使人心曠神怡。竹林間的幽靜，是可以想像，當『綠竹翻風韻葉琴』，其快慰將如之何！

竹可用於羣植（Group planting），牠的特點，並不一定要與其他樹種間植，卽疏植二三竿，亦別饒風趣，因『修竹佳人垂翠袖』，已夠人欣賞的了。倘使與他樹相雜，則可以相映成趣，杜甫：『美花多映竹』，就一句道破其美的所在。據古『竹露松風蕉影下』句，綠色成蔭，愈顯出羣植之美。從古人的詩句看來，松竹混栽，在昔日的庭園中，一定很普遍，如『野翠生松竹』，『松竹開幽徑』等句，翠竹蒼松能並植而美盈彰，但是近代的庭園中，却並不多見，想是欣賞力不同吧了！

竹之植於窗前，作爲屋基植物(Foundation Plant)，目前利用得很多，因爲旣風雅，也遮蔭，而在冬天仍有『風竹引天樂』之感。讀詩句：『風掠竹窗夏亦寒』和『竹影遮窗綠』可見古人已深知竹的庭園應用，植於窗前，而領略竹的特長和優點。

植竹於溪畔，是再好沒有的了，因爲不僅竹易繁殖，同時也爲溪流生色不少，兩岸垂蔭，宛在水中央，人歷其境，如入畫中，風來竹嘯，眞是『林園無俗情』的了。『數椽臨水竹』，可見古人喜建樓水邊竹林中，乃已悟得其中的眞趣；『一床水竹數床書』句，眞是士內有山林之樂，不知城市之喧嘈矣，凡夫俗子那裏能領會到這自然的樂趣。

其他如植之於壇，或用之爲籬，都是庭園中很好的佈景材料。祇要你能善於點綴，竹子是無往而不利的。

附誌：上海園藝事業改進協會以斯題見囑，晉既不文，亦乏參考，遂潦草此文，用以塞責，錯誤之處，尚祈閱者指正。

鮮製青豆
鮮製蕃茄
泰康公司
GREEN PEAS
鮮製青豆
S.D.TOMATOES
MADE IN CHINA
MADE IN CHINA
調味極品
透味清鮮

上海園藝事業改進協會叢刊

主編　蔣滋壽

發行人　徐天錫

贊助者　上海市工務局園場管理處

出版者　上海園藝事業改進協會出版委員會

發行處　上海園藝事業改進協會

地址：皋蘭路二號